普通高等院校土建类应用型人才培养系列教材

建设工程监理概论

主　编　刘　涛　方　鹏

副主编　刘　敏　王友国　王加明　纪现利

参　编　宋佑湘　刘　丽　孝丽丽

北京理工大学出版社
BEIJING INSTITUTE OF TECHNOLOGY PRESS

内 容 提 要

本书依据国家最新颁布的《建设工程监理规范》（GB/T 50319—2013）及有关建设工程监理的法规、政策编写，同时结合建设工程监理工作的实际，吸收了国家注册监理工程师考试内容和工程监理领域前沿知识。本书主要内容包括：建设工程监理概述，建设工程监理相关法律、行政法规和规范，工程监理企业与经营管理，建设工程监理组织与监理设施，建设工程目标控制，建设工程风险管理与安全管理，建设工程合同管理，建设工程监理的组织协调，建设工程勘察、设计、保修阶段的服务，建设工程监理信息与监理文件资料管理。

本书在编排上注重理论与实践相结合，突出实践环节，每章课后配有针对性的实训案例与习题。本书可作为应用教学型高等院校工程监理专业及相关专业的教材，也可作为工程管理人员的参考书。

版权专有 侵权必究

图书在版编目(CIP)数据

建设工程监理概论 / 刘涛，方鹏主编. —北京：北京理工大学出版社，2017.1（2023.2重印）

ISBN 978-7-5682-3518-1

Ⅰ.①建… Ⅱ.①刘… ②方… Ⅲ.①建筑工程－监理工作－概论 Ⅳ.①TU712

中国版本图书馆CIP数据核字(2016)第319584号

出版发行 / 北京理工大学出版社有限责任公司

社　　　址 / 北京市海淀区中关村南大街5号

邮　　　编 / 100081

电　　　话 / （010）68914775（总编室）

　　　　　　（010）82562903（教材售后服务热线）

　　　　　　（010）68944723（其他图书服务热线）

网　　　址 / http://www.bitpress.com.cn

经　　　销 / 全国各地新华书店

印　　　刷 / 北京紫瑞利印刷有限公司

开　　　本 / 787毫米×1092毫米　1/16

印　　　张 / 15　　　　　　　　　　　　　　　　　　　责任编辑 / 江 立

字　　　数 / 364千字　　　　　　　　　　　　　　　　文案编辑 / 瞿义勇

版　　　次 / 2017年1月第1版　2023年2月第5次印刷　　责任校对 / 周瑞红

定　　　价 / 42.00元　　　　　　　　　　　　　　　　责任印制 / 边心超

图书出现印装质量问题，请拨打售后服务热线，本社负责调换

前　言

　　自1988年以来，经过近三十年的快速发展，我国的建设工程监理行业已形成规模，拥有了一支相对稳定的监理人才队伍，同时积累了丰富的监理实践经验，工程监理理论体系也基本建立。与此同时，监理相关的法律法规及其标准体系也日趋完善。过去的实践证明，实施工程监理符合我国社会主义市场经济发展的需要。

　　新时期，特别是国家"十三五"规划以来，我国经济步入产业结构优化升级的关键时期，建筑业作为国民经济的重要方面，也面临着结构深化发展的瓶颈。在这样的时代背景之下，监理行业在借鉴和总结国内外经验的基础上，也在探索寻找适合自己国情、行业特点的发展新方向，拓宽监理服务内容。伴随一般高校向应用教学型方向的发展，各类学科的教学不仅讲求扎实的理论基础，同时讲求学以致用，追求理论向实践的转化。此书便是在秉承开放、实用的思路下编写而成的。

　　本书在编写的过程中，力求突出以下特点：

　　1. 突出"概论"的特点。本书内容上除介绍了建设工程监理的基本理论外，还全面阐释了与建设工程监理相关的法律法规、政策及标准、合同。同时，还介绍了建设工程监理的发展趋势，一些关于建设工程项目管理方面的最新研究成果，力求让读者对监理有一个全面的认识。

　　2. 突出"实用"的特点。本书考虑到社会对应用型人才的需求，在介绍监理基本理论的基础上，突出了监理内容的实用性，以工程监理实际操作为编写主线，重点阐述了建设工程监理的工作程序、内容、方法和手段，同时每章课后配有针对性的实训案例，旨在提高学生学以致用的能力。

本书由青岛理工大学刘涛、广西建设职业技术学院方鹏担任主编，青岛理工大学刘敏、青岛理工大学王友国、临沂市华厦城市建设监理有限责任公司王加明、临沂市华厦城市建设监理有限责任公司纪现利担任副主编。临沂市华厦城市建设监理有限责任公司宋佑湘、临沂市华厦城市建设监理有限责任公司刘丽、天元建设集团股份有限公司孝丽丽参与了部分章节的编写。

本书的编者具有多年监理实践的经验，同时具有一线监理教学的经历，了解建设工程监理实际，了解教学规律。因此，本书内容结构编排合理，知识丰富，案例翔实，习题贴近实际。通过此书，读者不仅可以了解到监理的基础理论知识，还可以通过实训案例等，培养解决监理实际问题的能力。

本书在编写过程中，参阅和借鉴了许多优秀的教材、专著和与专业相关的规范、标准等，在此向原编著者致以诚挚的敬意！

由于编者水平有限，书中疏漏之处在所难免，望广大读者批评指正。

编　者

目　录

第一章　建设工程监理概述

1988 年实施的建设工程监理制度，对于加快我国工程建设管理方式向社会化、专业化方向发展，促进工程建设管理水平和投资效益的提高发挥了重要作用。建设工程监理制度与项目法人责任制、工程招投标制、合同管理制等一起构成了我国工程建设领域的重要管理制度。

第一节　建设工程监理的含义与性质

一、建设工程监理的含义

(一)建设工程监理基本概念

建设工程监理是指工程监理单位受建设单位委托，根据法律法规、工程建设标准、勘察设计文件及合同，在施工阶段对建设工程质量、造价、进度进行控制，对合同、信息进行管理，对工程建设相关方的关系进行协调，并履行建设工程安全生产管理法定职责的服务活动。

相关服务是指工程监理单位受建设单位委托，按照建设工程监理合同约定，在建设工程勘察、设计、保修阶段提供的服务活动。

工程监理单位是指依法成立并取得建设主管部门颁发的工程监理企业资质证书，从事建设工程监理与相关服务活动的服务机构。

建设单位(又称业主、项目法人或甲方)是建设工程监理任务的委托方，建设单位在工程建设中拥有确定建设工程规模、标准、功能以及选择勘察、设计、施工、监理企业等工程建设重大问题的决定权。工程监理单位是监理任务的受托方，工程监理单位在建设单位的委托授权范围内从事专业化服务活动。与国际上一般的工程项目管理咨询服务不同，建设工程监理是一项具有中国特色的工程建设管理制度，目前，工程监理不仅定位于工程施工阶段，而且法律法规将工程质量、安全生产管理方面的责任赋予工程监理单位。

(二)建设工程监理概念的内涵

1. 建设工程监理行为主体

《中华人民共和国建筑法》明确规定，实行监理的工程，由建设单位委托具有相应资质条件的工程监理单位实施监理。建设工程监理应当由具有相应资质的工程监理单位实施，由工程监理单位实施工程监理的行为主体是工程监理单位。

建设工程监理不同于政府主管部门的监督管理。后者属于行政性监督管理，其行为主体是政府主管部门。同样，建设单位自行管理、工程总承包单位或施工总承包单位对分包单位的监督管理都不是工程监理。

2. 建设工程监理实施前提

《中华人民共和国建筑法》规定，建设单位与其委托的工程监理单位应当以书面形式订立建设工程监理合同。也就是说，建设工程监理的实施需要建设单位的委托和授权。工程监理单位只有与建设单位以书面形式订立建设工程监理合同，明确监理工作范围、内容、服务期限和酬金，以及双方的义务、违约责任后，才能在规定的范围内实施监理。工程监理单位在委托监理的工程中拥有一定管理权限，是建设单位授权的结果。

承包单位应当依据法律、法规和建设工程施工合同的规定接受工程监理单位对其建设行为进行的监理。

3. 建设工程监理实施依据

建设工程监理实施依据包括法律法规、工程建设标准、勘察设计文件及合同。

（1）法律法规。法律法规包括《中华人民共和国建筑法》《中华人民共和国合同法》《中华人民共和国招标投标法》《建设工程质量管理条例》《建设工程安全生产管理条例》《中华人民共和国招标投标法实施条例》等法律法规；《工程监理企业资质管理规定》《注册监理工程师管理规定》《建设工程监理范围和规模标准规定》等部门规章，以及地方性法规等。

（2）工程建设标准。工程建设标准包括有关工程技术标准、规范、规程以及《建设工程监理规范》《建设工程监理与相关服务收费标准》等。

（3）勘察设计文件及合同。勘察设计文件及合同包括批准的初步设计文件、施工图设计文件、建设工程监理合同以及与所监理工程相关的施工合同、材料设备采购合同等。

4. 建设工程监理实施范围

目前，建设工程监理定位于工程施工阶段。工程监理单位受建设单位委托，按照建设工程监理合同约定，在工程勘察、设计、保修等阶段提供的服务活动均为相关服务。工程监理单位还可以拓展自身的经营范围，为建设单位提供建设工程项目策划和建设实施全过程的项目管理服务。

5. 建设工程监理基本职责

建设工程监理是一项具有中国特色的工程建设管理制度。工程监理单位的基本职责是在建设单位委托授权范围内，通过合同管理和信息管理，以及协调工程建设相关方的关系，控制建设工程质量、造价和进度三大目标，即"三控两管一协调"。另外，还需要履行建设工程安全生产管理的法定职责，这是《建设工程安全生产管理条例》赋予工程监理单位的社会责任。

二、建设工程监理的性质

建设工程监理的性质可概括为服务性、科学性、独立性和公平性四个方面。

1. 服务性

在工程建设中，工程监理人员利用自己的知识、技能和经验以及必要的试验、检测手段，为建设单位提供管理和技术服务。工程监理单位既不直接进行工程设计，也不直接进行工程施工；既不向建设单位承包工程造价，也不参与施工单位的利润分成。

工程监理单位的服务对象是建设单位，但不能完全取代建设单位的管理活动。工程监理单位不具有工程建设重大问题的决策权，只能在建设单位授权范围内采用规划、控制、协调等方法，控制建设工程质量、造价和进度，并履行建设工程安全生产管理的监理职责，协助建设单位在计划目标内完成工程建设任务。

2. 科学性

科学性是由建设工程监理的基本任务决定的。工程监理单位以协助建设单位实现其投资目的为己任，力求在计划目标内完成工程建设任务。由于建设工程规模日趋庞大，建设环境日益复杂，功能需求及建设标准越来越高，新技术、新工艺、新材料、新设备不断涌现，工程参与单位越来越多，工程风险日渐增加，工程监理单位只有采用科学的思想、理论、方法和手段，才能驾驭工程建设。

科学性主要表现在：①工程监理单位应由组织管理能力强、工程建设经验丰富的人员担任领导；②应有足够数量的、有丰富管理经验和较强应变能力的注册监理工程师组成的骨干队伍；③应有健全的管理制度、科学的管理方法和手段；④应积累丰富的技术、经济资料和数据；⑤应有科学的工作态度和严谨的工作作风，能够创造性地开展工作。

3. 独立性

《建设工程监理规范》(GB/T 50319—2013)明确要求，工程监理单位应公平、独立、诚信、科学地开展建设工程监理与相关服务活动。独立是工程监理单位公平地实施监理的基本前提。为此，《中华人民共和国建筑法》第三十四条规定："工程监理单位与被监理工程的承包单位以及建筑材料、建筑构配件和设备供应单位不得有隶属关系或其他利害关系。"

按照独立性要求，工程监理单位应严格按照法律法规、工程建设标准、勘察设计文件、建设工程监理合同及有关建设工程合同等实施监理。在建设工程监理工作过程中，必须建立项目监理机构，按照自己的工作计划和程序，根据自己的判断，采用科学的方法和手段，独立地开展工作。

4. 公平性

国际咨询工程师联合会(FIDIC)《土木工程施工合同条件》(红皮书)自 1957 年第一版发布以来，一直都保持着一个重要原则，要求(咨询)工程师"公正"(Impartiality)，即不偏不倚地处理施工合同中的有关问题。该原则也成为我国建设工程监理制度建立初期的一个重要性质。然而，在 FIDIC《土木工程施工合同条件》(1999 年第一版)中，(咨询)工程师的公正性要求不复存在，而只要求"公平"(Fair)。(咨询)工程师不充当调解人或仲裁人的角色，只是接受业主报酬负责进行施工合同管理的受托人。

与 FIDIC《土木工程施工合同条件》中的(咨询)工程师类似，我国工程监理单位受建设单位委托实施建设工程监理，也无法成为公正或不偏不倚的第三方，但需要公平地对待建设单位和施工单位。公平性是建设工程监理行业能够长期生存和发展的基本职业道德准则。特别是当建设单位与施工单位发生利益冲突或者矛盾时，工程监理单位应以事实为依据，以法律法规和有关合同为准绳，在维护建设单位合法权益的同时，不能损害施工单位的合法权益。例如，在调解建设单位与施工单位之间争议，处理费用索赔和工程延期、进行工程款支付控制及结算时，应尽量客观、公平地对待建设单位和施工单位。

第二节　我国建设工程监理制度的起源与现状

一、我国建设工程监理制度的起源

我国工程建设的历史已有千年，但现代意义上的工程建设监理制度的建立，则是从1988年开始的。

改革开放之前，我国工程建设项目的投资由国家拨付，施工任务由行政部门向施工企业直接下达。当时的建设单位、设计单位和施工单位都是完成国家建设任务的执行者，都对上级行政主管部门负责，相互之间缺少互相监督的职责。政府对工程建设活动采取单向的行政监督管理，在工程建设的实施过程中，对工程质量的保证主要依靠施工单位的自我管理。

改革开放之后，工程建设活动逐步市场化。施工单位开始摆脱行政附属地位，向相对独立的商品生产者转变。随着建设项目参与各方之间的经济利益日益强化，原有的建筑产品生产形式和管理体制越来越暴露出不适应环境变化的各种弱点。其中，比较突出的问题是工程质量严重下降。因此，迫切需要建立严格的质量监督机制。为了适应这一形势的需要，从1983年开始，我国实行政府对工程质量的监督制度，全国各地及国务院各部门都成立了专业质量监督部门和各级质量检测机构，代表政府对工程建设质量进行监督和检测。从此，我国的工程建设监督由原来的单向监督向政府专业质量监督转变，由仅靠企业自检、自评向第三方认证和企业内部保证相结合转变。

20世纪80年代中期，随着我国改革的逐步深入和开放的不断扩大，"三资"（国外独资、合资、合作）企业投资的工程项目在我国逐步增多，加之国际金融机构向我国贷款的工程建设项目都要求实行招标投标制、承包发包合同制和建设监理制，使得国外专业化、社会化的监理公司、咨询公司、管理公司的专家们开始出现在我国"三资"工程项目建设的管理中。他们按照国际惯例，以受建设单位委托与授权的方式，对工程建设进行管理，显示出高速度、高效率、高质量的管理优势。其中，值得一提的是我国建设的鲁布革水电站工程。作为世界银行贷款项目，在招投标中，日本大成公司以低于概算43%的悬殊标价承包了引水系统工程，仅以30多名管理人员和技术骨干组成的项目管理班子，雇用了400多名中国劳务人员，采用非尖端的设备和技术手段，靠科学管理创造了工程造价、工程进度、工程质量三个高水平纪录。这一工程实例震动了我国建筑界，造成了对我国传统的政府专业监督体制的冲击。

1985年12月，我国召开了基本建设管理体制改革会议，这次会议对我国传统的工程建设管理体制作了深刻的分析与总结，指出了我国传统的工程建设管理体制的弊端，肯定了必须对其进行改革的思路，并指明了改革的方向与目标，为实行工程建设监理制奠定了思想基础。1988年7月，原建设部在征求有关部门和专家意见的基础上，发布了《关于开展建设监理工作的通知》，接着又在一些行业部门和城市开展了工程建设监理试点工作，并颁发了一系列有关工程建设监理的法规，使建设监理制度在我国建设领域得到了迅速发展。

1995年12月，原建设部在北京召开了第六次全国建设监理工作会议。会议上，国家建设部和国家计委联合颁布了107号文件，即《建设工程监理规定》。这次会议总结了我国建设工程监理工作的成绩和经验，对今后的监理工作进行了全面的部署。1997年12月《中华人民共和国建筑法》以法律制度的形式作出规定，国家推行建设工程监理制度，从而使建设工程监理在全国范围内进入全面推行阶段。

建设工程监理制度的制定和实施是我国工程建设管理体制的重大改革，对我国建设工程的管理产生了深远的影响。

二、现阶段我国建设工程监理的特点

我国的建设工程监理活动，借鉴了国外建设项目管理的管理理论和方法、业务内容和工作程序，取得了一些成绩。同时，经过长期的发展，也形成了自己的一些特点。

1. 建设工程监理的服务对象具有单一性

在国际上，建设项目管理按服务对象主要可分为建设单位服务的项目管理和为承建单位服务的项目管理。而我国的建设工程监理规定，工程监理企业只接受建设单位的委托，它不能接受承建单位的委托为其提供管理服务。

2. 建设工程监理属于强制推行的制度

我国的建设工程监理从一开始就是作为对计划经济条件下所形成的建设工程管理体制改革的一项新制度提出来的，也是依靠行政手段和法律手段在全国范围推行的。为此，不仅在各级政府部门中设立了主管建设工程监理有关工作的专门机构，而且制定了有关的法律、法规和规章，明确提出了国家推行建设工程监理制度，并明确规定了必须实行建设工程监理的工程范围。

3. 建设工程监理具有部分法定职责

我国的工程监理单位有一定的特殊地位，它与建设单位构成委托与被委托的关系，与承建单位虽然无任何经济关系，但根据建设单位授权及相关法律规定，有权对其不当建设行为进行监督，或者预先防范，或者指令其及时改正，或者向有关部门反映，请求纠正。不仅如此，相关法律、法规将工程质量控制、安全生产管理的责任赋予工程监理单位。

4. 市场准入的双重控制

我国对建设工程监理的市场准入采取了企业资质和人员资格的双重控制。要求从事监理工作的人员要取得相应资格证书，不同资质等级的工程监理企业只能在相应资质等级许可的范围内开展监理工作。

三、现阶段我国建设工程监理的法律地位和责任

(一)建设工程监理的法律地位

自建设工程监理制度实施以来，有关法律、行政法规、部门规章等逐步明确了建设工程监理的法律地位。

1. 明确了强制实施监理的工程范围

《中华人民共和国建筑法》规定："国家推行建筑工程监理制度。国务院可以规定实行强制监理的建筑工程范围。"《建设工程质量管理条例》第十二条规定，五类工程必须实行监理，即：①国家重点建设工程；②大中型公用事业工程；③成片开发建设的住宅小区工程；④利用外国政府或国际组织贷款、援助资金的工程；⑤国家规定必须实行监理的其他工程。

《建设工程监理范围和规模标准规定》(建设部令第 86 号)又进一步细化了必须实行监理

的工程范围和规模标准：

（1）国家重点建设工程。是指依据《国家重点建设项目管理办法》所确定的对国民经济和社会发展有重大影响的骨干项目。

（2）大中型公用事业工程。是指项目总投资额在 3 000 万元以上的下列工程项目：

1）供水、供电、供气、供热等市政工程项目；

2）科技、教育、文化等项目；

3）体育、旅游、商业等项目；

4）卫生、社会福利等项目；

5）其他公用事业项目。

（3）成片开发建设的住宅小区工程。建筑面积在 5 万平方米以上的住宅建设工程必须实行监理；5 万平方米以下的住宅建设工程，可以实行监理，具体范围和规模标准，由省、自治区、直辖市人民政府建设行政主管部门规定。

为了保证住宅质量，对高层住宅及地基、结构复杂的多层住宅应当实行监理。

（4）利用外国政府或者国际组织贷款、援助资金的工程范围包括：

1）使用世界银行、亚洲开发银行等国际组织贷款资金的项目；

2）使用国外政府及其机构贷款资金的项目；

3）使用国际组织或者国外政府援助资金的项目。

（5）国家规定必须实行监理的其他工程是指：

1）项目总投资额在 3 000 万元以上关系社会公共利益、公众安全的下列基础设施项目：

①煤炭、石油、化工、天然气、电力、新能源等项目；

②铁路、公路、管道、水运、民航以及其他交通运输业等项目；

③邮政、电信枢纽、通信、信息网络等项目；

④防洪、灌溉、排涝、发电、引（供）水、滩涂治理、水资源保护、水土保持等水利建设项目；

⑤道路、桥梁、地铁和轻轨交通、污水排放及处理、垃圾处理、地下管道、公共停车场等城市基础设施项目；

⑥生态环境保护项目；

⑦其他基础设施项目。

2）学校、影剧院、体育场馆项目。

2. 明确了建设单位委托工程监理单位的职责

《中华人民共和国建筑法》第三十一条规定："实行监理的建筑工程，由建设单位委托具有相应资质条件的工程监理单位监理。建设单位与其委托的工程监理单位应当订立书面委托监理合同。"

《建设工程质量管理条例》第十二条也规定："实行监理的建设工程，建设单位应当委托具有相应资质等级的工程监理单位进行监理，也可以委托具有工程监理相应资质等级并与被监理工程的施工承包单位没有隶属关系或者其他利害关系的该工程的设计单位进行监理。"

3. 明确了工程监理单位的职责

《中华人民共和国建筑法》第三十四条规定："工程监理单位应当在其资质等级许可的监理范围内，承担工程监理业务。"《建设工程质量管理条例》第三十七条规定："工程监理单位应当选派具备相应资格的总监理工程师和监理工程师进驻施工现场。""未经监理工程师签字，建筑材料、建筑构配件和设备不得在工程上使用或者安装，施工单位不得进行下一道工序的施工。未经总监理工程师签字，建设单位不拨付工程款，不进行竣工验收。"

《建设工程安全生产管理条例》第十四条规定："工程监理单位应当审查施工组织设计中的安全技术措施或者专项施工方案是否符合工程建设强制性标准。""工程监理单位在实施监理过程中，发现存在安全事故隐患的，应当要求施工单位整改；情况严重的，应当要求施工单位暂时停止施工，并及时报告建设单位。施工单位拒不整改或者不停止施工的，工程监理单位应当及时向有关主管部门报告。"

4. 明确了工程监理人员的职责

《中华人民共和国建筑法》第三十二条规定："工程监理人员认为工程施工不符合工程设计要求、施工技术标准和合同约定的，有权要求建筑施工企业改正。""工程监理人员发现工程设计不符合建筑工程质量标准或合同约定的质量要求的，应当报告建设单位要求设计单位改正。"

《建设工程质量管理条例》第三十八条规定："监理工程师应当按照工程监理规范的要求，采取旁站、巡视和平行检验等形式，对建设工程实施监理。"

(二)工程监理单位及监理工程师的法律责任

1. 工程监理单位的法律责任

(1)《中华人民共和国建筑法》第三十五条规定："工程监理单位不按照委托监理合同的约定履行监理义务，对应当监督检查的项目不检查或者不按照规定检查，给建设单位造成损失的，应当承担相应的赔偿责任。"《中华人民共和国建筑法》第六十九条规定："工程监理单位与建设单位或者建筑施工企业串通，弄虚作假，降低工程质量的，责令改正，处以罚款，降低资质等级或者吊销资质证书；有违法所得的，予以没收；造成损失的，承担连带赔偿责任；构成犯罪的，依法追究刑事责任。""工程监理单位转让监理业务的，责令改正，没收违法所得，可以责令停业整顿，降低资质等级；情节严重的，吊销资质证书。"

(2)《建设工程质量管理条例》第六十条和第六十一条规定："工程监理单位有下列行为的，责令停止违法行为或改正，处以合同约定的监理酬金1倍以上2倍以下的罚款，可以责令停业整顿，降低资质等级；情节严重的，吊销资质证书：

1)超越本单位资质等级承揽工程的；

2)允许其他单位或个人以本单位名义承揽工程的。"

《建设工程质量管理条例》第六十二条规定："工程监理单位转让工程监理业务的，责令改正，没收违法所得，处以合同约定的监理酬金25%以上50%以下的罚款，可以责令停业整顿，降低资质等级；情节严重的，吊销资质证书。"

《建设工程质量管理条例》第六十七条规定："工程监理单位有下列行为之一的，责令改正，处50万元以上100万元以下的罚款，降低资质等级或者吊销资质证书；有违法所得的，予以没收；造成损失的，承担连带赔偿责任：

1)与建设单位或者施工单位串通，弄虚作假、降低工程质量的；

2)将不合格的建设工程、建筑材料、建筑构配件和设备按照合格签字的。"

《建设工程质量管理条例》第六十八条规定："工程监理单位与被监理工程的施工承包单位以及建筑材料、建筑构配件和设备供应单位有隶属关系或者其他利害关系承担该项建设工程的监理业务的，责令改正，处以5万元以上10万元以下的罚款，降低资质等级或者吊销资质证书；有违法所得，予以没收。"

(3)《建设工程安全生产管理条例》第五十七条规定："工程监理单位有下列行为之一的，责令限期改正；逾期未改正的，责令停业整顿，并处以10万元以上30万元以下的罚款；情节严重的，降低资质等级，直至吊销资质证书；造成重大安全事故，构成犯罪的，对直接责任人员，依照刑法有关规定追究刑事责任；造成损失的，依法承担赔偿责任：

1)未对施工组织设计中的安全技术措施或者专项施工方案进行审查的；

2)发现安全事故隐患未及时要求施工单位整改或者暂时停止施工的；

3)施工单位拒不整改或者不停止施工，未及时向有关主管部门报告的；

4)未依照法律、法规和工程建设强制性标准实施监理的。"

(4)《中华人民共和国刑法》第一百三十七条规定："工程监理单位违反国家规定，降低工程质量标准，造成重大安全事故的，对直接责任人员，处五年以下有期徒刑或者拘役，并处罚金；后果特别严重的，处五年以上十年以下有期徒刑，并处罚金。"

2. 监理工程师的法律责任

工程监理单位是订立工程监理合同的当事人。监理工程师一般要受聘于工程监理单位，代表工程监理单位从事建设工程监理工作。工程监理单位在履行工程监理合同时，是由具体的监理工程师来实现的，因此，如果监理工程师出现工作过错，其行为将被视为工程监理单位违约，应承担相应的违约责任。工程监理单位在承担违约赔偿责任后，有权在企业内部向有过错行为的监理工程师追偿损失。因此，由监理工程师个人过失引发的合同违约行为，监理工程师必然要与工程监理单位承担一定的连带责任。

《建设工程质量管理条例》第七十二条规定："监理工程师因过错造成质量事故的，责令停止执业1年；造成重大质量事故的，吊销执业资格证书，5年内不予注册；情节特别恶劣的，终身不予注册。"《建设工程质量管理条例》第七十四条规定："工程监理单位违反国家规定，降低工程质量标准，造成重大安全事故，构成犯罪的，对直接责任人员依法追究刑事责任。"

《建设工程安全生产管理条例》第五十八条规定："注册监理工程师未执行法律、法规和工程建设强制性标准的，责令停止执业3个月以上1年以下；情节严重的，吊销执业资格证书，5年内不予注册；造成重大安全事故的，终身不予注册；构成犯罪的，依照刑法有关规定追究刑事责任。"

四、建设工程监理与项目管理一体化

项目管理服务是指具有工程项目管理服务能力的单位受建设单位委托，按照合同约定，对建设工程项目组织实施进行全过程或若干阶段的管理服务。工程监理企业集中了大量具有工程技术和管理知识的复合型人才，是以从事工程项目管理服务为专长的企业，未来多种工程项目管理模式为工程监理企业拓展咨询服务业务提供了广阔的发展空间。

(一)建设工程监理与项目管理服务的区别

尽管建设工程监理与项目管理服务均是由社会化的专业单位为建设单位提供服务，但在服务的性质、范围及侧重点等方面有着本质区别。

1. 服务性质不同

建设工程监理是一种强制实施的制度。属于国家规定强制实施监理的工程，建设单位必须委托建设工程监理，工程监理单位不仅要承担建设单位委托的工程项目管理任务，还需要承担法律法规所赋予的社会责任，如安全生产管理方面的职责和义务。工程项目管理服务属于委托性质，建设单位的人力资源有限、专业性不能满足工程建设管理需求时，才会委托工程项目管理单位协助其实施项目管理。

2. 服务范围不同

目前，建设工程监理定位于工程施工阶段，而工程项目管理服务可以覆盖项目策划决策、建设实施（设计、施工）的全过程。

3. 服务侧重点不同

建设工程监理单位尽管也要采用规划、控制、协调等方法为建设单位提供专业化服务，但其中心任务是目标控制。工程项目管理单位能够在项目策划决策阶段为建设单位提供专业化的项目管理服务，更能体现项目策划的重要性，更有利于实现工程项目的全寿命期、全过程管理。

(二)建设工程监理与项目管理一体化的实施条件和组织职责

建设工程监理与项目管理一体化是指工程监理单位在实施建设工程监理的同时，为建设单位提供项目管理服务。由同一家工程监理单位为建设单位同时提供建设工程监理与项目管理服务，既符合国家推行建设工程监理制度的要求，也能满足建设单位对于工程项目管理专业化服务的需求，从根本上避免了建设工程监理与项目管理职责的交叉重叠。推行建设工程监理与项目管理一体化，对于深化我国工程建设管理体制和工程项目实施组织方式的改革，促进工程监理企业的持续健康发展具有十分重要的意义。

1. 实施条件

实施建设工程监理与项目管理一体化，须具备以下条件：

(1)建设单位的信任和支持是前提。建设单位的信任和支持是顺利推进建设工程监理与项目管理一体化的前提。首先，建设单位要有建设工程监理与项目管理一体化的需求；其次，建设单位要严格履行合同，充分信任工程监理单位，全力支持建设工程监理与项目管理机构的工作，尊重建设工程监理与项目管理机构的意见和建议，这是鼓舞和激发建设工程监理与项目管理机构人员积极主动开展工作的重要条件。

(2)建设工程监理与项目管理队伍素质是基础。高素质的专业队伍是提供优质建设工程监理与项目管理一体化服务的基础。建设工程监理与项目管理一体化服务对建设工程监理与项目管理人员提出了更高的要求，专业管理人员必须是复合型人才，需要懂技术、会管理、善协调。如果没有集工程技术、工程经济、项目管理、法规标准于一体的综合素质，不具有工程项目集成化管理能力，很难得到建设单位的认可和信任。

(3)建立健全相关制度和标准是保证。建设工程监理与项目管理一体化模式的实施，需要相关制度和标准加以规范。对建设工程监理与项目管理机构而言，需要建立健全相关规章制度，并进一步明确建设工程监理与项目管理一体化服务的工作流程，不断完善建设工程监理与项目管理一体化服务的工作指南，实现建设工程监理与项目管理一体化服务的规范化、标准化。

2. 组织机构及岗位职责

对工程监理企业而言，实施建设工程监理与项目管理一体化，需要结合工程项目特点、建设工程监理与项目管理要求，建立科学的组织机构，合理划分管理部门和岗位职责。

五、项目全过程集成化管理

建设工程项目全过程集成化管理是指工程项目管理单位受建设单位委托，为其提供覆盖工程项目策划决策、建设实施阶段全过程的集成化管理。工程项目管理单位的服务内容包括项目策划、设计管理、招标代理、造价咨询、施工过程管理等。

(一)全过程集成化管理服务的模式

目前在我国工程建设实践中，按照工程项目管理单位与建设单位的结合方式不同，全过程集成化项目管理服务可归纳为咨询式、一体化和植入式三种模式。

1. 咨询式服务模式

在通常情况下，工程项目管理单位派出的项目管理团队置身于建设单位外部，为其提供项目管理咨询服务。此时，项目管理团队具有较强的独立性。

2. 一体化服务模式

工程项目管理单位不设立专门的项目管理团队或设立的项目管理团队中留有少量管理人员，而将大部分项目管理人员分别派到建设单位各职能部门中，与建设单位项目管理人员融合在一起。

3. 植入式服务模式

在建设单位充分信任的前提下，工程项目管理单位设立的项目管理团队直接作为建设单位的职能部门。此时，项目管理团队具有项目管理和职能管理的双重功能。

(二)全过程集成化管理服务的内容

工程项目策划决策与建设实施全过程集成化管理服务包括以下内容：

(1)协助建设单位进行工程项目策划、投资估算、融资方案设计、可行性研究、专项评估等。

(2)协助建设单位办理土地征用、规划许可等有关手续。

(3)协助建设单位提出工程设计要求、组织工程勘察设计招标；协助建设单位签订工程勘察设计合同并在其实施过程中履行管理职责。

(4)组织设计单位进行工程设计方案的技术经济分析和优化，审查工程概预算；组织评审工程设计方案。

(5)协助建设单位组织建设工程监理、施工、材料设备采购招标；协助建设单位签订工程总承包或施工合同、材料设备采购合同并在其实施过程中履行管理职责。

(6)协助建设单位提出工程实施用款计划，进行工程变更控制，处理工程索赔，结算工程价款。

(7)协助建设单位组织工程竣工验收，办理工程竣工结算，整理、移交工程竣工档案资料。

(8)协助建设单位编制工程竣工决算报告，参与生产试运行及工程保修期管理，组织工程项目后评估。

(三)全过程集成化管理服务的重点和难点

建设工程项目全过程集成化管理是指运用集成化思想，对工程建设全过程进行综合管理。这种"集成"不是有关知识、各个管理部门、各个进展阶段的简单叠加和简单联系，而是以系统工程为基础，实现知识门类的有机融合、各个管理部门的协调整合、各个进展阶段的无缝衔接。

建设工程项目全过程集成化管理服务更加强调项目策划、范围管理、综合管理，更加需要组织协调、信息沟通，并能切实解决工程技术问题。

作为工程项目管理服务单位，需要注意以下重点和难点：

(1)准确把握建设单位需求。要准确判断建设单位的工程项目管理需求，明确工程项目管理服务范围和内容，这是进行工程项目管理规划、为建设单位提供优质服务、获得用户满意的重要前提和基础。

(2)不断加强项目团队建设。工程项目管理服务主要依靠项目团队。要配备合理的专业人员组成项目团队。结构合理、运作高效、专业能力强、综合素质高的项目团队是高水平工程项目管理服务的组织保障。

(3)充分发挥沟通协调作用。要重视信息管理，采用报告、会议等方式确保信息准确、及时、畅通，使工程各参建单位能够及时得到准确的信息，并对信息作出快速反应，形成目标明确、步调一致的协同工作局面。

(4)高度重视技术支持。工程建设全过程集成化管理服务需要更多、更广的工程技术支持。除工程项目管理人员需要加强学习、提高自身水平外，还应有效地组织外部协作专家进行技术咨询。工程项目管理单位应将切实帮助建设单位解决实际技术问题作为首要任务，技术问题的解决也是使建设单位能够直观感受服务价值的重要途径。

第三节　国外工程项目管理简介

一、国际工程咨询

工程咨询通常是指适应现代经济发展和社会进步的需要，集中专家群体或个人的智慧和经验，运用现代科学技术和工程技术以及经济、管理、法律等方面的知识，为建设工程决策和管理提供智力服务。目前，国际工程咨询也在向全过程服务和全方位服务方向发展。其中，全过程服务分为建设工程实施阶段全过程服务和工程建设全过程服务两种情况。全方位服务是指除对建设工程三大目标实施控制外，还包括决策支持、项目策划、项目融资、项目规划和设计、重要工程设备和材料的国际采购等。

(一)咨询工程师

咨询工程师是以从事工程咨询业务为职业的工程技术人员和其他专业(如经济、管理)人员的统称。国际上对咨询工程师的理解与我国习惯上的理解有很大不同。按国际上的理解，我国的建筑师、结构工程师、各种专业设备工程师、监理工程师、造价工程师、招标师等都属于咨询工程师；甚至从事工程咨询业务有关工作(如处理索赔时可能需要审查承包商的财务账簿和财务记录)的审计师、会计师也属于咨询工程师之列。

需要说明的是，由于绝大多数咨询工程师都是以公司形式开展工作，因此，咨询工程师一词在很多场合是指工程咨询公司。为此，在阅读有关工程咨询外文资料时，要注意鉴别咨询工程师一词的确切含义。

1. 咨询工程师的素质

工程咨询是科学性、综合性、系统性、实践性均很强的职业。作为从事这一职业的主体，咨询工程师应具备以下素质才能胜任这一职业：

(1)知识面宽；

(2)精通业务；

(3)协调管理能力强；

(4)责任心强；

(5)不断进取，勇于开拓。

2. 咨询工程师的职业道德

咨询工程师的职业道德规范或准则虽然不是法律，但是对咨询工程师的行为却具有相当大的约束力。国际上许多国家(尤其是发达国家)的工程咨询业已相当发达，相应地制定了各自的行业规范和职业道德规范，以指导和规范咨询工程师的职业行为。这些众多的咨询行业规范和职业道德规范虽然各不相同，但基本上是大同小异，其中，在国际上最具普遍意义和权威性的是 FIDIC 道德准则。

FIDIC 道德准则要求咨询工程师具有正直、公平、诚信、服务等的工作态度和敬业精神，充分体现了 FIDIC 对咨询工程师要求的精髓，其主要内容如下：

(1)对社会和咨询业的责任。

1)承担咨询业对社会所负有的责任；

2)寻求符合可持续发展原则的解决方案；

3)在任何情况下，始终维护咨询业的尊严、名誉和荣誉。

(2)能力。

1)保持其知识和技能水平与技术、法律和管理的发展一致，在为客户提供服务时运用应有的技能，谨慎和勤勉地工作；

2)只承担能够胜任的任务。

(3)廉洁和正直。在任何时候均为委托人的合法权益行使其职责，始终维护客户的合法利益，并廉洁、正直和忠实地进行职业服务。

(4)公平。

1)提供职业咨询、评审或决策时不偏不倚，公平地提供专业建议、判断或决定；

2)为客户服务过程中可能产生的一切潜在的利益冲突，都应告知客户；

3)不接受任何可能影响其独立判断的报酬。

(5)对他人公正。

1)推动"基于能力选择咨询服务"的理念；

2)不得故意或无意地作出损害他人名誉或事务的事情；

3)不得直接或间接取代某一特定工作中已经任命的其他咨询工程师的位置；

4)在通知该咨询工程师之前，并在未接到客户终止其工作的书面指令之前，不得接管该咨询工程师的工作；

5)如被邀请评审其他咨询工程师的工作，应以恰当的行为和善意的态度进行。

(6)反腐败。

1)既不提供也不收受任何形式的酬劳，这种酬劳意在试图或实际：

①设法影响对咨询工程师选聘过程或对其的补偿，或影响其客户；

②设法影响咨询工程师的公正判断。

2)当任何合法组成的机构对服务或建筑合同管理进行调查时，咨询工程师应充分予以合作。

(二)工程咨询公司的服务对象和内容

工程咨询公司的业务范围很广泛，其服务对象可以是业主、承包商、国际金融机构和贷款银行，工程咨询公司也可以与承包商联合投标承包工程。工程咨询公司的服务对象不同，相应的服务内容也有所不同。

1. 为业主服务

为业主服务是工程咨询公司最基本、最广泛的业务，这里所说的业主包括各级政府(此时不是以管理者身份出现)、企业和个人。

工程咨询公司为业主服务既可以是全过程服务(包括实施阶段全过程和工程建设全过程)，也可以是阶段性服务。

工程咨询公司为业主服务既可以是全方位服务，也可以是某一方面的服务，例如，仅提供决策支持服务，仅从事工程投资控制等。

2. 为承包商服务

工程咨询公司为承包商服务主要有以下几种情况：

(1)为承包商提供合同咨询和索赔服务。如果承包商对建设工程的某种组织管理模式不了解，就需要工程咨询公司为其提供合同咨询，以便了解和把握该模式或该合同条件的特点、要点以及需要注意的问题，从而避免或减少合同风险，提高自己的合同管理水平。另外，当承包商对合同所规定的适用法律不熟悉甚至根本不了解，或发生了重大、特殊的索赔事件而承包商自己又缺乏相应的索赔经验时，承包商都可以委托工程咨询公司为其提供索赔服务。

(2)为承包商提供技术咨询服务。当承包商遇到施工技术难题，或工程项目中工艺系统设计和生产流程设计方面的问题时，工程咨询公司可以为其提供相应的技术咨询服务。在这种情况下，工程咨询公司的服务对象大多是技术实力不太强的中小承包商。

(3)为承包商提供工程设计服务。在这种情况下，工程咨询公司实质上是承包商的设计分包商，其具体表现又有两种方式：一种是工程咨询公司仅承担详细设计(相当于我国的施工图设计)工作。在国际工程招标时，在很多情况下仅达到基本设计(相当于我国的扩初设计)，承包商不仅要完成施工任务，还要完成详细设计。如果承包商不具备完成详细设计的能力，就需要委托工程咨询公司来完成。需要说明的是，这种情况在国际上仍然属于施工承包，而不属于工程总承包。另一种是工程咨询公司承担全部或绝大部分设计工作。其前提是承包商以工程总承包或交钥匙方式承包工程，且承包商没有能力自己完成工程设计。这时，工程咨询公司通常在投标阶段完成到概念设计或基本设计，中标后再进一步深化设计。

3. 为贷款方服务

这里所说的贷款方包括一般的贷款银行、国际金融机构(如世界银行、亚洲开发银行等)和国际援助机构(如联合国开发计划署、粮农组织)等。

工程咨询公司为贷款方服务的常见形式有两种：一是对申请贷款的项目进行评估。工程咨询公司的评估侧重于项目的工艺方案、系统设计的可靠性和投资估算的准确性，核算项目的财务评价指标并进行敏感性分析，最终提出客观、公正的评估报告。由于申请贷款项目通常都已完成可行性研究，因此，工程咨询公司的工作主要是对该项目的可行性研究报告进行审查、复核和评估。二是对已接受贷款项目的执行情况进行检查和监督。国际金融或援助机构为了解已接受贷款的项目是否按照有关的贷款规定执行，确保工程和设备在国际招标过程中的公开性和公正性，保证贷款资金的合理使用，按项目实施的实际进度拨付，并能对贷款项目的实施进行必要的干预和控制，就需要委托工程咨询公司为其服务，对已接受贷款项目的执行情况进行检查和监督，提出阶段性工作报告，以便及时、准确地掌握贷款项目的动态，从而作出正确的决策(如停贷、缓贷)。

4. 联合承包工程

在国际上，一些大型工程咨询公司往往与设备制造商和土木工程承包商组成联合体，参与工程总承包或交钥匙工程的投标，中标后共同完成工程建设的全部任务。在少数情况下，工程咨询公司甚至可以作为总承包商，承担建设工程的主要责任和风险，而承包商则成为分包商。工程咨询公司还可能参与 BOT 项目，甚至作为这类项目的发起人和策划公司。

虽然联合承包工程的风险相对较大，但可以给工程咨询公司带来更多的利润，而且在有些项目上可以更好地发挥工程咨询公司在技术、信息、管理等方面的优势。采用多种形式参与联合承包工程，已成为国际上大型工程咨询公司拓展业务的一个趋势。

二、国际工程实施组织模式

对着社会技术经济水平的发展，建设工程业主的需求也在不断变化和发展，总的趋势是希望简化自身管理工作，得到更全面、更高效的服务，更好地实现建设工程预定目标。与此相适应，建设工程组织实施模式也在不断地发展，国际上出现了许多新型模式。

(一)CM 模式

CM(Construction Management)在我国被翻译为建筑工程管理。但由于"建筑工程管理"的内涵很广泛，难以准确反映 CM 模式的含义，故这里直接用 CM 表示。

所谓 CM 模式，就是在采用快速路径法。快速路径法的基本特征是将设计工作分为若干阶段，如基础工程、上部结构工程、装修工程、安装工程等，每一阶段设计工作完成后，就组织相应工程内容的施工招标，确定施工单位后即开始相应工程内容的施工。与传统模式相比，快速路径法可以缩短建设周期。从理论上讲，其缩短的时间应为传统模式条件下设计工作和施工招标工作所需时间与快速路径法条件下第一阶段设计工作和第一次施工招标工作所需时间之差，从建设工程开始阶段就雇用具有施工经验的 CM 单位(或 CM 经理)参与到建设工程实施过程中，以便为设计人员提供施工方面的建议且随后负责管理施工过程。这种安排的目的是将建设工程实施作为一个完整过程来对待，并同时考虑设计和施工因素，力求使建设工程在尽可能短的时间内以尽可能低的费用和满足要求的质量建成并投入使用。

1. CM 模式可分为代理型 CM 模式和非代理型 CM 模式两种类型

(1)代理型 CM 模式。代理型 CM 模式又称为纯粹 CM 模式。采用代理型 CM 模式时，CM 单位是业主的咨询单位，业主与 CM 单位签订咨询服务合同，CM 合同价就是 CM 费，其表现形式可以是百分率(以今后陆续确定的工程费用总额为基数)或固定数额的费用，业主分别与多个施工单位签订所有的工程施工合同。其合同关系和协调管理关系如图1-1所示。

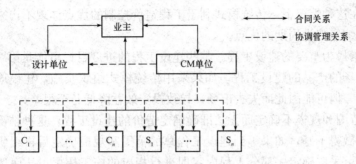

图1-1 代理型 CM 模式的合同关系和协调管理关系

图中 C 表示施工单位，S 表示材料设备供应单位。需要说明的是，CM 单位对设计单位没有指令权，只能向设计单位提出一些合理化建议。这一点同样适用于非代理型 CM 模式。这也是 CM 模式与全过程建设工程项目管理的重要区别。

代理型 CM 模式中，CM 单位通常是具有较丰富施工经验的专业 CM 单位或咨询单位。

(2)非代理型 CM 模式。非代理型 CM 模式又称为风险型 CM 模式。采用非代理型 CM 模式时，业主一般不与施工单位签订工程施工合同，但也可能在某些情况下，对某些专业性很强的工程内容和工程专用材料、设备，业主与少数施工单位和材料、设备供应单位签订合同。业主与 CM 单位所签订的合同既包括 CM 服务内容，也包括工程施工承包内容，而 CM 单位与施工单位和材料、设备供应单位签订合同。其合同关系和协调管理关系如图1-2 所示。

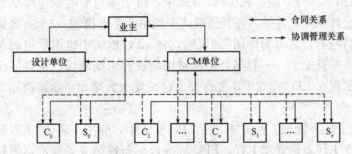

图1-2 非代理型 CM 模式的合同关系和协调管理关系

在图 1-2 中，CM 单位与施工单位之间似乎是总分包关系，但实际上却与总分包模式有本质的不同。其根本区别主要表现在：一是虽然 CM 单位与各个分包商直接签订合同，但 CM 单位对各分包商的资格预审、招标、议标和签约都对业主公开并必须经过业主确认才有效。二是由于 CM 单位介入工程时间较早（一般在设计阶段介入）且不承担设计任务，因此，CM 单位并不向业主直接报出具体数额的价格，而是报 CM 费，至于工程本身的费用，则是今后 CM 单位与各分包商、供应商的合同价之和。也就是说，CM 合同价由以上两部分组成，但在签订合同时，该合同价尚不是一个确定的具体数据，而主要是确定计价原则和方式，本质上属于成本加酬金合同的一种特殊形式。

2. CM 模式的适用情形

从模式的特点来看，在以下几种情况下尤其能体现出其优点：

（1）设计变更可能性较大的建设工程。某些建设工程，即使采用传统模式等全部设计图纸完成后再进行施工招标，在施工过程中仍然会有较多的设计变更（不包括因设计本身缺陷引起的变更）。在这种情况下，传统模式利于工程造价控制的优点体现不出来，而CM模式则能充分发挥其缩短建设周期的优点。

（2）时间因素最为重要的建设工程。某些建设工程的进度目标可能是第一位的，如生产某些急于占领市场的产品的建设工程。如果采用传统模式组织实施，建设周期太长，虽然总投资可能较低，但可能因此而失去市场，导致投资效益降低乃至很差。

（3）因总的范围和规模不确定而无法准确确定造价的建设工程。这种情况表明业主的前期项目策划工作做得不好，如果等到建设工程总的范围和规模确定后再组织实施，持续时间太长。因此，可采取确定一部分工程内容即进行相应的施工招标，从而选定施工单位开始施工。但是，由于建设工程总体策划存在缺陷，因而应用CM模式的局部效果可能较好，而总体效果可能不理想。

值得注意的是，不论哪一种情形，应用CM模式都需要具备丰富施工经验的高水平CM单位，这是应用CM模式的关键和前提条件。

（二）EPC模式

EPC(Engineering-Procurement-Construction)经常被翻译为设计—采购—施工。Engineering一词的含义极其丰富，在EPC模式中，它不仅包括具体的设计工作(Design)，而且还包括整个建设工程的总体策划以及整个建设工程实施组织管理的策划和具体工作。

1. EPC模式的特征

与其他实施组织模式相比，EPC模式具有以下基本特征：

（1）承包商承担大部分风险。在EPC模式中，由于承包商的承包范围包括设计，因而很自然地要承担设计风险。此外，在其他模式中均由业主承担的"一个有经验的承包商不可预见且无法合理防范的自然力的作用"的风险，在EPC模式中也由承包商承担。这是一类较为常见的风险，一旦发生，一般都会引起费用增加和工期延误。在其他模式中，承包商对此所享有的索赔权在EPC模式中不复存在。这无疑大大增加了承包商在工程实施过程中的风险。

（2）业主或业主代表管理工程实施。在EPC模式中，业主不聘请"工程师"来管理工程，而是自己或委派业主代表来管理工程。EPC标准合同条件第3条规定，如果委派业主代表来管理，业主代表应是业主的全权代表。如果业主想更换业主代表，只需提前14天通知承包商，不需征得承包商的同意。由于承包商已承担工程建设的大部分风险，因此，EPC模式中业主或业主代表管理工程较为宽松，不太具体和深入。

（3）总价合同。总价合同并不是EPC模式独有的，但是，与其他模式中的总价合同相比，EPC合同更接近于固定总价合同（若法规变化仍允许调整合同价格）。通常，在国际工程承包中，固定总价合同仅用于规模小、工期短工程。而EPC模式所适用的工程一般规模均较大、工期较长，且具有相当的技术复杂性。因此，在这类工程中采用接近固定的总价合同，可以算作其特征。

2. EPC模式的适用条件

由于EPC模式具有上述特征，因而应用该模式需具备以下条件：

（1）由于承包商承担了工程建设的大部分风险，因此，在招标阶段，业主应给予投标人充分的资料和时间，以使投标人能够仔细审核"业主的要求"（这是 EPC 模式中业主招标文件的重要内容），从而详细地了解该文件规定的工程目的、范围、设计标准和其他技术要求，在此基础上进行工程前期的规划设计、风险分析和评价以及估价等工作，向业主提交一份技术先进可靠、价格和工期合理的投标书。

（2）虽然业主或业主代表有权监督承包商的工作，但不能过分地干预承包商的工作，也不要审批大多数的施工图纸。

（3）由于采用总价合同，因而工程的期中支付款应由业主直接按照合同规定支付，而不是像其他模式那样先由工程师审查工程量和承包商的结算报告，再决定和签发支付证书。

（三）Partnering 模式

Partnering 模式于 20 世纪 80 年代中期首先在美国出现，近年来日益受到工程管理界的重视。Partnering 一词看似简单，但要准确地译成中文却比较困难。一般将其译为伙伴关系或合作管理。

Partnering 模式意味着业主与建设工程参与各方在相互信任、资源共享的基础上达成一种短期或长期的协议；在充分考虑参与各方利益的基础上确定建设工程共同的目标；建立工作小组，及时沟通以避免争议和诉讼的产生，相互合作、共同解决建设工程实施过程中出现的问题，共同分担工程风险和有关费用，以保证参与各方目标和利益的实现。

1. Partnering 模式的主要特征

Partnering 模式的主要特征表现在以下几个方面：

（1）出于自愿。Partnering 协议并不仅仅是建设单位与承包单位双方之间的协议，而需要工程项目参建各方共同签署，包括建设单位、总承包单位、主要的分包单位、设计单位、咨询单位、主要的材料设备供应单位等。参与 Partnering 模式的有关各方必须是完全自愿，而非出于任何原因的强迫。

（2）高层管理的参与。Partnering 模式的实施需要突破传统的观念和组织界限，因而工程项目参建各方高层管理者的参与以及在高层管理者之间达成共识，对于该模式的顺利实施是非常重要的。由于 Partnering 模式需要参与各方共同组成工作小组，要分担风险、共享资源，因此，高层管理者的认同、支持和决策是关键因素。

（3）协议不是法律意义上的合同。协议与工程合同是两个完全不同的文件。在工程合同签订后，工程参建各方经过讨论协商后才会签署协议。该协议并不改变参与各方在有关合同中规定的权利和义务。协议主要用来确定参建各方在工程建设过程中的共同目标、任务分工和行为规范，是工作小组的纲领性文件。当然，该协议的内容也不是一成不变的，当有新的参与者加入时，或某些参与者对协议的某些内容有意见时，都可以召开会议经过讨论对协议内容进行修改。

（4）信息的开放性。Partnering 模式强调资源共享，信息作为一种重要的资源，对于参与各方必须公开。同时，参与各方要保持及时、经常和开诚布公的沟通，在相互信任的基础上，要保证工程质量、造价、进度等方面的信息能为参与各方及时、便利地获取。这不仅能保证建设工程目标得到有效控制，而且能减少许多重复性工作，降低成本。

2. Partnering 模式的组成要素

成功运作 Partnering 模式所不可缺少的元素包括以下几个方面：

（1）长期协议。虽然 Partnering 模式也经常用于单个工程项目，但从各国实践情况看，在多个工程项目上持续运用 Partnering 模式可以取得更好的效果，这也是 Partnering 模式的发展方向。

(2)共享。工程参建各方共享有形资源(如人力、机械设备等)和无形资源(如信息、知识等)，共享工程项目实施所产生的有形效益(费用降低、质量提高等)和无形效益(如避免争议和诉讼的产生、工作积极性提高、承包单位社会信誉提高等)。同时，工程项目参建各方共同分担工程的风险和采用 Partnering 模式所产生的相应费用。

在 Partnering 模式中，信息应在工程参建各方之间及时、准确并有效地传递、转换，才能保证及时处理和解决已经出现的争议和问题，提高整个建设工程组织的工作效率。为此，需将传统的信息传递模式转变为基于电子信息网络的现代传递模式。

(3)相互信任。相互信任是确定工程项目参建各方共同目标和建立良好合作关系的前提，是 Partnering 模式的基础和关键。

(4)共同的目标。在一个确定的建设工程中，参建各方都有其各自不同的目标和利益，在某些方面甚至还有矛盾和冲突。因此，采用 Partnering 模式要使工程参建各方充分认识到，只有建设工程实施结果本身是成功的，才能实现他们各自的目标和利益，从而取得双赢或多赢的结果。

(5)合作。工程参建各方要有合作精神，并在相互之间建立良好的合作关系。但这只是基本原则，要做到这一点，还需要有组织保证。Partnering 模式需要突破传统的组织界限，建立一个由工程参建各方人员共同组成的工作小组。同时，要明确各方的职责，建立相互之间的信息流程和指令关系，并建立一套规范的操作程序。该工作小组围绕共同的目标展开工作，在工作过程中鼓励创新、合作的精神，对所遇到的问题要以合作的态度公开交流，协商解决，力求寻找一个使工程参建各方均满意或均能接受的解决方案。

3. Partnering 模式的适用情况

Partnering 模式总是与建设工程组织管理模式中的某一种模式结合使用的，较为常见的情况是与总分包模式、工程总承包模式和 CM 模式结合使用。这表明，Partnering 模式并不能作为一种独立存在的模式。从 Partnering 模式的实践情况看，并不存在什么适用范围的限制。但是，Partnering 模式的特点决定了其特别适用于以下几种类型的建设工程:

(1)业主长期有投资活动的建设工程。比较典型的有:大型房地产开发项目、商业连锁建设工程、代表政府进行基础设施建设投资的业主的建设工程等。由于长期有连续的建设工程作保证，业主与承包单位等工程参建各方的长期合作就有了基础，有利于增加业主与工程参建各方之间的了解和信任，从而可以签订长期的 Partnering 协议，取得比在单个建设工程中运用 Partnering 模式更好的效果。

(2)不宜采用公开招标或邀请招标的建设工程。例如，军事工程、涉及国家安全或机密的工程、工期特别紧迫的工程等。在这些建设工程中，相对而言，投资一般不是主要目标，业主与承包单位较易形成共同的目标和良好的合作关系。而且，虽然没有连续的建设工程，但良好的合作关系可以保持下去，在今后新的建设工程中仍然可以再度合作。这表明，即使对于短期内一个确定的建设工程，也可以签订具有长期效力的协议(包括在新的建设工程中套用原来的 Partnering 协议)。

(3)复杂的不确定因素较多的建设工程。如果建设工程的组成、技术、参建单位复杂，尤其是技术复杂、施工的不确定因素多，在采用一般模式时，往往会产生较多的合同争议和索赔，容易导致业主与承包单位产生对立情绪，相互之间的关系紧张，影响整个建设工程目标的实现，其结果可能是两败俱伤。在这类建设工程中采用 Partnering 模式，可以充分发挥其优点，能协调工程参建各方之间的关系，有效避免和减少合同争议，避免仲裁或诉讼，较好地解决索赔问题，从而更好地实现工程参建各方共同的目标。

(4)国际金融组织贷款的建设工程。按贷款机构的要求，这类建设工程一般应采用国际公开招标(或称国际竞争性招标)，常常有外国承包商参与，合同争议和索赔经常发生而且数额较大。另一方面，一些国际著名的承包商往往有 Partnering 模式的实践经验，至少对这种模式有所了解。因此，在这类建设工程中采用 Partnering 模式，容易为外国承包商所接受并较为顺利地运作，从而可以有效地防范和处理合同争议和索赔，避免仲裁或诉讼，较好地控制建设工程目标。当然，在这类建设工程中，一般是针对特定的建设工程签订 Partnering 协议而不是签订长期的 Partnering 协议。

第四节　工程建设程序及建设工程监理相关制度

一、工程建设程序

工程建设程序是指建设工程从策划、决策、设计、施工，到竣工验收、投入生产或交付使用的整个建设过程中，各项工作必须遵循的先后顺序。工程建设程序是建设工程策划决策和建设实施过程客观规律的反映，是建设工程科学决策和顺利实施的重要保证。

按照工程建设的内在规律，每一项建设工程都要经过策划决策和建设实施两个发展时期。这两个发展时期又可分为若干阶段，各阶段之间存在着严格的先后次序，可以进行合理交叉，但不能任意颠倒次序。

(一)策划决策阶段的工作内容

建设工程策划决策阶段的工作内容主要包括项目建议书和可行性研究报告的编报和审批。

1. 项目建议书的编报

项目建议书是拟建项目单位向政府投资主管部门提出的要求建设某一工程项目的建议文件，是对工程项目建设的轮廓设想。项目建议书的主要作用是推荐一个拟建项目，论述其建设的必要性、建设条件的可行性和获利的可能性，供政府投资主管部门选择并确定是否进行下一步工作。

项目建议书的内容视工程项目不同而有繁有简，但一般应包括以下几个方面：

(1)项目提出的必要性和依据；

(2)产品方案、拟建规模和建设地点的初步设想；

(3)资源情况、建设条件、协作关系和设备技术引进国别、厂商的初步分析；

(4)投资估算、资金筹措及还贷方案设想；

(5)项目进度安排；

(6)经济效益和社会效益的初步估计；

(7)环境影响的初步评价。

对于政府投资工程，项目建议书按要求编制完成后，应根据建设规模和限额划分报送有关部门审批。项目建议书经审批后，可进行可行性研究工作，但并不表明项目非上不可，批准的项目建议书不是工程项目的最终决策。

2. 可行性研究报告的编报

可行性研究是指在工程项目决策之前，通过调查、研究、分析建设工程在技术、经济等方面的条件和情况，对可能的多种方案进行比较论证，同时，对工程项目建成后的综合效益进行预测和评价的一种投资决策分析活动。

可行性研究应完成以下工作内容：

(1)进行市场研究，以解决工程项目建设的必要性问题；

(2)进行工艺技术方案研究，以解决工程项目建设的技术可行性问题；

(3)进行财务和经济分析，以解决工程项目建设的经济合理性问题。

可行性研究工作完成后，需要编写出反映其全部工作成果的"可行性研究报告"。凡经可行性研究未通过的项目，不得进行下一步工作。

3. 投资项目决策管理制度

根据《国务院关于投资体制改革的决定》，政府投资工程实行审批制；非政府投资项目实行核准制或登记备案制。

(1)政府投资工程。对于采用直接投资和资本金注入方式的政府投资工程，政府需要从投资决策的角度审批项目建议书和可行性研究报告，除特殊情况外，不再审批开工报告，同时，还要严格审批其初步设计和概算；对于采用投资补助、转贷和贷款贴息方式的政府投资工程，则只审批资金申请报告。

政府投资工程一般都要经过符合资质要求的咨询中介机构的评估论证，特别重大的工程还应实行专家评议制度。国家将逐步实行政府投资工程公示制度，以广泛听取各方面的意见和建议。

(2)非政府投资工程。对于企业不使用政府资金投资建设的工程，政府不再进行投资决策性质的审批，区别不同情况实行核准制或登记备案制。

1)核准制。企业投资建设《政府核准的投资项目目录》中的项目时，仅需向政府提交项目申请报告，不再经过批准项目建议书、可行性研究报告和开工报告的程序。

2)登记备案制。对于《政府核准的投资项目目录》以外的企业投资项目，实行登记备案制。除国家另有规定外，由企业按照属地原则向地方政府投资主管部门备案。

为扩大大型企业集团的投资决策权，对于基本建立现代企业制度的特大型企业集团，投资建设《政府核准的投资项目目录》中的项目时，可以按项目单独申报核准，也可以编制中长期发展建设规划，规划经国务院或国务院投资主管部门批准后，规划中属于《政府核准的投资项目目录》中的项目不再另行申报核准，只需办理备案手续。企业集团要及时向国务院有关部门报告规划执行和项目建设情况。

(二)建设实施阶段的工作内容

建设工程实施阶段的工作内容主要包括勘察设计、建设准备、施工安装及竣工验收。对于生产性工程项目，在施工安装后期，还需要进行生产准备工作。

1. 勘察设计

(1)工程勘察。工程勘察通过对地形、地质及水文等要素的测绘、勘探、测试及综合评定，提供工程建设所需的基础资料。工程勘察需要对工程建设场地进行详细论证，保证建设工程合理进行，促使建设工程取得最佳的经济、社会和环境效益。

(2)工程设计。工程设计的工作一般划分为两个阶段，即初步设计和施工图设计。重大工程和技术复杂工程，可根据需要增加技术设计阶段。

1)初步设计。初步设计是根据可行性研究报告的要求进行具体实施方案设计，目的是阐明在指定的地点、时间和投资控制数额内，拟建项目在技术上的可行性和经济上的合理性，并通过对建设工程所作出的基本技术经济规定，编制工程总概算。

初步设计不得随意改变被批准的可行性研究报告所确定的建设规模、产品方案、工程标准、建设地址和总投资等控制目标。如果初步设计提出的总概算超过可行性研究报告总投资的10%以上或其他主要指标需要变更时，应说明原因和计算依据，并重新向原审批单位报批可行性研究报告。

2)技术设计。技术设计应根据初步设计和更详细的调查研究资料编制，以进一步解决初步设计中的重大技术问题，如工艺流程、建筑结构、设备选型及数量确定等，使工程设计更具体、更完善，技术指标更好。

3)施工图设计。根据初步设计或技术设计的要求，结合工程现场实际情况，完整地表现建筑物外形、内部空间分割、结构体系、构造状况以及建筑群的组成和周围环境的配合。施工图设计还包括各种运输、通信、管道系统、建筑设备的设计。在工艺方面，应具体确定各种设备的型号、规格以及各种非标准设备的制造加工图。

(3)施工图设计文件的审查。根据《房屋建筑和市政基础设施工程施工图设计文件审查管理办法(2013)》(住房和城乡建设部令第13号)，建设单位应当将施工图送施工图审查机构审查。施工图审查机构按照有关法律、法规，对施工图涉及公共利益、公众安全和工程建设强制性标准的内容进行审查。审查的主要内容包括：

1)是否符合工程建设强制性标准；

2)地基基础和主体结构的安全性；

3)是否符合民用建筑节能强制性标准，对执行绿色建筑标准的项目，还应当审查是否符合绿色建筑标准。

4)勘察设计企业和注册执业人员以及相关人员是否按规定在施工图上加盖相应的图章和签字；

5)其他法律、法规、规章规定必须审查的内容。

任何单位或者个人不得擅自修改审查合格的施工图。确需修改的，凡涉及上述审查内容的，建设单位应当将修改后的施工图送原审查机构审查。

2. 建设准备

(1)建设准备工作内容。工程项目在开工建设之前要切实做好各项准备工作，其主要内容包括：

1)征地、拆迁和场地平整；

2)完成施工用水、电、通信、道路等接通工作；

3)组织招标选择工程监理单位、施工单位及设备、材料供应商；

4)准备必要的施工图纸；

5)办理工程质量监督和施工许可手续。

(2)工程质量监督手续的办理。建设单位在领取施工许可证或者开工报告前，应当到规定的工程质量监督机构办理工程质量监督注册手续。办理质量监督注册手续时需提供下列资料：

    1)施工图设计文件审查报告和批准书；

    2)中标通知书和施工、监理合同；

    3)建设单位、施工单位和监理单位工程项目的负责人和机构组成；

    4)施工组织设计和监理规划（监理实施细则）；

    5)其他需要的文件资料。

（3）施工许可证的办理。从事各类房屋建筑及其附属设施的建造、装修装饰和与其配套的线路、管道、设备的安装，以及城镇市政基础设施工程的施工，建设单位在开工前应当向工程所在地县级以上人民政府建设主管部门申请领取施工许可证。必须申请领取施工许可证的建筑工程未取得施工许可证的，一律不得开工。

工程投资在 30 万元以下或者建筑面积在 300 m² 以下的建筑工程，可以不申请办理施工许可证。

3. 施工安装

建设工程具备开工条件并取得施工许可证后才能开始土建工程施工和机电设备安装。

按照规定，建设工程新开工时间是指工程设计文件中规定的任何一项永久性工程第一次正式破土开槽的开始日期。不需要开槽的工程，以正式开始打桩的日期作为开工日期。铁路、公路、水库等需要进行大量土石方工程的，以开始进行土石方工程施工的日期作为正式开工日期。工程地质勘察、平整场地、旧建筑拆除、临时建筑、施工用临时道路和水、电等工程开始施工的日期不能算作正式开工日期。分期建设的工程分别按各期工程开工的日期计算，如二期工程应根据工程设计文件规定的永久性工程开工的日期计算。

施工安装活动应按照工程设计要求、施工合同及施工组织设计，在保证工程质量、工期、成本及安全、环保等目标的前提下进行。

4. 生产准备

对于生产性工程项目而言，生产准备是工程项目投产前由建设单位进行的一项重要工作。生产准备是衔接建设和生产的桥梁，是工程项目建设转入生产经营的必要条件。建设单位应适时组成专门机构做好生产准备工作，确保工程项目建成后能及时投产。

生产准备的主要工作内容包括组建生产管理机构，制定管理有关制度和规定；招聘和培训生产人员，组织生产人员参加设备的安装、调试和工程验收工作；落实原材料、协作产品、燃料、水、电、气等的来源和其他需协作配合的条件，并组织工装、器具、备品、备件等的制造或订货等。

5. 竣工验收

建设工程按照设计文件的规定内容和标准全部完成，并按规定将施工现场清理完毕后，达到竣工验收条件时，建设单位即可组织工程竣工验收。工程勘察设计、施工、监理等单位应参加工程竣工验收。工程竣工验收要审查工程建设的各个环节，审阅工程档案，实地查验建筑安装工程实体，对工程设计、施工和设备质量等进行全面评价。不合格的工程不予验收。对遗留问题要提出具体解决意见，限期落实完成。

工程竣工验收是投资成果转入生产或使用的标志，也是全面考核工程建设成果、检验设计和施工质量的关键步骤。工程竣工验收合格后，建设工程方可投入使用。

建设工程自竣工验收合格之日起即进入工程质量保修期。建设工程自办理竣工验收手续后，发现存在工程质量缺陷的，应及时修复，费用由责任方承担。

二、建设工程监理相关制度

按照有关规定，我国工程建设应实行项目法人责任制、工程监理制、工程招标投标制和合同管理制，这些制度相互关联、相互支持，共同构成了我国工程建设管理的基本制度。

(一)项目法人责任制

为了建立投资约束机制，规范建设单位行为，原国家计委于 1996 年 3 月发布了《关于实行建设项目法人责任制的暂行规定》(计建设〔1996〕673 号)，要求"国有单位经营性基本建设大中型项目在建设阶段必须组建项目法人"，"由项目法人对项目的策划、资金筹措、建设实施、生产经营、债务偿还和资产的保值增值，实行全过程负责"。项目法人责任制的核心内容是明确由项目法人承担投资风险，项目法人要对工程项目的建设及建成后的生产经营实行一条龙管理和全面负责。

1. 项目法人的设立

新上项目在项目建议书被批准后，应由项目的投资方派代表组成项目法人筹备组，具体负责项目法人的筹建工作。有关单位在申报项目可行性研究报告时，须同时提出项目法人的组建方案，否则，其可行性研究报告将不予审批。在项目可行性研究报告被批准后，应正式成立项目法人。按有关规定确保资本金按时到位，并及时办理公司设立登记。项目公司可以是有限责任公司(包括国有独资公司)，也可以是股份有限公司。

由原有企业负责建设的大中型基建项目，需新设立子公司的，要重新设立项目法人；只设分公司或分厂的，原企业法人即是项目法人，原企业法人应向分公司或分厂派遣专职管理人员，并实行专项考核。

2. 项目法人的职权

(1)项目董事会的职权。建设项目董事会的职权包括负责筹措建设资金；审核、上报项目初步设计和概算文件；审核、上报年度投资计划并落实年度资金；提出项目开工报告；研究解决建设过程中出现的重大问题；负责提出项目竣工验收申请报告；审定偿还债务计划和生产经营方针，并负责按时偿还债务；聘任或解聘项目总经理，并根据总经理的提名，聘任或解聘其他高级管理人员。

(2)项目总经理的职权。项目总经理的职权包括组织编制项目初步设计文件，对项目工艺流程、设备选型、建设标准、总图布置提出意见，提交董事会审查；组织工程设计、施工监理、施工队伍和设备材料采购的招标工作，编制和确定招标方案、标底和评标标准，评选和确定投标、中标单位；编制并组织实施项目年度投资计划、用款计划、建设进度计划；编制项目财务预算、决算；编制并组织实施归还贷款和其他债务计划；组织工程建设实施，负责控制工程投资、工期和质量；在项目建设过程中，在批准的概算范围内对单项工程的设计进行局部调整(凡引起生产性质、能力、产品品种和标准变化的设计调整以及概算调整，需经董事会决定并报原审批单位批准)；根据董事会授权处理项目实施中的重大紧急事件，并及时向董事会报告；负责生产准备工作和培训有关人员；负责组织项目试生产和单项工程预验收；拟定生产经营计划、企业内部机构设置、劳动定员定额方案及工资福利方案；组织项目后评价，提出项目后评价报告；按时向有关部门报送项目建设、生产信息和统计资料；提请董事会聘任或解聘项目高级管理人员。

3. 项目法人责任制与工程监理制度的关系

(1)项目法人责任制是实行工程监理制的必要条件。项目法人责任制的核心是要落实"谁投资、谁决策，谁承担风险"的基本原则。实行项目法人责任制，必然使项目法人面临一个重要的问题：如何做好投资决策和风险承担工作。项目法人为了切实承担其职责，必然需要社会化、专业化机构为其提供服务。这种需求为建设工程监理的发展提供了坚实的基础。

(2)工程监理制是实行项目法人责任制的基本保证。实行工程监理制，项目法人可以依据自身需求和有关规定委托监理，在工程监理单位协助下，进行建设工程质量、造价、进度目标有效控制，从而为在计划目标内完成工程建设提供了基本保证。

(二)工程招标投标制

为了保护国家利益、社会公共利益，提高经济效益，保证工程项目质量，自2000年1月1日起开始施行的《中华人民共和国招标投标法》(主席令第21号)规定，在中华人民共和国境内进行下列工程建设项目包括项目的勘察、设计、施工、监理以及与工程建设有关的重要设备、材料等的采购，必须进行招标：①大型基础设施、公用事业等关系社会公共利益、公众安全的项目；②全部或者部分使用国有资金投资或者国家融资的项目；③使用国际组织或者外国政府贷款、援助资金的项目。

1. 工程招标的具体范围和规模标准

2000年5月1日开始施行的《工程建设项目招标范围和规模标准规定》(国家发展计划委员会令第3号)进一步明确了工程招标的范围和规模标准：

(1)关系社会公共利益、公众安全的基础设施项目的范围包括：

1)煤炭、石油、天然气、电力、新能源等能源项目；

2)铁路、公路、管道、水运、航空以及其他交通运输业等交通运输项目；

3)邮政、电信枢纽、通信、信息网络等邮电通讯项目；

4)防洪、灌溉、排涝、引(供)水、滩涂治理、水土保持、水利枢纽等水利项目；

5)道路、桥梁、铁路、地铁和轻轨交通、污水排放及处理、垃圾处理、地下管道、公共停车场等城市设施项目；

6)生态环境保护项目；

7)其他基础设施项目。

(2)关系社会公共利益、公众安全的公用事业项目的范围包括：

1)供水、供电、供气、供热等市政工程项目；

2)科技、教育、文化等项目；

3)体育、旅游等项目；

4)卫生、社会福利等项目；

5)商品住宅，包括经济实用住房；

6)其他公用事业项目。

(3)使用国有资金投资项目的范围包括：

1)使用各级财政预算资金的项目；

2)使用纳入财政管理的各种政府性专项建设资金的项目；

3)使用国有企业事业单位自有资金，并且国有资产投资者实际拥有控制权的项目。

（4）国家融资项目的范围包括：

1）使用国家发行债券所筹资金的项目；

2）使用国家对外借款或者担保所筹资金的项目；

3）使用国家政策性贷款的项目；

4）国家授权投资主体融资的项目；

5）国家特许的融资项目。

（5）使用国际组织或者外国政府资金的项目范围包括：

1）使用世界银行、亚洲开发银行等国际组织贷款资金的项目；

2）使用外国政府及其机构贷款资金的项目；

3）使用国际组织或者外国政府援助资金的项目。

上述五类项目的勘察、设计、施工、监理以及与工程建设有关的重要设备、材料等的采购，达到下列标准之一的，必须进行招标：

1）施工单项合同估算价在 200 万元人民币以上的；

2）重要设备、材料等货物的采购，单项合同估算价在 100 万元人民币以上的；

3）勘察、设计、监理等服务的采购，单项合同估算价在 50 万元人民币以上的；

4）单项合同估算价低于前三项规定的标准，但项目总投资额在 3 000 万元人民币以上的。

依法必须进行招标的项目，全部使用国有资金投资或者国有资金投资占控股或者主导地位的，应当公开招标。法律规定可以邀请招标和可以不进行招标除外。

2. 工程招标投标制与工程监理制的关系

（1）工程招标投标制是实行工程监理制的重要保证。对于法律法规规定必须实施监理招标的工程项目，建设单位需要按规定采用招标方式选择工程监理单位。通过工程监理招标，有利于建设单位优选高水平工程监理单位，确保建设工程监理效果。

（2）工程监理制是落实工程招标投标制的重要保障。实行工程监理制，建设单位可以通过委托工程监理单位做好招标工作，更好地优选施工单位和材料设备供应单位。

（三）合同管理制

工程建设是一个极为复杂的社会生产过程，由于现代社会化大生产和专业化分工，许多单位会参与到工程建设之中，而各类合同则是维系各参与单位之间关系的纽带。

自 1999 年 10 月 1 日起施行的《中华人民共和国合同法》（主席令第 15 号）明确了合同订立、效力、履行、变更与转让、终止、违约责任等有关内容以及包括建设合同、委托合同在内的 15 类合同，为实行合同管理制提供了重要的法律依据。

1. 工程项目合同体系

在工程项目合同体系中，建设单位和施工单位是两个最主要的节点。

（1）建设单位的主要合同关系。为实现工程项目总目标，建设单位可以通过签订合同将工程项目有关活动委托给相应的专业承包单位或专业服务机构，相应的合同有：工程承包（总承包、施工承包）合同、工程勘察合同、工程设计合同、材料设备采购合同、工程咨询（可行性研究、技术咨询、造价咨询）合同、工程监理合同、工程项目管理服务合同、工程保险合同、贷款合同等。

（2）施工单位的主要合同关系。施工单位作为工程承包合同的履行者，也可以通过签订合同将工程承包合同中所确定的工程设计、施工、材料设备采购等部分任务委托给其他相关单位来完成，相应的合同有：工程分包合同、材料设备采购合同、运输合同、加工合同、租赁合同、劳务分包合同、保险合同等。

2. 合同管理制与工程监理制的关系

(1)合同管理制是实行工程监理制的重要保证。建设单位委托监理时，需要与工程监理单位建立合同关系，明确双方的义务和责任。工程监理单位实施监理时，需要通过合同管理控制工程质量、造价和进度目标。合同管理制的实施，为工程监理单位开展合同管理工作提供了法律和制度支持。

(2)工程监理制是落实合同管理制的重要保障。实行工程监理制，建设单位可以通过委托工程监理单位做好合同管理工作，更好地实现建设工程项目目标。

实训案例

背景：

甲监理公司是某市实力最雄厚的监理企业，承揽并完成了很多大中型工程项目的监理任务，积累了丰富的经验，建立了一定的业务关系。某业主投资建设一栋28层综合办公大楼，委托甲监理公司实施监理工作并签订了书面合同。合同的有关条款约定：业主不派工地常驻代表，全权委托总监理工程师处理一切事务。在监理过程中，甲监理公司为了更好地完成监理任务，将部分监理业务转让给乙监理公司；在施工过程中业主和承包人发生争议，总监理工程师以业主的身份，与承包人进行协商；为了保证材料质量，甲监理公司要求施工单位使用与其有利害关系的材料供应商的材料。

问题：

指出背景材料中的不妥之处，并说明理由。

案例解析：

背景材料中的不妥之处：

(1)业主不派工地常驻代表，全权委托总监理工程师处理一切事务不妥。

原因：监理的服务性决定"工程监理单位的服务对象是建设单位，但不能完全取代建设单位的管理活动"。

(2)甲监理公司为了更好地完成监理任务，将部分监理业务转让给乙监理公司不妥。

原因：《中华人民共和国建筑法》规定："工程监理单位转让监理业务的，责令改正，没收违法所得，可以责令停业整顿，降低资质等级；情节严重的，吊销资质证书。"

(3)在施工过程中业主和承包人发生争议，总监理工程师以业主的身份，与承包人进行协商不妥。

原因：按照独立性的要求，在建设工程监理过程中，项目监理机构必须按照自己的工作计划和程序，根据自己的判断，采用科学的方法和手段，独立的开展工作。

(4)甲监理公司要求施工单位使用与其有利害关系的材料供应商的材料不妥。

原因：《中华人民共和国建筑法》第三十四条规定："工程监理单位与被监理工程的承包单位以及建筑材料、建筑构配件和设备供应单位不得有隶属关系或其他利害关系。"

一、单项选择题

1. 建设工程监理是指工程监理单位(　　)。
   A. 在建设单位的委托授权范围内从事专业化服务活动
   B. 代表工程质量监督机构对施工质量进行的监督管理
   C. 代表政府主管部门对施工承包单位进行的监督管理
   D. 代表总承包单位对分包单位进行的监督管理

2. 建设工程监理的行为主体是(　　)。
   A. 建设单位　　　　B. 工程监理单位　　　　C. 建设主管部门　　　　D. 质量监督机构

3. 工程监理单位在委托监理的工程中拥有一定的管理权限,能够开展管理活动,这是(　　)。
   A. 建设单位授权的结果　　　　　　　　B. 监理单位服务性的体现
   C. 政府部门监督管理的需要　　　　　　D. 施工单位提升管理的需要

4. 关于建设工程监理的表述,下列说法错误的是(　　)。
   A. 建设工程监理的行为主体是工程监理单位
   B. 建设工程监理不同于建设行政主管部门的监督管理
   C. 建设工程监理的依据包括委托监理合同和有关的建设工程合同
   D. 总承包单位对分包单位的监督管理也属建设工程监理行为

5. 关于建设工程监理的表述,下列说法正确的是(　　)。
   A. 建设工程监理的行为主体包括监理单位、建设单位和施工单位
   B. 监理单位处理工程变更的权限是建设单位授权的结果
   C. 建设工程监理的实施需要建设单位的委托和施工单位的认可
   D. 建设工程监理的依据包括委托监理合同、工程总承包合同和分包合同

6. 建设工程监理应有一套健全的管理制度和先进的管理方法,这是工程监理(　　)的具体表现。
   A. 服务性　　　　B. 独立性　　　　C. 科学性　　　　D. 公平性

7. 工程监理企业应当由足够数量的有丰富管理经验和应变能力的监理工程师组成骨干队伍,这是建设工程监理(　　)的具体表现。
   A. 服务性　　　　B. 科学性　　　　C. 独立性　　　　D. 公平性

8. 在开展工程监理的过程中,当建设单位与承建单位发生利益冲突时,监理单位应以事实为依据,以法律和有关合同为准绳,在维护建设单位的合法权益的同时,不损害承建单位的合法权益。这表明建设工程监理具有(　　)。
   A. 公正性　　　　B. 自主性　　　　C. 独立性　　　　D. 公平性

9. 建设工程监理的性质可以概括为(　　)。
   A. 服务性、科学性、独立性和公正性　　　　B. 创新性、科学性、独立性和公正性
   C. 服务性、科学性、独立性和公平性　　　　D. 创新性、科学性、独立性和公平性

10. 根据《中华人民共和国建筑法》的规定，当施工不符合工程设计要求、施工技术标准和合同约定时，工程监理人员应当（   ）。

    A. 报告建设单位   B. 要求建筑施工企业改正

    C. 报告建设单位要求建筑施工企业改正   D. 立即要求建筑施工企业暂时停止施工

11. 某工程，施工单位于3月10日进入施工现场开始建设临时设施，3月15日开始拆除旧有建筑物，3月25日开始永久性工程基础正式打桩，4月10日开始平整场地。该工程的开工时间为（   ）。

    A. 3月10日   B. 3月15日   C. 3月25日   D. 4月10日

12. 根据《国务院关于投资体制改革的决定》的规定，对于企业不使用政府资金投资建设的项目，视情况实行（   ）。

    A. 审批制或备案制   B. 核准制或备案制

    C. 审批制或审核制   D. 核准制或审批制

13. 关于Partnering模式特征的表述，下列说法错误的是（   ）。

    A. Partnering模式要求各方高层管理者参与并达成共识

    B. Partnering模式协议规定了参与各方的目标、权利和义务

    C. Partnering模式的参与者出于自愿

    D. Partnering模式强调信息开放与自愿共享

二、多项选择题

1. 根据《中华人民共和国建筑法》的规定，工程监理单位与被监理工程的（   ）不得有隶属关系或者其他利害关系。

    A. 设计单位   B. 承包单位

    C. 建筑材料供应单位   D. 设备供应单位

    E. 工程咨询单位

2. 关于项目法人责任制的表述，下列说法正确的有（   ）。

    A. 所有的大中型建设工程都必须在建设阶段组建项目法人

    B. 项目法人可设立有限责任公司

    C. 项目可行性研究报告被批准后，正式成立项目法人

    D. 项目法人可设立股份有限公司

    E. 项目法人只对项目的决策和实施负责

3. 根据《国务院关于投资体制改革的决定》的规定，对于采用直接投资和资本金注入方式的政府投资项目，政府需要从投资决策的角度必须要审批（   ）。

    A. 项目建议书   B. 可行性研究报告   C. 开工报告   D. 初步设计

    E. 项目概算

4. 下列工作职权中，属于项目董事会职权的有（   ）。

    A. 负责筹措建设资金

    B. 审核、上报年度投资计划并落实年度资金

    C. 评选和确定投标、中标单位

    D. 审定偿还债务计划和生产经营方针，并负责按时偿还债务

    E. 负责提出项目竣工验收申请报告

5. 根据《建设工程监理范围和规模标准规定》的规定，下列选项中必须实行监理的有（ ）。
   A. 使用外国政府援助资金的项目　　　B. 投资额为 2 000 万元的公路项目
   C. 建筑面积在 4 万平方米住宅小区项目　　D. 投资额为 1 000 万元的学校项目
   E. 投资额为 3 500 万元的医院项目
6. 按国际上的理解，我国的（ ）都属于咨询工程师。
   A. 会计师　　　　B. 经济师　　　　C. 造价工程师　　　　D. 建造师
   E. 从事工程招标业务的专业人员
7. 关于 Partnering 模式下 Partnering 协议的表述，下列说法正确的有（ ）。
   A. Partnering 协议由工程参与各方共同签署
   B. Partnering 协议的参与者须一次性到位
   C. Partnering 协议应由业主起草
   D. Partnering 协议与工程合同是完全不同的文件
   E. Partnering 模式提出后须立即签订 Partnering 协议

三、简答题

1. 什么是建设工程监理？它的含义可从哪些方面理解？
2. 建设工程监理具有哪些性质？
3. 建设工程监理的法律地位从哪些方面体现？
4. 强制实行工程监理的范围是什么？
5. 什么是工程建设程序？工程建设程序包括哪些工作内容？
6. 建设项目法人责任制的基本内容是什么？项目法人的职权有哪些？建设项目法人责任制与工程监理制的关系是什么？
7. 工程招标的范围和规模标准是什么？工程招标投标制与工程监理制的关系是什么？
8. 工程项目合同体系的主要内容有哪些？合同管理制与工程监理制的关系是什么？
9. 咨询工程师应具备哪些素质？FIDIC 规定的咨询工程师的道德准则有哪些？
10. CM 模式的种类有哪些？适用于哪些情形？
11. EPC 模式的特征是什么？适用条件是什么？
12. Partnering 模式的主要特征、组成要素有哪些？适用于哪些情形？

第二章 建设工程监理相关法律、行政法规和规范

建设工程监理相关法律、行政法规及规范是建设工程监理的法律依据和工作指南。目前，与工程监理密切相关的法律有《中华人民共和国建筑法》（以下简称《建筑法》）、《中华人民共和国招标投标法》（以下简称《招标投标法》）和《中华人民共和国合同法》（以下简称《合同法》）；与建设工程监理密切相关的行政法规有《建设工程质量管理条例》《建设工程安全生产管理条例》《生产安全事故报告和调查处理条例》和《中华人民共和国招标投标法实施条例》（以下简称《招标投标法实施条例》）；建设工程监理规范则包括《建设工程监理规范》和《建设工程监理与相关服务收费标准》。另外，有关工程监理的部门规章和规范性文件，以及地方性法规、地方政府规章及规范性文件、行业标准和地方标准等，也是建设工程监理的法律依据和工作指南。

第一节 建设工程监理相关法律

建设工程法律是指由全国人民代表大会及其常务委员会通过的规范工程建设活动的法律规范，以主席令的形式予以公布。与建设工程监理密切相关的法律有《建筑法》《招标投标法》《合同法》。

一、《建筑法》

《建筑法》是我国工程建设领域的一部大法，以建筑市场管理为中心，以建筑工程质量和安全管理为重点，其主要包括建筑许可、建筑工程发包与承包、建筑工程监理、建筑安全生产管理和建筑工程质量管理等方面内容。

1. 建筑许可

建筑许可包括建筑工程施工许可和从业资格两个方面。

（1）建筑工程施工许可。建筑工程施工许可是建设行政主管部门根据建设单位的申请，依法对建筑工程所应具备的施工条件进行审查，对符合规定条件者准许其开始施工并颁发施工许可证的一种管理制度。

1）施工许可证的申领。建筑工程开工前，建设单位应当按照国家有关规定向工程所在地县级以上人民政府建设主管部门申请领取施工许可证。按照国务院规定的权限和程序批准开工报告的建筑工程，不再领取施工许可证。

建设单位申请领取施工许可证，应当具备下列条件：

①已经办理该建筑工程用地批准手续；

②在城市规划区的建筑工程，已经取得规划许可证；

③需要拆迁的，其拆迁进度符合施工要求；

④已经确定建筑施工企业；

⑤有满足施工需要的施工图纸及技术资料；

⑥有保证工程质量和安全的具体措施；

⑦建设资金已经落实；

⑧法律、行政法规规定的其他条件。

2)施工许可证的有效期。

①建设单位应当自领取施工许可证之日起3个月内开工。因故不能按期开工的，应当向发证机关申请延期；延期以两次为限，每次不超过3个月。既不开工又不申请延期或者超过延期时限的，施工许可证自行废止。

②在建的建筑工程因故中止施工的，建设单位应当自中止施工之日起1个月内，向发证机关报告，并按照规定做好建筑工程的维护管理工作。建筑工程恢复施工时，应当向发证机关报告。中止施工满1年的工程恢复施工前，建设单位应当报发证机关核验施工许可证。

（2）从业资格。从业资格包括工程建设参与单位资质和专业技术人员执业资格两个方面。

1)工程建设参与单位资质要求。从事建筑活动的建筑施工企业、勘察单位、设计单位和工程监理单位，应当具备下列条件：

①有符合国家规定的注册资本；

②有与其从事的建筑活动相适应的具有法定执业资格的专业技术人员；

③有从事相关建筑活动所应有的技术装备；

④法律、行政法规规定的其他条件。

从事建筑活动的建筑施工企业、勘察单位、设计单位和工程监理单位，按照其拥有的注册资本、专业技术人员、技术装备和已完成的建筑工程业绩等资质条件，划分为不同的资质等级，经资质审查合格，取得相应等级的资质证书后，方可在其资质等级许可的范围内从事建筑活动。

2)专业技术人员执业资格要求。从事建筑活动的专业技术人员，应当依法取得相应的执业资格证书，并在执业资格证书许可的范围内从事建筑活动。如注册建筑师、注册结构工程师、注册监理工程师、注册造价工程师、注册建造师等。

2. 建筑工程发包与承包

建筑工程的发包单位与承包单位应当依法订立书面合同，明确双方的权利和义务。发包单位和承包单位应当全面履行合同约定的义务。不按照合同约定履行义务的，依法承担违约责任。建筑工程造价应当按照国家有关规定，由发包单位与承包单位在合同中约定。发包单位应当按照合同的约定，及时拨付工程款项。

（1）建筑工程发包。建筑工程实行招标发包的，发包单位应当将建筑工程发包给依法中标的承包单位。建筑工程实行直接发包的，发包单位应当将建筑工程发包给具有相应资质条件的承包单位。

提倡对建筑工程实行总承包，禁止将建筑工程肢解发包。

（2）建筑工程承包。承包建筑工程的单位应当持有依法取得的资质证书，并在其资质等级许可的业务范围内承揽工程。禁止建筑施工企业超越本企业资质等级许可的业务范围或者以任何形式用其他建筑施工企业的名义承揽工程。禁止建筑施工企业以任何形式允许其他单位或者个人使用本企业的资质证书、营业执照，以本企业的名义承揽工程。

1）联合体承包。大型建筑工程或者结构复杂的建筑工程，可以由两个以上的承包单位联合共同承包。两个以上不同资质等级的单位实行联合共同承包的，应当按照资质等级低的单位的业务许可范围承揽工程。共同承包的各方对承包合同的履行承担连带责任。

2）禁止转包。禁止承包单位将其承包的全部建筑工程转包给他人，禁止承包单位将其承包的全部建筑工程肢解以后以分包的名义分别转包给他人。

3）分包。建筑工程总承包单位可以将承包工程中的部分工程发包给具有相应资质条件的分包单位；但是，除总承包合同中约定的分包外，必须经建设单位认可。施工总承包的，建筑工程主体结构的施工必须由总承包单位自行完成。建筑工程总承包单位按照总承包合同的约定对建设单位负责；分包单位按照分包合同的约定对总承包单位负责。总承包单位和分包单位就分包工程对建设单位承担连带责任。禁止总承包单位将工程分包给不具备相应资质条件的单位。禁止分包单位将其承包的工程再分包。

3. 建筑安全生产管理

建筑安全生产管理必须坚持"安全第一、预防为主"的方针，建立健全安全生产的责任制度和群防群治制度。

（1）建设单位的安全生产管理。建设单位应当向建筑施工企业提供与施工现场相关的地下管线资料，建筑施工企业应当采取措施加以保护。

有下列情形之一的，建设单位应当按照国家有关规定办理申请批准手续：

1）需要临时占用规划批准范围以外场地的；

2）可能损坏道路、管线、电力、邮电通信等公共设施的；

3）需要临时停水、停电、中断道路交通的；

4）需要进行爆破作业的；

5）法律、法规规定需要办理报批手续的其他情形。

（2）建筑施工企业的安全生产管理。建筑施工企业必须依法加强对建筑安全生产的管理，执行安全生产责任制度，采取有效措施，防止伤亡和其他安全生产事故的发生。

1）施工现场安全管理。施工现场安全由建筑施工企业负责。实行施工总承包的，由总承包单位负责。分包单位向总承包单位负责，服从总承包单位对施工现场的安全生产管理。

2）安全生产教育培训。建筑施工企业应当建立健全劳动安全生产教育培训制度，加强对职工安全生产的教育培训；未经安全生产教育培训的人员，不得上岗作业。

3）安全生产防护。建筑施工企业和作业人员在施工过程中，应当遵守有关安全生产的法律、法规和建筑行业安全规章、规程，不得违章指挥或者违章作业。作业人员有权对影响人身健康的作业程序和作业条件提出改进意见，有权获得安全生产所需的防护用品。作业人员对危及生命安全和人身健康的行为有权提出批评、检举和控告。

4）工伤保险和意外伤害保险。建筑施工企业应当依法为职工参加工伤保险缴纳工伤保险费。鼓励企业为从事危险作业的职工办理意外伤害保险，支付保险费。

5）装修工程施工安全。涉及建筑主体和承重结构变动的装修工程，建设单位应当在施工前委托原设计单位或者具有相应资质条件的设计单位提出设计方案；没有设计方案的，不得施工。

6）房屋拆除安全。房屋拆除应当由具备保证安全条件的建筑施工单位承担，由建筑施工单位负责人对安全负责。

7)施工安全事故处理。施工中发生事故时，建筑施工企业应当采取紧急措施减少人员伤亡和事故损失，并按照国家有关规定及时向有关部门报告。

4. 建筑工程质量管理

国家对从事建筑活动的单位推行质量体系认证制度。从事建筑活动的单位根据自愿原则可以向国务院产品质量监督管理部门或者国务院产品质量监督管理部门授权的部门认可的认证机构申请质量体系认证。经认证合格的，由认证机构颁发质量体系认证证书。

建筑工程实行总承包的，工程质量由工程总承包单位负责，总承包单位将建筑工程分包给其他单位的，应当对分包工程的质量与分包单位承担连带责任。分包单位应当接受总承包单位的质量管理。

建设单位、勘察单位、设计单位和施工单位应当依法履行工程质量管理职责。

二、《招标投标法》

《招标投标法》围绕招标和投标活动的各个环节，明确了招标方式、招标投标程序及有关各方的职责和义务。其主要包括招标、投标、开标、评标和中标等方面内容。

任何单位和个人不得将依法必须进行招标的项目化整为零或者以其他任何方式规避招标。依法必须进行招标的项目，其招标投标活动不受地区或者部门的限制。任何单位和个人不得违法限制或者排斥本地区、本系统以外的法人或者其他组织参加投标，不得以任何方式非法干涉招标投标活动。

三、《合同法》

《合同法》中的合同是指平等主体的自然人、法人、其他组织之间设立、变更、终止民事权利义务关系的协议。《合同法》中的合同分为 15 类，即买卖合同，供用电、水、气、热力合同，赠予合同，借款合同，租赁合同，融资租赁合同，承揽合同，建设工程合同，运输合同，技术合同，保管合同，仓储合同，委托合同，行纪合同，居间合同。其中，建设工程合同包括工程勘察、设计、施工合同；建设工程监理合同、项目管理服务合同则属于委托合同。

第二节　建设工程监理行政法规

建设工程行政法规是指由国务院通过的规范工程建设活动的法律规范，以国务院令的形式予以公布。与建设工程监理密切相关的行政法规有《建设工程质量管理条例》《建设工程安全生产管理条例》《生产安全事故报告和调查处理条例》和《招标投标法实施条例》等。

一、《建设工程质量管理条例》

为了加强对建设工程质量的管理，保证建设工程质量，《建设工程质量管理条例》明确了建设单位、勘察单位、设计单位、施工单位、工程监理单位的质量责任和义务，以及工程质量保修期限。

1. 建设单位的质量责任和义务

（1）工程发包。建设单位应当将工程发包给具有相应资质等级的单位。建设单位不得将建设工程肢解发包。

建设单位应当依法对工程建设项目的勘察、设计、施工、监理以及与工程建设有关的重要设备、材料等的采购进行招标。不得迫使承包方以低于成本的价格竞标，不得任意压缩合理工期；不得明示或者暗示设计单位或者施工单位违反工程建设强制性标准，降低建设工程质量。

建设单位必须向有关的勘察、设计、施工、工程监理等单位提供与建设工程有关的原始资料。原始资料必须真实、准确、齐全。

（2）报审施工图设计文件。建设单位应当将施工图设计文件报县级以上人民政府建设主管部门或者其他有关部门审查。施工图设计文件未经审查批准的，不得使用。

（3）委托建设工程监理。依法必须实行监理的建设工程，建设单位应当委托监理。

（4）工程施工阶段责任和义务。

1）建设单位在领取施工许可证或者开工报告前，应当按照国家有关规定办理工程质量监督手续。

2）按照合同约定，由建设单位采购建筑材料、建筑构配件和设备的，建设单位应当保证建筑材料、建筑构配件和设备符合设计文件和合同要求。建设单位不得明示或者暗示施工单位使用不合格的建筑材料、建筑构配件和设备。

3）涉及建筑主体和承重结构变动的装修工程，建设单位应当在施工前委托原设计单位或者具有相应资质等级的设计单位提出设计方案；没有设计方案的，不得施工。房屋建筑使用者在装修过程中，不得擅自变动房屋建筑主体和承重结构。

（5）组织工程竣工验收。建设单位收到建设工程竣工报告后，应当组织设计、施工、工程监理等有关单位进行竣工验收。建设工程经验收合格的，方可交付使用。

建设单位应当严格按照国家有关档案管理的规定，及时收集、整理建设项目各环节的文件资料，建立健全建设项目档案，并在建设工程竣工验收后，及时向建设行政主管部门或者其他有关部门移交建设项目档案。

2. 勘察、设计单位的质量责任和义务

（1）工程承揽。从事建设工程勘察、设计的单位应当依法取得相应等级的资质证书，并在其资质等级许可的范围内承揽工程。禁止勘察、设计单位超越其资质等级许可的范围或者以其他勘察、设计单位的名义承揽工程。禁止勘察、设计单位允许其他单位或者个人以本单位的名义承揽工程。勘察、设计单位不得转包或者违法分包所承揽的工程。

（2）勘察、设计过程中的质量责任和义务。勘察、设计单位必须按照工程建设强制性标准进行勘察、设计，并对其勘察、设计的质量负责。勘察单位提供的地质、测量、水文等勘察成果必须真实、准确。设计单位应当根据勘察成果文件进行建设工程设计。设计文件应当符合国家规定的设计深度要求，注明工程合理使用年限。注册建筑师、结构工程师等注册执业人员应当在设计文件上签字，对设计文件负责。设计单位还应当就审查合格的施工图设计文件向施工单位作出详细说明。

设计单位在设计文件中选用的建筑材料、建筑构配件和设备，应当注明规格、型号、性能等技术指标，其质量要求必须符合国家规定的标准。除有特殊要求的建筑材料、专用设备、工艺生产线等外，设计单位不得指定生产厂、供应商。

设计单位还应当参与建设工程质量事故分析，并对因设计造成的质量事故，提出相应的技术处理方案。

3. 施工单位的质量责任和义务

(1)工程承揽。施工单位应当依法取得相应等级的资质证书，并在其资质等级许可的范围内承揽工程。禁止施工单位超越本单位资质等级许可的业务范围或者以其他施工单位的名义承揽工程；禁止施工单位允许其他单位或者个人以本单位的名义承揽工程。施工单位不得转包或者违法分包工程。

(2)工程施工质量责任和义务。施工单位对建设工程的施工质量负责。施工单位应当建立质量责任制，确定工程项目的项目经理、技术负责人和施工管理负责人。施工单位还应当建立健全教育培训制度，加强对职工的教育培训；未经教育培训或者考核不合格的人员，不得上岗作业。

施工单位必须按照工程设计图纸和施工技术标准施工，不得擅自修改工程设计，不得偷工减料。施工单位在施工过程中发现设计文件和图纸有差错的，应当及时提出意见和建议。

(3)质量检验。施工单位必须按照工程设计要求、施工技术标准和合同约定，对建筑材料、建筑构配件、设备和商品混凝土进行检验，检验应当有书面记录和专人签字；未经检验或者检验不合格的，不得使用。

施工人员对涉及结构安全的试块、试件以及有关材料，应当在建设单位或者工程监理单位监督下现场取样，并送具有相应资质等级的质量检测单位进行检测。

施工单位必须建立健全施工质量的检验制度，严格工序管理，做好隐蔽工程的质量检查和记录。隐蔽工程在隐蔽前，施工单位应当通知建设单位和建设工程质量监督机构。施工单位对施工中出现质量问题的建设工程或者竣工验收不合格的建设工程，应当负责返修。

4. 工程监理单位的质量责任和义务

(1)建设工程监理业务承揽。工程监理单位应当依法取得相应等级的资质证书，并在其资质等级许可的范围内承担工程监理业务。禁止工程监理单位超越本单位资质等级许可的范围或者以其他工程监理单位的名义承担建设工程监理业务；禁止工程监理单位允许其他单位或者个人以本单位的名义承担建设工程监理业务。工程监理单位不得转让建设工程监理业务。

工程监理单位与被监理工程的施工承包单位以及建筑材料、建筑构配件和设备供应单位有隶属关系或者其他利害关系的，不得承担该项建设工程的监理业务。

(2)建设工程监理实施。工程监理单位应当依照法律、法规以及有关技术标准、设计文件和建设工程承包合同，代表建设单位对施工质量实施监理，并对施工质量承担监理责任。

监理工程师应当按照建设工程监理规范的要求，采取旁站、巡视和平行检验等形式，对建设工程实施监理。（工程监理单位的质量责任和义务的其他内容详见第一章。）

5. 工程质量保修期限

(1)建设工程质量保修制度。建设工程实行质量保修制度。建设工程承包单位在向建设单位提交工程竣工验收报告时，应当向建设单位出具质量保修书。质量保修书中应当明确建设工程的保修范围、保修期限和保修责任等。建设工程的保修期，自竣工验收合格之日起计算。

建设工程在保修范围和保修期限内发生质量问题的，施工单位应当履行保修义务，并对造成的损失承担赔偿责任。建设工程在超过合理使用年限后需要继续使用的，产权所有人应当委托具有相应资质等级的勘察、设计单位鉴定，并根据鉴定结果采取加固、维修等措施，重新界定使用期限。

(2)建设工程最低保修期限。在正常使用条件下，建设工程最低保修期限为：

1)基础设施工程、房屋建筑的地基基础工程和主体结构工程，为设计文件规定的该工程合理使用年限。

2)屋面防水工程、有防水要求的卫生间、房间和外墙面的防渗漏，为五年。

3)供热与供冷系统，为两个采暖期、供冷期。

4)电气管道、给水排水管道、设备安装和装修工程，为两年。

其他工程的保修期限由发包方与承包方约定。

6. 工程竣工验收备案和质量事故报告

(1)工程竣工验收备案。建设单位应当自建设工程竣工验收合格之日起 15 日内，将建设工程竣工验收报告和规划、公安消防、环保等部门出具的认可文件或者准许使用文件报建设行政主管部门或者其他有关部门备案。

(2)工程质量事故报告。建设工程发生质量事故，有关单位应当在 1 小时内向当地建设行政主管部门和其他有关部门报告。对重大质量事故，事故发生地的建设行政主管部门和其他有关部门应当按照事故类别和等级向当地人民政府和上级建设行政主管部门和其他有关部门报告。特别重大质量事故的调查程序按照国务院有关规定办理。任何单位和个人对建设工程的质量事故、质量缺陷都有权检举、控告、投诉。

二、《建设工程安全生产管理条例》

为了加强建设工程安全生产监督管理，《建设工程安全生产管理条例》明确了建设单位、勘察单位、设计单位、施工单位、工程监理单位及其他与建设工程安全生产有关单位的安全生产责任，以及生产安全事故应急救援和调查处理的相关事宜。

1. 建设单位的安全责任

(1)提供资料。建设单位应当向施工单位提供施工现场及毗邻区域内供水、排水、供电、供气、供热、通信、广播电视等地下管线资料，气象和水文观测资料，相邻建筑物和构筑物、地下工程的有关资料，并保证资料的真实、准确、完整。

(2)禁止行为。建设单位不得对勘察、设计、施工、工程监理等单位提出不符合建设工程安全生产法律、法规和强制性标准规定的要求，不得压缩合同约定的工期；不得明示或者暗示施工单位购买、租赁、使用不符合安全施工要求的安全防护用具、机械设备、施工机具及配件、消防设施和器材。

(3)安全施工措施及其费用。建设单位在编制工程概算时，应当确定建设工程安全作业环境及安全施工措施所需的费用；在申请领取施工许可证时，应当提供建设工程有关安全施工措施的资料。

依法批准开工报告的建设工程，建设单位应当自开工报告批准之日起 15 日内，将保证安全施工的措施报送建设工程所在地的县级以上地方人民政府建设行政主管部门或者其他有关部门备案。

(4)拆除工程发包与备案。建设单位应当将拆除工程发包给具有相应资质等级的施工单位，并在拆除工程施工 15 日前，将下列资料报送建设工程所在地的县级以上地方人民政府建设行政主管部门或者其他有关部门备案：

1)施工单位资质等级证明；

2)拟拆除建筑物、构筑物及可能危及毗邻建筑的说明；

3)拆除施工组织方案；

4)堆放、清除废弃物的措施。

实施爆破作业的，应当遵守国家有关民用爆炸物品管理的规定。

2. 勘察、设计、工程监理及其他有关单位的安全责任

(1)勘察单位的安全责任。勘察单位应当按照法律、法规和工程建设强制性标准进行勘察，提供的勘察文件应当真实、准确，并应满足建设工程安全生产的需要。

勘察单位在勘察作业时，应当严格执行操作规程，采取措施保证各类管线、设施和周边建筑物、构筑物的安全。

(2)设计单位的安全责任。设计单位应当按照法律、法规和工程建设强制性标准进行设计，防止因设计不合理导致生产安全事故的发生。

设计单位应当考虑施工安全操作和防护的需要，对涉及施工安全的重点部位和环节在设计文件中注明，并对防范生产安全事故提出指导意见。采用新结构、新材料、新工艺的建设工程和特殊结构的建设工程，设计单位应当在设计中提出保障施工作业人员安全和预防生产安全事故的措施建议。设计单位和注册建筑师等注册执业人员应当对其设计负责。

(3)工程监理单位的安全责任。工程监理单位和监理工程师应当按照法律、法规和工程建设强制性标准实施监理，并对建设工程安全生产承担监理责任(工程监理单位的具体职责详见第一章)。

(4)机械设备配件供应单位的安全责任。为建设工程提供机械设备和配件的单位，应当按照安全施工的要求配备齐全、有效的保险与限位等安全设施和装置。出租的机械设备和施工机具及配件，应当具有生产(制造)许可证、产品合格证。出租单位应当对出租的机械设备和施工机具及配件的安全性能进行检测，在签订租赁协议时，应当出具检测合格证明。禁止出租检测不合格的机械设备和施工机具及配件。

(5)施工机械设施安装单位的安全责任。在施工现场安装、拆卸施工起重机械和整体提升脚手架、模板等自升式架设设施，必须由具有相应资质的单位承担。安装、拆卸上述机械和设施，应当编制拆装方案、制定安全施工措施，并由专业技术人员现场监督。安装完毕后，安装单位应当自检，出具自检合格证明，并向施工单位进行安全使用说明，办理验收手续并签字。上述机械和设施的使用达到国家规定的检验检测期限的，必须经具有专业资质的检验检测机构检测。检验检测机构应当出具安全合格证明文件，并对检测结果负责。经检测不合格的，不得继续使用。

3. 施工单位的安全责任

(1)工程承揽。施工单位从事建设工程的新建、扩建、改建和拆除等活动，应当具备国家规定的注册资本、专业技术人员、技术装备和安全生产等条件，依法取得相应等级的资质证书，并在其资质等级许可的范围内承揽工程。

(2)安全生产责任制度。施工单位主要负责人依法对本单位的安全生产工作全面负责。施工单位应当建立健全安全生产责任制度，制定安全生产规章制度和操作规程，保证本单位安全生产条件所需资金的投入，对所承担的建设工程进行定期和专项安全检查，并做好安全检查记录。

施工单位的项目负责人应当由取得相应执业资格的人员担任，对建设工程项目的安全施工负责，落实安全生产责任制度、安全生产规章制度和操作规程，确保安全生产费用的有效使用，并根据工程的特点组织制定安全施工措施，消除安全事故隐患，及时、如实报告生产安全事故。

建设工程实行施工总承包的，由总承包单位对施工现场的安全生产负总责。总承包单位依法将建设工程分包给其他单位的，分包合同中应当明确各自的安全生产方面的权利、义务。总承包单位和分包单位对分包工程的安全生产承担连带责任。分包单位应当服从总承包单位的安全生产管理，如分包单位不服从管理导致生产安全事故，由分包单位承担主要责任。

（3）安全生产管理费用。施工单位对列入建设工程概算的安全作业环境及安全施工措施所需费用，应当用于施工安全防护用具及设施的采购和更新、安全施工措施的落实、安全生产条件的改善，不得挪作他用。

（4）施工现场安全生产管理。施工单位应当设立安全生产管理机构，配备专职安全生产管理人员。建设工程施工前，施工单位负责项目管理的技术人员应当对有关安全施工的技术要求向施工作业班组、作业人员作出详细说明，并由双方签字确认。

专职安全生产管理人员负责对安全生产进行现场监督检查。发现安全事故隐患，应当及时向项目负责人和安全生产管理机构报告；对违章指挥、违章操作应当立即制止。

（5）安全生产教育培训。施工单位的主要负责人、项目负责人、专职安全生产管理人员应当经建设行政主管部门或者其他有关部门考核合格后方可任职。施工单位应当建立健全安全生产教育培训制度，应当对管理人员和作业人员每年至少进行一次安全生产教育培训，其教育培训情况记入个人工作档案。安全生产教育培训考核不合格的人员，不得上岗。

作业人员进入新的岗位或者新的施工现场应当接受安全生产教育培训。未经教育培训或者教育培训考核不合格的人员，不得上岗作业。施工单位在采用新技术、新工艺、新设备、新材料时，应当对作业人员进行相应的安全生产教育培训。

垂直运输机械作业人员、安装拆卸工、爆破作业人员、起重信号工、登高架设作业人员等特种作业人员，必须按照国家有关规定经过专门的安全作业培训，并取得特种作业操作资格证书后，方可上岗作业。

（6）安全技术措施和专项施工方案。施工单位应当在施工组织设计中编制安全技术措施和施工现场临时用电方案，对下列达到一定规模的危险性较大的分部分项工程编制专项施工方案，并附具安全验算结果，经施工单位技术负责人、总监理工程师签字后实施，由专职安全生产管理人员进行现场监督：①基坑支护与降水工程；②土方开挖工程；③模板工程；④起重吊装工程；⑤脚手架工程；⑥拆除、爆破工程；⑦国务院建设行政主管部门或者其他有关部门规定的其他危险性较大的工程。上述工程中涉及深基坑、地下暗挖工程、高大模板工程的专项施工方案，施工单位还应当组织专家进行论证、审查。

（7）施工现场安全防护。施工单位应当在施工现场入口处、施工起重机械、临时用电设施、脚手架、出入通道口、楼梯口、电梯井口、孔洞口、桥梁口、隧道口、基坑边沿、爆破物及有害危险气体和液体存放处等危险部位，设置明显的符合国家标准的安全警示标志。施工单位应当根据不同施工阶段和周围环境及季节、气候的变化，在施工现场采取相应的安全施工措施。施工现场暂时停止施工的，施工单位应当做好现场防护，所需费用由责任方承担，或者按照合同约定执行。

施工单位应当向作业人员提供安全防护用具和安全防护服装，并书面告知危险岗位的操作规程和违章操作的危害。作业人员应当遵守安全施工的强制性标准、规章制度和操作规程，正确使用安全防护用具、机械设备等。

(8)施工现场卫生、环境与消防安全管理。施工单位应当将施工现场的办公、生活区与作业区分开设置，并保持安全距离；办公、生活区的选址应当符合安全性要求。职工的膳食、饮水、休息场所等应当符合卫生标准。施工单位不得在尚未竣工的建筑物内设置员工集体宿舍。施工现场临时搭建的建筑物应当符合安全使用要求。施工现场使用的装配式活动房屋应当具有产品合格证。

施工单位对因建设工程施工可能造成损害的毗邻建筑物、构筑物和地下管线等，应当采取专项防护措施。施工单位应当遵守有关环境保护法律、法规的规定，在施工现场采取措施，防止或者减少粉尘、废气、废水、固体废物、噪声、振动和施工照明对人和环境的危害和污染。在城市市区内的建设工程，施工单位应当对施工现场实行封闭围挡。

施工单位应当在施工现场建立消防安全责任制度，确定消防安全责任人，制定用火、用电、使用易燃易爆材料等各项消防安全管理制度和操作规程，设置消防通道、消防水源，配备消防设施和灭火器材，并在施工现场入口处设置明显标志。

(9)施工机具设备安全管理。施工单位采购、租赁的安全防护用具、机械设备、施工机具及配件，应当具有生产(制造)许可证、产品合格证，并在进入施工现场前进行查验。

施工现场的安全防护用具、机械设备、施工机具及配件必须由专人管理，定期进行检查、维修和保养，建立相应的资料档案，并按照国家有关规定及时报废。

施工单位在使用施工起重机械和整体提升脚手架、模板等自升式架设设施前，应当组织有关单位进行验收，也可以委托具有相应资质的检验检测机构进行验收；使用承租的机械设备和施工机具及配件的，应由施工总承包单位、分包单位、出租单位和安装单位共同进行验收，验收合格的方可使用。《特种设备安全监察条例》(2009修订)规定的施工起重机械，在验收前应当经有相应资质的检验检测机构监督检验合格。

施工单位应当自施工起重机械和整体提升脚手架、模板等自升式架设设施验收合格之日起30日内，向建设行政主管部门或者其他有关部门登记。登记标志应当置于或者附着于该设备的显著位置。

(10)意外伤害保险。施工单位应当为施工现场从事危险作业的人员办理意外伤害保险。意外伤害保险费由施工单位支付。实行施工总承包的，由总承包单位支付意外伤害保险费。意外伤害保险期限自建设工程开工之日起至竣工验收合格止。

4. 生产安全事故的应急救援和调查处理

(1)生产安全事故应急救援。县级以上地方人民政府建设行政主管部门应当根据本级人民政府的要求，制定本行政区域内建设工程特大生产安全事故应急救援预案。

施工单位应当制定本单位生产安全事故应急救援预案，建立应急救援组织或者配备应急救援人员，配备必要的应急救援器材、设备，并定期组织演练。施工单位应当根据建设工程施工的特点、范围，对施工现场易发生重大事故的部位、环节进行监控，制定施工现场生产安全事故应急救援预案。实行施工总承包的，由总承包单位统一组织编制建设工程生产安全事故应急救援预案，工程总承包单位和分包单位按照应急救援预案，各自建立应急救援组织或者配备应急救援人员，配备救援器材、设备并定期组织演练。

(2)生产安全事故调查处理。施工单位发生生产安全事故，应当按照国家有关伤亡事故报告和调查处理的规定，及时、如实地向负责安全生产监督管理的部门、建设行政主管部门或者其他有关部门报告；特种设备发生事故的，还应当同时向特种设备安全监督管理部门报告。接到报告的部门应当按照国家有关规定，如实上报。实行施工总承包的建设工程，由总承包单位负责上报事故。

发生生产安全事故后，施工单位应当采取措施防止事故扩大，保护事故现场。需要移动现场物品时，应当作出标记和书面记录，妥善保管有关证物。

三、《生产安全事故报告和调查处理条例》

为了规范生产安全事故的报告和调查处理，落实生产安全事故责任追究制度，防止和减少生产安全事故，《生产安全事故报告和调查处理条例》明确规定了生产安全事故的等级划分标准、事故报告的程序和内容及调查处理相关事宜。

1. 生产安全事故等级

根据生产安全事故造成的人员伤亡或者直接经济损失，生产安全事故分为以下等级：

(1)特别重大生产安全事故。是指造成30人及以上死亡，或者100人及以上重伤(包括急性工业中毒，下同)，或者1亿元及以上直接经济损失的事故。

(2)重大生产安全事故。是指造成10人及以上30人以下死亡，或者50人及以上100人以下重伤，或者5 000万元及以上1亿元以下直接经济损失的事故。

(3)较大生产安全事故。是指造成3人及以上10人以下死亡，或者10人及以上50人以下重伤，或者1 000万元及以上5 000万元以下直接经济损失的事故。

(4)一般生产安全事故。是指造成3人以下死亡，或者10人以下重伤，或者1 000万元以下直接经济损失的事故。

2. 事故报告

事故报告应当及时、准确、完整，任何单位和个人对事故不得迟报、漏报、谎报或者瞒报。

(1)事故报告程序。事故发生后，事故现场有关人员应当立即向本单位负责人报告；单位负责人接到报告后，应当于1 h内向事故发生地县级以上人民政府安全生产监督管理部门和负有安全生产监督管理职责的有关部门报告。

情况紧急时，事故现场有关人员可以直接向事故发生地县级以上人民政府安全生产监督管理部门和负有安全生产监督管理职责的有关部门报告。

安全生产监督管理部门和负有安全生产监督管理职责的有关部门逐级上报事故情况，每级上报的时间不得超过2 h。

(2)事故报告内容。事故报告应当包括下列内容：

1)事故发生单位概况；

2)事故发生的时间、地点以及事故现场情况；

3)事故的简要经过；

4)事故已经造成或者可能造成的伤亡人数(包括下落不明的人数)和初步估计的直接经济损失；

5)已经采取的措施；

6)其他应当报告的情况。

事故报告后出现新情况的，应当及时补报。自事故发生之日起 30 日内，事故造成的伤亡人数发生变化的，应当及时补报。道路交通事故、火灾事故自发生之日起 7 日内，事故造成的伤亡人数发生变化的，应当及时补报。

（3）事故报告后的处置。事故发生单位负责人接到事故报告后，应当立即启动事故相应应急预案，或者采取有效措施，组织抢救，防止事故扩大，减少人员伤亡和财产损失。

事故发生地有关地方人民政府、安全生产监督管理部门和负有安全生产监督管理职责的有关部门接到事故报告后，其负责人应当立即赶赴事故现场，组织事故救援。

事故发生后，有关单位和人员应当妥善保护事故现场以及相关证据，任何单位和个人不得破坏事故现场、毁灭相关证据。

由于抢救人员、防止事故扩大以及疏通交通等原因，需要移动事故现场物件的，应当作出标志，绘制现场简图并作出书面记录，妥善保存现场重要的痕迹、物证。

3. 事故调查处理

（1）事故调查组及其职责。特别重大生产安全事故由国务院或者国务院授权有关部门组织事故调查组进行调查。重大事故、较大事故、一般事故分别由事故发生地省级人民政府、设区的市级人民政府、县级人民政府负责调查。省级人民政府、设区的市级人民政府、县级人民政府可以直接组织事故调查组进行调查，也可以授权或者委托有关部门组织事故调查组进行调查。未造成人员伤亡的一般事故，县级人民政府也可以委托事故发生单位组织事故调查组进行调查。

事故调查处理应当坚持实事求是、尊重科学的原则，及时、准确地查清事故经过、事故原因和事故损失，查明事故性质，认定事故责任，总结事故教训，提出整改措施，并对事故责任者依法追究责任。

事故调查组应履行下列职责：

1）查明事故发生的经过、原因、人员伤亡情况及直接经济损失；

2）认定事故的性质和事故责任；

3）提出对事故责任者的处理建议；

4）总结事故教训，提出防范和整改措施；

5）提交事故调查报告。

（2）事故调查的有关要求。事故调查组有权向有关单位和个人了解与事故有关的情况，并要求其提供相关文件、资料，有关单位和个人不得拒绝。

事故发生单位的负责人和有关人员在事故调查期间不得擅离职守，并应当随时接受事故调查组的询问，如实提供有关情况。

事故调查中需要进行技术鉴定的，事故调查组应当委托具有国家规定资质的单位进行技术鉴定。必要时，事故调查组可以直接组织专家进行技术鉴定。技术鉴定所需时间不计入事故调查期限。

（3）事故调查报告。事故调查组应当自事故发生之日起 60 日内提交事故调查报告；特殊情况下，经负责事故调查的人民政府批准，提交事故调查报告的期限可以适当延长，但延长的期限最长不超过 60 日。

事故调查报告应当包括下列内容：

1）事故发生单位概况；

2）事故发生经过和事故救援情况；

3）事故造成的人员伤亡和直接经济损失；

4）事故发生的原因和事故性质；

5）事故责任的认定以及对事故责任者的处理建议；

6）事故防范和整改措施。

事故调查报告应当附具有关证据材料。事故调查组成员应当在事故调查报告上签名。

（4）事故处理。重大事故、较大事故、一般事故，负责事故调查的人民政府应当自收到事故调查报告之日起15日内作出批复；特别重大事故，30日内作出批复，特殊情况下，批复时间可以适当延长，但延长的时间最长不超过30日。

有关机关应当按照人民政府的批复，依照法律、行政法规规定的权限和程序，对事故发生单位和有关人员进行行政处罚，对负有事故责任的国家工作人员进行处分。事故发生单位应当按照负责事故调查的人民政府的批复，对本单位负有事故责任的人员进行处理。负有事故责任的人员涉嫌犯罪的，应依法追究刑事责任。

四、《招标投标法实施条例》

为了规范招标投标活动，《招标投标法实施条例》进一步明确了招标、投标、开标、评标和中标以及投诉与处理等方面的内容，并鼓励利用信息网络进行电子招标投标。

第三节　建设工程监理规范

为了规范建设工程监理与相关服务行为，提高建设工程监理与相关服务水平，2013年5月修订后发布的《建设工程监理规范》（GB/T 50319—2013）共分9章和3个附录，主要内容包括总则，术语，项目监理机构及其设施，监理规划及监理实施细则，工程质量、造价、进度控制及安全生产管理的监理工作，工程变更、索赔及施工合同争议的处理，监理文件资料管理，设备采购与设备监造，相关服务等。

一、总则

（1）制定目的：为规范建设工程监理与相关服务行为，提高建设工程监理与相关服务水平。

（2）适用范围：适用于新建、扩建、改建建设工程监理与相关服务活动。

（3）关于建设工程监理合同形式和内容的规定。

（4）工程开工前，建设单位应将工程监理单位的名称，监理的范围、内容和权限及总监理工程师的姓名书面通知施工单位。

（5）在工程监理工作范围内，建设单位与施工单位之间涉及施工合同的联系活动，应通过工程监理单位进行。

（6）实施建设工程监理的主要依据：①法律法规及工程建设标准；②建设工程勘察设计文件；③建设工程监理合同及其他合同文件。

（7）建设工程监理应实行总监理工程师负责制的规定。

（8）建设工程监理宜实施信息化管理的规定。

（9）工程监理单位应公平、独立、诚信、科学地开展建设工程监理与相关服务活动。

（10）建设工程监理与相关服务活动应符合《建设工程监理规范》（GB/T 50319—2013）和国家现行有关标准的规定。

二、术语

《建设工程监理规范》（GB/T 50319—2013）解释了工程监理单位、建设工程监理、相关服务、项目监理机构、注册监理工程师、总监理工程师、总监理工程师代表、专业监理工程师、监理员、监理规划、监理实施细则、工程计量、旁站、巡视、平行检验、见证取样、工程延期、工期延误、工程临时延期批准、工程最终延期批准、监理日志、监理月报、设备监造、监理文件资料 24 个建设工程监理常用术语。

三、项目监理机构及其设施

《建设工程监理规范》（GB/T 50319—2013）明确了项目监理机构的人员构成和职责，规定了监理设施的提供和管理。

（1）项目监理机构人员。项目监理机构的监理人员应由总监理工程师、专业监理工程师和监理员组成，且专业配套、数量应满足建设工程监理工作需要，必要时可设总监理工程师代表。

1）总监理工程师。总监理工程师是指由工程监理单位法定代表人书面任命，负责履行建设工程监理合同、主持项目监理机构工作的注册监理工程师。总监理工程师应由注册监理工程师担任。

2）总监理工程师代表。总监理工程师代表是指经工程监理单位法定代表人同意，由总监理工程师书面授权，代表总监理工程师行使其部分职责和权力，具有工程类注册执业资格或具有中级及以上专业技术职称、3 年及以上工程实践经验并经监理业务培训的人员。

总监理工程师应在总监理工程师代表的书面授权中，列明代为行使总监理工程师的具体职责和权力。总监理工程师代表可以由具有工程类执业资格的人员（如：注册监理工程师、注册造价工程师、注册建造师、注册工程师、注册建筑师等）担任，也可由具有中级及以上专业技术职称、3 年及以上工程监理实践经验并经监理业务培训的人员担任。

3）专业监理工程师。专业监理工程师是指由总监理工程师授权，负责实施某一专业或某一岗位的监理工作，有相应监理文件签发权，具有工程类注册执业资格或具有中级及以上专业技术职称、2 年及以上工程实践经验并经监理业务培训的人员。

专业监理工程师是项目监理机构中按专业或岗位设置的专业监理人员。当工程规模较大时，在某一专业或岗位宜设置若干名专业监理工程师。专业监理工程师具有相应监理文件的签发权，该岗位可以由具有工程类注册执业资格的人员（如：注册监理工程师、注册造价工程师、注册建造师、注册工程师、注册建筑师等）担任，也可由具有中级及以上专业技术职称、两年及以上工程实践经验的监理人员担任。建设工程涉及特殊行业（如爆破工程）的，从事此类工程的专业监理工程师还应符合国家对有关专业人员资格的规定。

4）监理员。监理员是指从事具体监理工作，具有中专及以上学历并经过监理务培训的人员。

（2）监理设施。

1）建设单位应按建设工程监理合同约定，提供监理工作需要的办公、交通、通信、生活等设施。

2)项目监理机构宜妥善使用和保管建设单位提供的设施，并应按建设工程监理合同约定的时间移交建设单位。

3)工程监理单位宜按建设工程监理合同约定，配备满足监理工作需要的检测设备和工器具。

四、监理规划及监理实施细则

(1)监理规划。明确了监理规划的编制要求、编审程序和主要内容。

(2)监理实施细则。明确了监理实施细则的编制要求、编审程序、编制依据和主要内容。

五、工程质量、造价、进度控制及安全生产管理的监理工作

《建设工程监理规范》(GB/T 50319—2013)规定："项目监理机构应根据建设工程监理合同约定，遵循动态控制原理，坚持预防为主的原则，制定和实施相应的监理措施，采用旁站、巡视和平行检验等方式对建设工程实施监理。"

(1)一般规定。

1)项目监理机构监理人员应熟悉工程设计文件，并参加建设单位主持的图纸会审和设计交底会议。

2)工程开工前，项目监理机构监理人员应参加由建设单位主持召开的第一次工地会议。

3)项目监理机构应定期召开监理例会，并组织有关单位研究解决与监理相关的问题。项目监理机构可根据工程需要，主持或参加专题会议，解决监理工作范围内工程专项问题。

4)项目监理机构应协调工程建设相关方的关系。

5)项目监理机构应审查施工单位报审的施工组织设计，并要求施工单位按已批准的施工组织设计组织施工。

6)总监理工程师应组织专业监理工程师审查施工单位报送的开工报审表及相关资料，报建设单位批准后，总监理工程师签发工程开工令。

7)分包工程开工前，项目监理机构应审核施工单位报送的分包单位资格报审表。

8)项目监理机构宜根据工程特点、施工合同、工程设计文件及经过批准的施工组织设计对工程风险进行分析，并提出工程质量、造价、进度目标控制及安全生产管理的防范性对策。

(2)工程质量控制。工程质量控制包括审查施工单位现场的质量管理组织机构、管理制度及专职管理人员和特种作业人员的资格；审查施工单位报审的施工方案；审查施工单位报送的新材料、新工艺、新技术、新设备的质量认证材料和相关验收标准的适用性；检查、复核施工单位报送的施工控制测量成果及保护措施；查验施工单位在施工过程中报送的施工测量放线成果；检查施工单位为工程提供服务的试验室；审查施工单位报送的用于工程的材料、构配件、设备的质量证明文件；对用于工程的材料进行见证取样、平行检验；审查施工单位定期提交影响工程质量的计量设备的检查和检定报告；对关键部位、关键工序进行旁站；对工程施工质量进行巡视；对施工质量进行平行检验；验收施工单位报验的隐蔽工程、检验批、分项工程和分部工程；处置施工质量问题、质量缺陷、质量事故；审查施工单位提交的单位工程竣工验收报审表及竣工资料，组织工程竣工预验收；编写工程质量评估报告；参加工程竣工验收等。

（3）工程造价控制。工程造价控制包括进行工程计量和付款签证；对实际完成量与计划完成量进行比较分析；审核竣工结算款，签发竣工结算款支付证书等。

（4）工程进度控制。工程进度控制包括审查施工单位报审的施工总进度计划和阶段性施工进度计划；检查施工进度计划的实施情况；比较分析工程施工实际进度与计划进度，预测实际进度对工程总工期的影响等。

（5）安全生产管理的监理工作。安全生产管理的监理工作包括审查施工单位现场安全生产规章制度的建立和实施情况；审查施工单位安全生产许可证及施工单位项目经理、专职安全生产管理人员和特种作业人员的资格；核查施工机械和设施的安全许可验收手续；审查施工单位报审的专项施工方案；处置安全事故隐患等。

六、工程变更、索赔及施工合同争议的处理

《建设工程监理规范》（GB/T 50319—2013）规定，项目监理机构应依据建设工程监理合同约定进行施工合同管理，处理工程暂停及复工、工程变更、索赔及施工合同争议、解除等事宜。施工合同终止时，项目监理机构应协助建设单位按施工合同约定处理施工合同终止的有关事宜。

（1）工程暂停及复工。工程暂停及复工包括总监理工程师签发工程暂停令的权力和情形；暂停施工事件发生时的监理职责；工程复工申请的批准或指令。

（2）工程变更。工程变更包括施工单位提出的工程变更处理程序、工程变更价款处理原则；建设单位要求的工程变更的监理职责。

（3）费用索赔。费用索赔包括处理费用索赔的依据和程序；批准施工单位费用索赔应满足的条件；施工单位的费用索赔与工程延期要求相关联时的监理职责；建设单位向施工单位提出索赔时的监理职责。

（4）工程延期及工期延误。工程延期及工期延误包括处理工程延期要求的程序；批准施工单位工程延期要求应满足的条件；施工单位因工程延期提出费用索赔时的监理职责；发生工期延误时的监理职责。

（5）施工合同争议。施工合同争议包括处理施工合同争议时的监理工作程序、内容和职责。

（6）施工合同解除。

1）因建设单位原因导致施工合同解除时的监理职责；

2）因施工单位原因导致施工合同解除时的监理职责；

3）因非建设单位、施工单位原因导致施工合同解除时的监理职责。

七、监理文件资料管理

《建设工程监理规范》（GB/T 50319—2013）规定，项目监理机构应建立完善监理文件资料管理制度，宜设专人管理监理文件资料。项目监理机构应及时、准确、完整地收集、整理、编制、传递监理文件资料，并宜采用信息技术进行监理文件资料管理。

八、设备采购与设备监造

《建设工程监理规范》（GB/T 50319—2013）规定，项目监理机构应根据建设工程监理合同约定的设备采购与设备监造工作内容配备监理人员，明确岗位职责，编制设备采购与设

备监造工作计划，并应协助建设单位编制设备采购与设备监造方案。

(1)设备采购。设备采购包括设备采购招标和合同谈判时的监理职责；设备采购文件资料应包括的内容。

(2)设备监造。

1)项目监理机构应检查设备制造单位的质量管理体系；审查设备制造单位报送的设备制造生产计划和工艺方案，设备制造的检验计划和检验要求，设备制造的原材料、外购配套件、元器件、标准件，以及坯料的质量证明文件及检验报告等。

2)项目监理机构应对设备制造过程进行监督和检查，对主要及关键零部件的制造工序应进行抽检。

3)项目监理机构应审核设备制造过程的检验结果，并检查和监督设备的装配过程。

4)项目监理机构应参加设备整机性能检测、调试和出厂验收。

5)专业监理工程师应审查设备制造单位报送的设备制造结算文件。

6)规定了设备监造文件资料应包括的主要内容。

九、相关服务

《建设工程监理规范》(GB/T 50319—2013)规定，工程监理单位应根据建设工程监理合同约定的相关服务范围，开展相关服务工作，并编制相关服务工作计划。

十、附录

附录包括三类表，即：

(1)A类表：工程监理单位用表。由工程监理单位或项目监理机构签发。

(2)B类表：施工单位报审、报验用表。由施工单位或施工项目经理部填写后报送工程建设相关方。

(3)C类表：通用表。是工程建设相关方工作联系的通用表。

 实训案例

背景：

某实施监理的工程，甲施工单位选择乙施工单位分包基坑支护及土方开挖工程。施工过程中发生如下事件：

事件1：为赶工期，甲施工单位调整了土方开挖方案，并按规定程序进行了报批。总监理工程师在现场发现乙施工单位未按调整后的土方开挖方案施工，并造成围护结构变形超限，立即向甲施工单位签发《工程暂停令》，同时报告了建设单位。乙施工单位未执行指令仍继续施工，总监理工程师及时报告了有关主管部门。后因围护结构变形过大引发了基坑局部坍塌事故。

事件2：甲施工单位凭施工经验，未经安全验算就编制了高大模板工程专项施工方案，经项目经理签字后报总监理工程师审批的同时，就开始搭设高大模板，施工现场安全生产管理人员则由项目总工程师兼任。

事件3：甲施工单位为便于管理，将施工人员的集体宿舍安排在本工程尚未竣工验收的

地下车库内。

问题：

1. 根据《建设工程安全生产管理条例》，分析事件1中甲、乙施工单位和监理单位对基坑局部坍塌事故应承担的责任，并说明理由。

2. 指出事件2中甲施工单位的做法有哪些不妥，写出正确做法。

3. 指出事件3中甲施工单位的做法是否妥当，并说明理由。

案例解析：

1. 考核施工合同履行过程中，对分包管理和安全管理责任规定的了解，包括①安全事故的主要责任；②安全事故的连带责任；③监理单位的责任。

事件1中：

(1)乙施工单位未按批准的施工方案施工是本次生产安全事故的主要责任方。

(2)按照总、分包的合同的规定，甲施工单位直接对建设单位承担分包工程的质量和安全责任，负责协调、监督、管理分包工程的施工。因此，甲施工单位应承担本次事故的连带责任。

(3)监理单位在现场对乙施工单位未按调整后的土方开挖方案施工的行为及时向甲施工单位签发《工程暂停令》，同时报告了建设单位，已履行了应尽的职责。发现乙施工单位未执行指令仍继续施工，总监理工程师及时报告了有关主管部门。按照《建设工程安全生产管理条例》和合同约定，对本次安全生产事故不承担责任。

2. 考核对施工安全管理责任规定的了解，包括：①危险性较大工程专项施工方案的编制；②专项施工方案的提交；③监理机构对专项施工方案的审查；④施工单位专职安全员的配置。

事件2中：

(1)高大模板工程施工属于危险性较大的工程，需要在施工组织设计中编制专项施工方案。因此，甲施工单位凭施工经验未经安全验算不妥，应经安全验算并附验算结果。

(2)专项施工方案应经甲施工单位技术负责人审查签字后报总监理工程师审批，仅经项目经理签字后即报总监理工程师审批不妥。

(3)按照《建设工程安全生产管理条例》的规定，超过一定规模的危险性较大的分部分项工程的专项施工方案编制后，需由施工单位组织专家论证后才可以实施。因此，高大模板工程施工方案未经专家论证、评审不妥，应由甲施工单位组织专家进行论证和评审。

(4)按照合同规定的管理程序，施工组织设计和专项施工方案应经总监理工程师签字后才可以实施，因此，甲施工单位在专项施工方案报批的同时开始搭设高大模板不妥。

(5)在施工单位项目部的组织中，应安排专职安全生产管理人员，因此，安全生产管理人员由项目总工程师兼任不妥。

3. 考核对安全生产管理规定的了解。

事件3中：

《建设工程安全生产管理条例》明确规定，不得在尚未竣工的建筑物内设置员工集体宿舍。因此，甲施工单位将施工人员的集体宿舍安排在尚未竣工验收的地下车库内不妥。

一、单项选择题

1. 《建筑法》规定，建设单位应当自领取施工许可证之日起3个月内开工，因故不能按期开工的，应当向发证机关申请延期，且延期以（   ）次为限，每次不超过3个月。
   A. 1   B. 2   C. 3   D. 4

2. 建设单位领取了施工许可证，但因故不能按期开工，应当向发证机关申请延期，延期（   ）。
   A. 以两次为限，每次不超过3个月   B. 以一次为限，最长不超过3个月
   C. 以两次为限，每次不超过1个月   D. 以一次为限，最长不超过1个月

3. 根据《建筑法》的规定，中止施工满1年的工程恢复施工时，施工许可证应由（   ）。
   A. 施工单位报发证机关核验   B. 监理单位向发证机关重新申领
   C. 建设单位报发证机关核验   D. 建设单位向发证机关重新申领

4. 根据《建筑法》的规定，按国务院有关规定批准开工报告的建筑工程，因故不能按期开工超过（   ）个月的，应当重新办理开工报告的批准手续。
   A. 1   B. 3   C. 6   D. 12

5. 根据《建筑法》的规定，建筑施工企业（   ）。
   A. 必须为从事危险作业的职工办理意外伤害保险，支付保险费
   B. 应当为从事危险作业的职工办理意外伤害保险，支付保险费
   C. 必须为职工参加工伤保险，缴纳工伤保险费
   D. 应当为职工参加工伤保险，缴纳工伤保险费

6. 根据《建设工程质量管理条例》的规定，施工单位在施工过程中发现设计文件和图纸有差错的，应当（   ）。
   A. 及时提出意见和建议   B. 要求设计单位改正
   C. 报告建设单位要求设计单位改正   D. 报告监理单位要求设计单位改正

7. 根据《建设工程质量管理条例》的规定，施工单位的质量责任和义务是（   ）。
   A. 工程开工前，应按照国家有关规定办理工程质量监督手续
   B. 工程完工后，应组织竣工验收
   C. 施工过程中，应立即改正所发现的设计图纸差错
   D. 隐蔽工程在隐蔽前，应通知建设单位和建设工程质量监督机构

8. 根据《建设工程质量管理条例》的规定，在正常使用条件下，设备安装和装修工程的最低保修期限为（   ）年。
   A. 1   B. 2   C. 3   D. 5

9. 根据《建设工程安全生产管理条例》的规定，建设单位的安全责任是（   ）。
   A. 编制工程概算时，应确定建设工程安全作业环境及安全施工措施所需费用
   B. 采用新工艺时，应提出保障施工作业人员安全的措施
   C. 采用新技术、新工艺时，应对作业人员进行相关的安全生产教育培训
   D. 工程施工前，应审查施工单位的安全技术措施

10. 根据《建设工程安全生产管理条例》的规定，工程监理单位的安全生产管理职责是（　　）。

    A. 发现存在安全事故隐患时，应要求施工单位暂时停止施工

    B. 委派专职安全产管理人员对安全生产进行现场监督检查

    C. 发现存在安全事故隐患时，应立即报告建设单位

    D. 审查施工组织设计中的安全技术措施或专项施工方案是否符合工程建设强制性标准

11. 根据《建设工程安全生产管理条例》的规定，下列达到一定规模的危险性较大的分部分项工程中，需由施工单位组织专家对专项施工方案进行论证、审查的是（　　）。

    A. 起重吊装工程   B. 脚手架工程

    C. 高大模板工程   D. 拆除、爆破工程

12. 某工地发生钢筋混凝土预制梁吊装脱落事故，造成 6 人死亡，直接经济损失 900 万元，该事故属于（　　）。

    A. 特别重大事故   B. 重大事故

    C. 较大事故   D. 一般事故

13. 根据《建设工程监理规范》(GB/T 50319—2013)的规定，总监理工程师代表可由具有中级以上专业技术职称、（　　）年及以上工程实践经验并经监理业务培训的人员担任。

    A. 1   B. 2   C. 3   D. 5

二、多项选择题

1. 根据《建筑法》的规定，申请领取施工许可证应当具备的条件有（　　）。

    A. 已办理该建筑工程用地批准手续

    B. 有满足施工需要的施工图纸及技术资料

    C. 开工需要的资金已落实

    D. 已经确定工程监理单位

    E. 有保证工程质量和安全的具体措施

2. 根据《建设工程质量管理条例》的规定，关于施工单位对建筑材料、建筑构配件、设备和商品混凝土进行检验的具体规定有（　　）。

    A. 检验必须按照工程设计要求、施工技术标准和合同约定进行

    B. 检验结果未经监理工程师签字，不得使用

    C. 检验结果未经施工单位质量负责人签字，不得使用

    D. 未经检验或者检验不合格的，不得使用

    E. 检验应当有书面记录和专人签字

3. 根据《建设工程质量管理条例》的规定，关于施工单位的质量责任和义务的说法，正确的有（　　）。

    A. 施工单位依法取得相应等级的资质证书，在其资质等级许可范围内承包工程

    B. 总承包单位与分包单位对分包工程的质量承担连带责任

    C. 施工单位在施工过程中发现设计文件和图纸有差错的，应及时要求设计单位改正

    D. 施工单位对建筑材料、设备进行检验，须有书面记录并经项目经理或技术负责人签字

    E. 施工单位对施工中出现质量问题的建设工程或竣工验收不合格的工程，应负责返修

4. 根据《建设工程质量管理条例》的规定，工程监理单位的质量责任和义务有(　　)。

A. 依法取得相应等级资质证书，并在其资质等级许可范围内承担工程监理业务

B. 与被监理工程的施工承包单位不得有隶属关系或其他利害关系

C. 按照施工组织设计要求，采取旁站、巡视和平行检验等形式实施监理

D. 未经监理工程师签字，建筑材料、建筑构配件和设备不得在工程上使用或安装

E. 未经监理工程师签字，建设单位不拨付工程款，不进行竣工验收

5. 根据《建设工程质量管理条例》的规定，关于建筑工程在正常使用条件下最低保修期限的说法，下列正确的有(　　)。

A. 屋面防水工程，3年　　　　　　　　B. 电气管线工程，2年

C. 给水排水管道工程，2年　　　　　　D. 外墙面防渗漏，3年

E. 地基基础工程，3年

6. 根据《建设工程安全生产管理条例》的规定，施工单位应当编制专项施工方案的分部分项工程有(　　)。

A. 基坑支护与降水工程　　　　　　　B. 土方开挖工程

C. 起重吊装工程　　　　　　　　　　D. 主体结构工程

E. 模板工程和脚手架工程

7. 根据《建设工程监理规范》(GB/T 50319—2013)的规定，实施建设工程监理的主要依据包括(　　)。

A. 建设工程监理合同　　　　　　　　B. 建设工程分包合同

C. 建设工程相关标准　　　　　　　　D. 建设工程施工承包合同

E. 建设工程勘察设计文件

8. 根据《建设工程监理规范》(GB/T 50319—2013)的规定，监理员的任职条件有(　　)。

A. 中专及以上学历　　　　　　　　　B. 中级以上专业技术职称

C. 经过监理业务培训　　　　　　　　D. 工程类注册执业资格

E. 两年以上工程实践经验

三、简答题

1. 建设单位申请领取施工许可证需要具备哪些条件？施工许可证的有效期限是多少？

2.《建筑法》对工程发包与承包有哪些规定？

3.《建设工程质量管理条例》规定的各方主体分别有哪些责任和义务？各类工程的最低保修期限分别是多少？

4.《建设工程安全管理条例》规定的各方主体分别有哪些安全责任？

5.《建设工程监理规范》项目监理机构人员的任职条件是什么？工程项目目标控制及安全生产管理的监理工作内容有哪些？

第三章　工程监理企业与经营管理

工程监理企业作为建设工程监理实施主体，需要具有相应的资质条件和综合实力。加强企业管理，提高科学管理水平，是建立现代企业制度的要求，也是工程监理企业提高市场竞争能力的重要途径。工程监理企业应抓好成本管理、资金管理、质量管理，增强法制意识，依法经营管理。

第一节　工程监理企业

工程监理企业是指依法成立并取得建设主管部门颁发的工程监理企业资质证书，从事建设工程监理与相关服务活动的机构。

一、工程监理企业资质管理

《工程监理企业资质管理规定》（建设部令第 158 号）明确了工程监理企业的资质等级和业务范围、资质申请和审批、监督管理等内容。

（一）工程监理企业的资质等级和业务范围

1. 资质等级标准

工程监理企业资质分为综合资质、专业资质和事务所资质三个等级。其中，专业资质按照工程性质和技术特点又划分为 14 个工程类别。

综合资质、事务所资质不分级别。专业资质分为甲级、乙级；其中，房屋建筑、水利水电、公路和市政公用专业资质可设立丙级。

（1）综合资质标准。工程监理企业综合资质标准如下：

1）具有独立法人资格且注册资本不少于 600 万元；

2）企业技术负责人应为注册监理工程师，并具有 15 年以上从事工程建设工作的经历或者具有工程类高级职称；

3）具有 5 个以上工程类别的专业甲级工程监理资质；

4）注册监理工程师不少于 60 人，注册造价工程师不少于 5 人，一级注册建造师、一级注册建筑师、一级注册结构工程师或者其他勘察设计注册工程师合计不少于 15 人次；

5）企业具有完善的组织结构和质量管理体系，有健全的技术、档案等管理制度；

6）企业具有必要的工程试验检测设备；

7）申请工程监理资质之日前一年内没有规定禁止的行为；

8）申请工程监理资质之日前一年内没有因本企业监理责任造成重大质量事故；

9）申请工程监理资质之日前一年内没有因本企业监理责任发生生产安全事故。

（2）专业资质标准。工程监理企业专业资质中，甲级、乙级和丙级三个等级划分标准如下：

1)甲级企业资质标准：

①具有独立法人资格且注册资本不少于 300 万元；

②企业技术负责人应为注册监理工程师，并具有 15 年以上从事工程建设工作的经历或者具有工程类高级职称；

③注册监理工程师、注册造价工程师、一级注册建造师、一级注册建筑师、一级注册结构工程师或者其他勘察设计注册工程师合计不少于 25 人次；其中，相应专业注册监理工程师不少于表 3-1 中要求配备的人数，注册造价工程师不少于 2 人；

表 3-1　专业资质注册监理工程师人数配备表

序号	工程类别	甲级/人	乙级/人	丙级/人
1	房屋建筑工程	15	10	5
2	冶炼工程	15	10	—
3	矿山工程	20	12	—
4	化工石油工程	15	10	—
5	水利水电工程	20	10	5
6	电力工程	15	10	—
7	农林工程	15	10	—
8	铁路工程	23	14	—
9	公路工程	20	12	5
10	港口与航道工程	20	12	—
11	航天航空工程	20	12	—
12	通信工程	20	12	—
13	市政公用工程	15	10	5
14	机电安装工程	15	10	—

注：表中各专业资质注册监理工程师人数配备是指企业取得本专业工程类别注册的注册监理工程师人数。

④企业近两年内独立监理过 3 个以上相应专业的二级工程项目，但是，具有甲级设计资质或一级及以上施工总承包资质的企业申请本专业工程类别甲级资质的除外；

⑤企业具有完善的组织结构和质量管理体系，有健全的技术、档案等管理制度；

⑥企业具有必要的工程试验检测设备；

⑦申请工程监理资质之日前一年内没有规定禁止的行为；

⑧申请工程监理资质之日前一年内没有因本企业监理责任造成重大质量事故；

⑨申请工程监理资质之日前一年内没有因本企业监理责任发生生产安全事故。

2)乙级企业资质标准：

①具有独立法人资格且注册资本不少于 100 万元；

②企业技术负责人应为注册监理工程师，并具有 10 年以上从事工程建设工作的经历；

③注册监理工程师、注册造价工程师、一级注册建造、一级注册建筑师、一级注册结构工程师或者其他勘察设计注册工程师合计不少于 15 人次。其中，相应专业注册监理工程师不少于表 3-1 中要求配备的人数，注册造价师不少于 1 人；

④有较完善的组织结构和质量管理体系，有技术、档案等管理制度；

⑤有必要的工程试验检测设备；

⑥申请工程监理资质之日前一年内没有规定禁止的行为；

⑦申请工程监理资质之日前一年内没有因本企业监理责任造成重大质量事故；

⑧申请工程监理资质之日前一年内没有因本企业监理责任发生生产安全事故。

3)丙级企业资质标准：

①具有独立法人资格且注册资本不少于 50 万元；

②企业技术负责人应为注册监理工程师，并具有 8 年以上从事工程建设工作的经历；

③有必要的质量管理体系和规章制度；

④有必要的工程试验检测设备。

(3)事务所资质标准。事务所资质标准如下：

1)取得合伙企业营业执照，具有书面合作协议书；

2)合伙人中有 3 名以上注册监理工程师，合伙人均有 5 年以上从事建设工程监理的工作经历；

3)有固定的工作场所；

4)有必要的质量管理体系和规章制度；

5)有必要的工程试验检测设备。

2. 业务范围

工程监理企业资质相应许可的业务范围如下：

(1)综合资质企业。可承担所有专业工程类别建设工程项目的工程监理业务。

(2)专业资质企业。

1)专业甲级资质企业。可承担相应专业工程类别建设工程项目的工程监理业务。

2)专业乙级资质企业。可承担相应专业工程类别二级以下(含二级)建设工程项目的工程监理业务。

3)专业丙级资质企业。可承担相应专业工程类别三级建设工程项目的工程监理业务。

(3)事务所资质企业。可承担三级建设工程项目的工程监理业务，但国家规定必须实行强制监理的工程除外。

另外，工程监理企业可以开展相应类别建设工程的项目管理、技术咨询等业务。

(二)工程监理企业资质申请与审批

1. 资质申请

新设立的工程监理企业申请资质，应当先到工商行政管理部门登记注册并取得企业法人营业执照后，才能向企业工商注册所在地的省、自治区、直辖市人民政府建设主管部门提出资质申请。

申请工程监理企业资质，应当提交以下材料：

(1)工程监理企业资质申请表(一式三份)及相应电子文档；

(2)企业法人、合伙企业营业执照；

(3)企业章程或合伙人协议；

(4)企业法定代表人、企业负责人和技术负责人的身份证明、工作简历及任命(聘用)文件；

(5)工程监理企业资质申请表中所列注册监理工程师及其他注册执业人员的注册执业证书；

（6）有关企业质量管理体系、技术和档案等管理制度的证明材料；

（7）有关工程试验检测设备的证明材料。

取得专业资质的企业申请晋升专业资质等级或者取得专业甲级资质的企业申请综合资质的，除提交上述材料外，还应当提交企业原工程监理企业资质证书正、副本复印件，企业《监理业务手册》与近两年已完成代表工程的监理合同、监理规划、工程竣工验收报告及监理工程总结。

2. 资质审批

申请综合资质、专业甲级资质的，省、自治区、直辖市人民政府建设主管部门应当自受理申请之日起 20 日内初审完毕，并将初审意见和申请材料报国务院建设主管部门。国务院建设主管部门应当自省、自治区、直辖市人民政府建设主管部门受理申请材料之日起 60 日内完成审查，公示审查意见，公示时间为 10 日。其中，涉及铁路、交通、水利、通信、民航等专业工程监理资质的，由国务院建设主管部门送国务院有关部门审核。国务院有关部门应当在 20 日内审核完毕，并将审核意见报国务院建设主管部门。国务院建设主管部门根据初审意见审批。

专业乙级、丙级资质和事务所资质由企业所在地省、自治区、直辖市人民政府建设主管部门审批。

工程监理企业资质证书的有效期为 5 年。资质有效期届满，工程监理企业需要继续从事工程监理活动的，应当在资质证书有效期届满 60 日前，向企业所在地省级资质许可机关申请办理延续手续。对在资质有效期内遵守有关法律、法规、规章、技术标准，信用档案中无不良记录且专业技术人员满足标准要求的企业，经资质许可机关同意，有效期延续 5 年。

3. 外商投资建设工程监理企业资质

根据《外商投资建设工程服务企业管理规定》（建设部、商务部令第 155 号），外国投资者在中华人民共和国境内设立外商投资建设工程监理企业（包括中外合资经营、中外合作经营及外资企业），从事建设工程监理活动，应当依法取得商务主管部门颁发的外商投资企业批准证书，经工商行政管理部门注册登记，并取得建设主管部门颁发的建设工程监理企业资质证书。

申请外商投资建设工程监理企业甲级资质，由国务院建设主管部门审批；申请外商投资建设工程监理企业乙级及其以下资质的，由省、自治区、直辖市人民政府建设主管部门审批。

申请者提交的主要资料应当使用中文，证明文件原件是外文的，应当提供中文译本。

申请设立外商投资建设工程服务企业的外方投资者，应当是在其所在国从事相应工程服务的企业、其他经济组织或者注册专业技术人员。

（三）工程监理企业监督管理

县级以上人民政府建设主管部门和其他有关部门应当按照有关法律、法规和相关规定，加强对工程监理企业资质的监督管理。

1. 监督检查措施和职责

建设主管部门履行监督检查职责时，有权采取下列措施：

（1）要求被检查单位提供工程监理企业资质证书、注册监理工程师注册执业证书，有关工程监理业务的文档，有关质量管理、安全生产管理、档案管理等企业内部管理制度的文件。

(2)进入被检查单位进行检查，查阅相关资料。

(3)纠正违反有关法律、法规、规定及有关规范和标准的行为。

建设主管部门进行监督检查时，应当有两名以上监督检查人员参加，并出示执法证件，不得妨碍被检查单位的正常经营活动，不得索取或收受财物、谋取其他利益。有关单位或个人对依法进行的监督检查应当协助与配合，不得拒绝或阻挠。监督检查机关应当将监督检查的处理结果向社会公布。

2. 撤销工程监理企业资质的情形

工程监理企业有下列情形之一的，资质许可机关或者其上级机关，根据利害关系人的请求或者依据职权，可以撤销工程监理企业资质：

(1)资质许可机关工作人员滥用职权、玩忽职守作出准予工程监理企业资质许可的；

(2)超越法定职权作出准予工程监理企业资质许可的；

(3)违反资质审批程序作出准予工程监理企业资质许可的；

(4)对不符合申请条件的申请人作出准予工程监理企业资质许可的；

(5)依法可以撤销资质证书的其他情形。

以欺骗、贿赂等不正当手段取得工程监理企业资质证书的，应当予以撤销。

3. 注销工程监理企业资质的情形

有下列情形之一的，工程监理企业应当及时向资质许可机关提出注销资质的申请，交回资质证书，国务院建设主管部门应当办理注销手续，公告其资质证书作废：

(1)资质证书有效期满，未依法申请延续的；

(2)工程监理企业依法终止的；

(3)工程监理企业资质依法被撤销、撤回或吊销的；

(4)法律、法规规定的应当注销资质的其他情形。

4. 信用管理

工程监理企业应当按照有关规定，向资质许可机关提供真实、准确、完整的工程监理企业的信用档案信息。工程监理企业的信用档案应当包括基本情况、业绩、工程质量和安全、合同违约等情况。被投诉举报和处理、行政处罚等情况应当作为不良行为记入其信用档案。

工程监理企业的信用档案信息按照有关规定向社会公示，公众有权查阅。

二、工程监理企业组织形式

根据《中华人民共和国公司法(2013年修订)》(2014年3月1日起实施，下同)(以下简称《公司法》)，对于公司制工程监理企业，主要有两种形式，即有限责任公司和股份有限公司。

(一)有限责任公司

1. 公司设立条件

有限责任公司由50个以下股东出资设立。设立有限责任公司，应当具备下列条件：

(1)股东符合法定人数；

(2)有符合公司章程规定的全体股东认缴的出资额；

(3)股东共同制定公司章程；

(4)有公司名称，建立符合有限责任公司要求的组织结构；

(5)有公司住所。

2. 公司注册资本

有限责任公司的注册资本为在公司登记机关登记的全体股东认缴的出资额。法律、行政法规以及国务院决定对有限责任公司注册资本实缴、注册资本最低限额另有规定的，从其规定。

股东应当按期足额缴纳公司章程中规定的各自所认缴的出资额。股东以货币出资的，应当将货币出资足额存入有限责任公司在银行开设的账户；以非货币财产出资的，应当依法办理其财产权的转移手续。

股东不按照前款规定缴纳出资的，除应当向公司足额缴纳外，还应当向已按期足额缴纳出资的股东承担违约责任。

3. 公司组织结构

(1)股东会。有限责任公司股东会由全体股东组成。股东会是公司的权力机构，依照《公司法》行使职权。

(2)董事会。有限责任公司设董事会，其成员为3~13个人。股东人数较少或者规模较小的有限责任公司，可以设一名执行董事，不设董事会。执行董事可以兼任公司经理。

(3)经理。有限责任公司可以设经理，由董事会决定聘任或者解聘。经理对董事会负责，行使公司管理职权。

(4)监事会。有限责任公司设监事会，其成员不得少于3人。股东人数较少或者规模较小的有限责任公司，可以设1~2名监事，不设监事会。

(二)股份有限公司

股份有限公司的成立，可以采取发起设立或者募集设立的方式。发起设立是指由发起人认购公司应发行的全部股份而设立公司。募集设立是指由发起人认购公司应发行股份的一部分，其余股份向社会公开募集或者向特定对象募集而设立公司。

1. 公司设立条件

设立股份有限公司，应当有2人以上、200人以下为发起人。其中，须有半数以上的发起人在中国境内有住所。设立股份有限公司，应当具备下列条件：

(1)发起人符合法定人数；

(2)有符合公司章程规定的全体发起人认购的股本总额或者募集的实收股本总额；

(3)股份发行、筹办事项符合法律规定；

(4)发起人制定公司章程，采用募集方式设立的经创立大会通过；

(5)有公司名称，建立符合股份有限公司要求的组织机构；

(6)有公司住所。

2. 公司注册资本

股份有限公司采取发起设立方式设立的，注册资本为在公司登记机关登记的全体发起人认购的股本总额。在发起人认购的股份缴足前，不得向他人募集股份。

股份有限公司采取募集方式设立的，注册资本为在公司登记机关登记的实收股本总额。

法律、行政法规以及国务院决定对股份有限公司注册资本实缴、注册资本最低限额另有规定的，从其规定。

3. 公司组织结构

（1）股东大会。股份有限公司股东大会由全体股东组成。股东大会是公司的权力机构，依照《公司法》行使职权。

（2）董事会。股份有限公司设董事会，其成员为5～19人。上市公司需要设立独立董事和董事会秘书。

（3）经理。股份有限公司设经理，由董事会决定聘任或者解聘。公司董事会可以决定由董事会成员兼任经理。

（4）监事会。股份有限公司设监事会，其成员不得少于3人。

三、工程监理企业经营活动准则

工程监理企业从事建设工程监理活动，应当遵循"守法、诚信、公平、科学"的准则。

（一）守法

守法，即遵守法律法规。对于工程监理企业而言，守法就是要依法经营，主要体现在以下几个方面：

（1）工程监理企业只能在核定的业务范围内开展经营活动。工程监理企业的业务范围，是指在资质证书中，经工程监理资质管理部门审查确认的主项资质和增项资质。核定的业务范围包括两方面：一是监理业务的工程类别；二是承接监理工程的等级。

（2）工程监理企业不得伪造、涂改、出租、转让、出卖《资质等级证书》。

（3）工程监理企业应按照建设工程监理合同约定严格履行义务，不得无故或故意违背自己的承诺。

（4）工程监理企业在异地承接监理业务，要自觉遵守工程所在地有关规定，主动向工程所在地建设主管部门备案登记，接受其指导和监督管理。

（5）遵守有关法律法规规定。

（二）诚信

诚信，即诚实守信。这是道德规范在市场经济中的体现。诚信原则要求市场主体在不损害他人利益和社会公共利益的前提下，追求自身利益，目的是在当事人之间的利益关系和当事人与社会之间的利益关系中实现平衡，并维护市场道德秩序。诚信原则的主要作用在于指导当事人以善意的心态、诚信的态度行使民事权利，承担民事义务，正确地从事民事活动。

加强信用管理，提高信用水平，是完善我国建设工程监理制度的重要保证。诚信的实质是解决经济活动中经济主体之间的利益关系。诚信是企业经营理念、经营责任和经营文化的集中体现。信用是企业的一种无形资产，良好的信用能为企业带来巨大的效益。信用不仅是企业参与市场公平竞争的基本条件，而且是我国企业"走出去"、进入国际市场的身份证。工程监理企业应当树立良好的信用意识，使企业成为讲道德、讲信用的市场主体。

工程监理企业应当建立健全企业信用管理制度。包括：

（1）建立健全合同管理制度；

（2）建立健全与建设单位的合作制度，及时进行信息沟通，增强相互之间的信任；

（3）建立健全建设工程监理服务需求调查制度，这也是企业进行有效竞争和防范经营风险的重要手段之一；

(4)建立企业内部信用管理责任制度，及时检查和评估企业信用实施情况，不断提高企业信用管理水平。

(三)公平

公平，是指工程监理企业在监理活动中维护建设单位利益的同时，不能损害施工单位合法权益，并依据合同公平、合理地处理建设单位与施工单位之间的争议。

工程监理企业要做到公平，必须做到以下几个方面：

(1)具有良好的职业道德；

(2)要坚持实事求是；

(3)要熟悉建设工程合同的有关条款；

(4)要提高专业技术能力；

(5)要提高综合分析判断问题的能力。

(四)科学

科学，是指工程监理企业要依据科学的方案，运用科学的手段，采取科学的方法开展监理活动。建设工程监理工作结束后，还要进行科学的总结。实施科学化管理主要体现在以下几个方面。

1. 科学的方案

建设工程监理方案主要是指监理规划和监理实施细则。在建设实施工程监理前，要尽可能准确地预测出各种可能出现的问题，有针对性地拟定解决办法，制定出切实可行、行之有效的监理规划和监理实施细则，使各项监理活动都纳入计划管理轨道。

2. 科学的手段

实施建设工程监理，必须借助于先进的科学仪器才能做好监理工作，如各种检测、试验、化验仪器、摄录像设备及计算机等。

3. 科学的方法

监理工作的科学方法主要体现在监理人员在掌握大量、确凿的有关监理对象及其外部环境实际情况的基础上，适时、妥帖、高效地处理有关问题，解决问题要用事实说话、用书面文字说话、用数据说话；要开发、利用计算机信息平台和软件辅助建设工程监理。

四、建设工程监理与相关服务收费标准

为规范建设工程监理及相关服务收费行为，维护委托方和受托方合法权益，促进建设工程监理行业健康发展，国家发展和改革委员会、原建设部于 2007 年 3 月发布了《建设工程监理与相关服务收费管理规定》，明确了建设工程监理与相关服务收费标准。

(一)建设工程监理及相关服务收费的一般规定

建设工程监理及相关服务收费根据工程项目的性质不同，分别实行政府指导价或市场调节价。依法必须实行监理的工程，监理收费实行政府指导价；其他工程的监理收费与相关服务收费实行市场调节价。

实行政府指导价的建设工程监理收费，其基准价根据《建设工程监理与相关服务收费标准》计算，浮动幅度为上下 20%。建设单位和工程监理单位应当根据建设工程的实际情况在

规定的浮动幅度内协商确定收费额。实行市场调节价的建设工程监理与相关服务收费，由建设单位和工程监理单位协商确定收费额。

建设工程监理与相关服务收费，应当体现优质优价的原则。在保证工程质量的前提下，由于建设工程监理与相关服务节省投资、缩短工期、取得显著经济效益的，建设单位可根据合同约定奖励工程监理单位。

(二)工程监理与相关服务计费方式

1. 建设工程监理服务计费方式

铁路、水运、公路、水电、水库工程监理服务收费按建筑安装工程费分档定额计费方式计算收费。其他建设工程监理服务收费按照工程概算投资额分档定额计费方式计算收费。

(1)建设工程监理服务收费的计算。建设工程监理服务收费按下式计算：

建设工程监理服务收费＝建设工程监理服务收费基准价×(1±浮动幅度值)

(2)建设工程监理服务收费基准价的计算。建设工程监理服务收费基准价是按照收费标准计算出的建设工程监理服务基准收费额，按下式计算：

建设工程监理服务收费基准价＝建设工程监理服务收费基价×专业调整系数×工程复杂程度调整系数×高程调整系数

1)工程监理服务收费基价。建设工程监理服务收费基价是完成法律法规、行业规范规定的建设工程监理服务内容的酬金。建设工程监理服务收费基价按表3-2确定，计费额处于两个数值区间的，采用直线内插法确定建设工程监理服务收费基价。

表3-2 建设工程监理服务收费基价 单位：万元

序号	计费额	收费基价
1	500	16.5
2	1 000	30.1
3	3 000	78.1
4	5 000	120.8
5	8 000	181.0
6	10 000	218.6
7	20 000	393.4
8	40 000	708.2
9	60 000	991.4
10	80 000	1 255.8
11	100 000	1 507.0
12	200 000	2 712.5
13	400 000	4 882.6
14	600 000	6 835.6
15	800 000	8 658.4
16	1 000 000	10 390.1

注：计费额大于1 000 000万元的，以计费额乘以1.039%的收费率计算收费基价。其他未包含的收费由双方协商议定。

2)建设工程监理服务收费调整系数。建设工程监理服务收费标准的调整系数包括：专业调整系数、工程复杂程度调整系数和高程调整系数。

①专业调整系数是对不同专业工程的监理工作复杂程度和工作量差异进行调整的系数。计算建设工程监理服务收费时，专业调整系数在表3-3中查找确定。

表3-3　建设工程监理服务收费专业调整系数

工程类别	专业调整系数
1. 矿山采选工程	
黑色、有色、黄金、化学、非金属及其他矿采选工程	0.9
选煤及其他煤炭工程	1.0
矿井工程、铀矿采选工程	1.1
2. 加工冶炼工程	
冶炼工程	0.9
船舶水工工程	1.0
各类加工工程	1.0
核加工工程	1.2
3. 石油化工工程	
石油工程	0.9
化工、石化、化纤、医药工程	1.0
核化工工程	1.2
4. 水利电力工程	
风力发电、其他水利工程	0.9
火电工程、送变电工程	1.0
核电、水电、水库工程	1.2
5. 交通运输工程	
机场场道、助航灯光工程	0.9
铁路、公路、城市道路、轻轨及机场空管工程	1.0
水运、地铁、桥梁、隧道、索道工程	1.1
6. 建筑市政工程	
园林绿化工程	0.8
建筑、人防、市政公用工程	1.0
邮政、电信、广播电视工程	1.0
7. 农业林业工程	
农业工程	0.9
林业工程	0.9

②工程复杂程度调整系数是对同一专业工程的监理复杂程度和工作量差异进行调整的系数。工程复杂程度分为一般、较复杂和复杂三个等级。其调整系数分别为一般（Ⅰ级）0.85、较复杂（Ⅱ级）1.0、复杂（Ⅲ级）1.15。计算建设工程监理服务收费时，工程复杂程度

在《建设工程监理与相关服务收费管理规定》相应章节的《工程复杂程度表》中查找确定。

③高程调整系数如下：

a. 海拔高程 2 001 m 以下的为 1；

b. 海拔高程 2 001～3 000 m 为 1.1；

c. 海拔高程 3 001～3 500 m 为 1.2；

d. 海拔高程 3 501～4 000 m 为 1.3；

e. 海拔高程 4 001 m 以上的，高程系数由发包人和监理人协商确定。

(3)建设工程监理服务收费的计费额。建设工程监理服务收费以工程概算投资额分档定额计费方式收费的，其计费额为工程概算中的建筑安装工程费、设备购置费和联合试运转费之和。对设备购置费和联合试运转费占工程概算投资额 40％以上的工程项目，其建筑安装工程费全部计入计费额，设备购置费和联合试运转费按 40％的比例计入计费额。但其计费额不应小于建筑安装工程费与其相同且设备购置费和联合试运转费等于工程概算投资额 40％的工程项目的计费额。

工程中有利用原有设备并进行安装调试服务的，以签订建设工程监理合同时同类设备的当期价格作为建设工程监理服务收费的计费额；工程中有缓配设备的，应扣除签订建设工程监理合同时同类设备的当期价格作为建设工程监理服务收费的计费额；工程中有引进设备的，按照购进设备的离岸价格折换成人民币作为建设工程监理服务收费的计费额。

建设工程监理服务收费以建筑安装工程费分档定额计费方式收费的，其计费额为工程概算中的建筑安装工程费。作为建设工程监理服务收费计费额的工程概算投资额或建筑安装工程费，均指每个监理合同中约定的工程项目范围的投资额。

(4)建设工程监理部分发包与联合承揽服务收费的计算。

1)建设单位将建设工程监理服务中的某一部分工作单独发包给工程监理单位，按照其占建设工程监理服务工作量的比例计算建设工程监理服务收费。其中，质量控制和安全生产监督管理服务收费不宜低于建设工程监理服务收费总额的 70％。

2)建设工程监理服务由两个或者两个以上的工程监理单位承担的，各工程监理单位按照其占建设工程监理服务工作量的比例计算建设工程监理服务收费。建设单位委托其中一家工程监理单位对工程监理服务总负责的，该工程监理单位按照各监理单位合计建设工程监理服务收费额的 4％～6％向建设单位收取总体协调费。

2. 相关服务计费方式

相关服务收费一般按相关服务工作所需工日和表 3-4 的规定收费。

表3-4　建设工程监理与相关服务人员人工日费用标准

建设工程监理与相关服务人员职级	工日费用标准/元
一、高级专家	1 000～1 200
二、高级专业技术职称的监理与相关服务人员	800～1 000
三、中级专业技术职称的监理与相关服务人员	600～800
四、初级及以下专业技术职称监理与相关服务人员	300～600
注：本表适用于提供短期相关服务的人工费用标准。	

第二节　工程监理招投标与监理合同

建设工程监理与相关服务可以由建设单位直接委托，也可以通过招标方式委托。但是，法律法规规定招标的，建设单位必须通过招标方式委托。因此，建设工程监理招投标是建设单位委托监理与相关服务工作和工程监理单位承揽监理与相关服务工作的主要方式。

建设工程监理合同是工程监理单位明确监理和相关服务义务、履行监理与相关服务职责的重要保证。

一、建设工程监理招标方式和程序

(一)建设工程监理招标方式

建设工程监理招标可分为公开招标和邀请招标两种方式。建设单位应根据法律法规、工程项目特点、工程监理单位的选择空间及工程实施的急迫程度等因素合理选择招标方式，并按规定程序向招投标监督管理部门办理相关招投标手续，接受相应的监督管理。

1. 公开招标

公开招标是指建设单位以招标公告的方式邀请不特定工程监理单位参加投标，向其发售监理招标文件，按照招标文件规定的评标方法、标准，从符合投标资格要求的投标人中优选中标人，并与中标人签订建设工程监理合同的过程。

国有资金占控股或者主导地位等依法必须进行监理招标的项目，应当采用公开招标方式委托监理任务。公开招标属于非限制性竞争招标，其优点是能够充分体现招标信息公开性、招标程序规范性、投标竞争公开性，有助于打破垄断，实现公开竞争。公开招标可使建设单位有较大的选择范围，可在众多投标人中选择经验丰富、信誉良好、价格合理的工程监理单位，能够大大降低串标、围标、抬标和其他不正当交易的可能性。公开招标的缺点是，准备招标、资格预审和评标的工作量大，因此，招标时间长，招标费用高。

2. 邀请招标

邀请招标是指建设单位以投标邀请书方式邀请特定工程监理单位参加投标，向其发售招标文件，按照招标文件规定的评标方法、标准，从符合投标资格要求的投标人中优选中标人，并与中标人签订建设工程监理合同的过程。

邀请招标属于有限竞争性招标，也称为选择性招标。采用邀请招标方式，建设单位不需要发布招标公告，也不进行资格预审(但可组织必要的资格审查)，使招标程序得到简化。这样，既可节约招标费用，又可缩短招标时间。邀请招标虽然能够邀请到有经验和资信可靠的工程监理单位投标，但由于限制了竞争范围，选择投标人的范围和投标人竞争的空间有限，可能会失去技术和报价方面有竞争力的投标者，失去理想中标人，达不到预期竞争的效果。

(二)建设工程监理招标程序

建设工程监理招标一般包括招标准备；发出招标公告或投标邀请书；组织资格审查；编制和发售招标文件；组织现场踏勘；召开投标预备会；编制和递交投标文件；开标、评标和定标；签订建设工程监理合同等程序。

1. 招标准备

建设工程监理招标准备工作包括确定招标组织、明确招标范围和内容、编制招标方案等内容。

(1)确定招标组织。建设单位自身具有组织招标的能力时，可自行组织监理招标，否则，应委托招标代理机构组织招标。建设单位委托招标代理进行监理招标时，应与招标代理机构签订招标代理书面合同，明确委托招标代理的内容、范围和双方义务和责任。

(2)明确招标范围和内容。综合考虑工程特点、建设规模、复杂程度、建设单位自身管理水平等因素，明确建设工程监理招标范围和内容。

(3)编制招标方案。招标方案包括划分监理标段、选择招标方式、选定合同类型及计价方式、确定投标人资格条件、安排招标工作进度等。

2. 发出招标公告或投标邀请书

建设单位采用公开招标方式的，应当发布招标公告。招标公告必须通过一定的媒介进行发布。投标邀请书是指采用邀请招标方式的建设单位，向三个以上具备承担招标项目能力、资信良好的特定工程监理单位发出的参加投标的邀请。

招标公告与投标邀请书应当载明：建设单位的名称和地址；招标项目的性质；招标项目的数量；招标项目的实施地点；招标项目的实施时间；获取招标文件的办法等内容。

3. 组织资格审查

为了保证潜在投标人能够公平地获取投标竞争的机会，确保投标人满足招标项目的资格条件，同时避免招标人和投标人不必要的资源浪费，招标人应组织审查监理投标人资格。资格审查分为资格预审和资格后审两种。

(1)资格预审。资格预审是指在投标前，对申请参加投标的潜在投标人进行资质条件、业绩、信誉、技术、资金等多方面情况的审查。只有资格预审中被认定为合格的潜在投标人(或投标人)才可以参加投标。资格预审的目的是排除不合格的投标人，进而减低招标人的招标成本，提高招标工作效率。

(2)资格后审。资格后审是指在开标后，由评标委员会根据招标文件中规定的资格审查因素、方法和标准，对投标人资格进行的审查。

建设工程监理资格审查大多采用资格预审的方式进行。

4. 编制和发售招标文件

(1)编制建设工程监理招标文件。招标文件既是投标人编制投标文件的依据，也是招标人与中标人签订建设工程监理合同的基础。招标文件一般应由以下内容组成：

1)投标邀请函；

2)投标人须知；

3)评标办法；

4)拟签订监理合同主要条款与格式，以及履约担保格式等；

5)投标报价；

6)设计资料；

7)技术标准和要求；

8)投标文件格式；

9)要求投标人提交的其他材料。

（2）发售监理招标文件。按照招标公告或投标邀请书规定的时间、地点发售招标文件。投标人对招标文件内容有异议，可在规定时间内要求招标人澄清、说明或纠正。

5. 组织现场踏勘

组织投标人进行现场踏勘的目的是了解工程场地和周围环境的情况，以获取认为有必要的信息。招标人可根据工程特点和招标文件规定，组织潜在投标人对工程实施现场的地形地质条件、周边和内部环境进行踏勘，并介绍有关情况。潜在投标人自行负责据此作出的判断和投标决策。

6. 召开投标预备会

招标人按照招标文件规定的时间组织投标预备会，澄清、解答潜在投标人在阅读招标文件和现场踏勘后提出的疑问。所有的澄清、解答都应当以书面形式予以确认，并发给所有购买招标文件的潜在投标人。招标文件的书面澄清、解答属于招标文件的组成部分。招标人同时可以利用投标预备会，对招标文件中有关重点、难点内容主动作出说明。

7. 编制和递交投标文件

投标人应按招标文件要求编制投标文件，对招标文件提出的实质性要求和条件作出实质性响应，按照招标文件规定的时间、地点、方式递交投标文件，并根据要求提交投标保证金。投标人在提交投标截止日期之前，可以撤回、补充或者修改已提交的投标文件，并书面通知招标人。补充、修改的内容为投标文件的组成部分。

8. 开标、评标和定标

（1）开标。招标人应按招标文件规定的时间、地点主持开标，邀请所有投标人派代表参加。开标时间、开标过程应符合招标文件规定的开标要求和程序。

（2）评标。评标由招标人依法组建的评标委员会负责。评标委员会应当熟悉、掌握招标项目的主要特点和需求，认真阅读、研究招标文件及其评标办法，按招标文件规定的评标办法进行评标，编写评标报告，并向招标人推荐中标候选人，或经招标人授权直接确定中标人。

（3）定标。招标人应按有关规定在招标投标监督部门指定的媒体或场所公示推荐的中标候选人，并根据相关法律法规和招标文件规定的定标原则和程序确定中标人，向中标人发出中标通知书。同时，将中标结果通知所有未中标的投标人，并在 15 日之内按有关规定将监理招标投标情况书面报告提交招标投标行政监督部门。

9. 签订建设工程监理合同

招标人与中标人应当自发出中标通知书之日起 30 日内，依据中标通知书、招标文件中的合同构成文件签订工程监理合同。

二、建设工程监理评标内容和方法

工程监理单位不承担建筑产品生产任务，只是受建设单位委托提供技术和管理咨询服务。建设工程监理招标属于服务类招标，其标的是无形的"监理服务"，因此，建设单位在选择工程监理单位最重要的原则是"基于能力的选择"，而不应将服务报价作为主要的考虑因素。有时甚至不考虑建设工程监理服务报价，只考虑工程监理单位的服务能力。

(一)建设工程监理评标内容

建设工程监理评标办法中，通常会将下列要素作为评标内容：

（1）工程监理单位的基本素质。包括工程监理单位资质、技术及服务能力、社会信誉和企业诚信度，以及类似工程监理业绩和经验。

（2）工程监理人员配备。工程监理人员的素质和能力直接影响建设工程监理工作的优劣，进而影响整个工程监理目标的实现。项目监理机构监理人员的数量和素质，特别是总监理工程师的综合能力和业绩是建设工程监理评标需要考虑的重要内容。对工程监理人员配备的评价内容具体包括：项目监理机构的组织形式是否合理；总监理工程师人选是否符合招标文件规定的资格及能力要求；监理人员数量、专业配备是否符合工程专业特点要求；工程监理整体力量投入是否能满足工程需要；工程监理人员年龄结构是否合理；现场监理人员进退场计划是否与工程进展相协调等。

（3）建设工程监理大纲。建设工程监理大纲是反映投标人技术、管理和服务综合水平的文件，反映了投标人对工程的分析和理解程度。评标时，应重点评审建设工程监理大纲的全面性、针对性和科学性。

1）建设工程监理大纲内容是否全面，工作目标是否明确，组织结构是否健全，工作计划是否可行，质量、造价、进度控制措施是否全面、得当，安全生产管理、合同管理、信息管理等方法是否科学，以及项目监理机构的制度建设规划是否到位，监督机制是否健全等。

2）建设工程监理大纲中应对工程特点、监理重点与难点进行识别。在对招标工程进行透彻分析的基础上，结合自身工程经验，从工程质量、造价、进度控制及安全生产管理等方面确定监理工作的重点和难点，提出针对性措施和对策。

3）除常规监理措施外，建设工程监理大纲中应对招标工程的关键工序及分部分项工程制定有针对性的监理措施；制定针对关键点、常见问题的预防措施；合理设置旁站清单和保障措施等。

（4）试验检测仪器设备及其应用能力。重点评审投标人在投标文件中所列的设备、仪器、工具等能否满足建设工程监理要求。

（5）建设工程监理费用报价。建设工程监理费用报价所对应的服务范围、服务内容、服务期限应与招标文件中的要求相一致。要重点评审监理费用报价水平和构成是否合理、完整，分析说明是否明确，监理服务费用的调整条件和办法是否符合招标文件要求等。

（二）建设工程监理评标方法

建设工程监理评标通常采用"综合评标法"，即通过衡量投标文件是否最大限度地满足招标文件中规定的各项评价标准，对技术、企业资信、服务报价等因素进行综合评价从而确定中标人。

根据具体分析方式不同，综合评标法可分为定性和定量两种。

1. 定性综合评估法

定性综合评估法对投标人的资质条件、人员配备、监理方案、投标价格等评审指标分项进行定性比较分析、全面评审，综合评议较优者作为中标人，也可采取举手表决或无记名投票方式决定中标人。

定性综合评估法的优点是不量化各项评审指标，简单易行，能在广泛深入地开展讨论分析的基础上集中各方面观点，有利于评标委员会成员之间的直接对话和深入交流，集中体现各方意见，能使综合实力强、方案先进的投标单位处于优势地位；其缺点是评估标准弹性较大，衡量尺度不具体，透明度不高，受评标专家人为因素影响较大，可能会出现评标意见相差悬殊，使定标决策左右为难。

2. 定量综合评估法

定量综合评估法又称打分法、百分制计分评价法。通常是在招标文件中明确规定需量化的评价因素及其权重，评标委员会根据投标文件内容和评分标准逐项进行分析计分、加权汇总，计算出各投标单位的综合评分，然后按照综合评分由高到低的顺序确定中标候选人或直接选定得分最高者为中标人。

定量综合评估法是目前我国各地广泛采用的评标方法。其特点是量化所有评标指标。由评标委员会专家分别打分，减少评标过程中的相互干扰，增强了评标的科学性和公正性。需要注意的是，评标因素指标的设置和评分标准分值或权重的分配，应能充分评价工程监理单位的整体素质和综合实力，体现评标的科学、合理性。

三、建设工程监理投标工作内容

建设工程监理投标是一项复杂的系统性工作，工程监理单位的投标工作内容包括投标决策、投标策划、投标文件编制、参加开标及答辩、投标后评估等。

(一)建设工程监理投标决策

工程监理单位要想中标获得建设工程监理任务并获得预期利润，就需要认真进行投标决策。所谓投标决策，主要包括两方面内容：一是决定是否参与竞标；二是如果参加投标，应采取什么样的投资策略。投标决策的正确与否，关系到工程监理单位能否中标及中标后的经济效益。

投标决策活动要从工程特点与工程监理企业自身需求之间选择最佳结合点。为实现最优赢利目标，可以参考以下基本原则进行投标决策：

(1)充分衡量自身人员和技术实力能否满足工程项目要求，且要根据工程监理单位自身实力、经验和外部资源等因素来确定是否参与竞标。

(2)充分考虑国家政策、建设单位信誉、招标条件、资金落实情况等，保证中标后的工程项目能顺利实施。

(3)由于目前工程监理单位普遍存在注册监理工程师稀缺、监理人员数量不足的情况，因此，在一般情况下，工程监理单位与其将有限人力资源分散到几个小工程投标中，不如集中优势力量参与一个较大建设工程监理投标。

(4)对于竞争激烈、风险特别大或把握不大的工程项目，应主动放弃投标。

(二)建设工程监理投标策划

建设工程监理投标策划是指从总体上规划建设工程监理投标活动的目标、组织、任务分工等，通过严格的管理过程，提高投标效率和效果。

(1)明确投标目标，决定资源投入。一旦决定投标，首先要明确投标目标，投标目标决定了企业层面对投标过程的资源支持力度。

(2)成立投标小组并确定任务分工。投标小组要由有类似建设工程监理投标经验的项目负责人全面负责收集信息，协调资源，作出决策，并组织参与资格审查、购买标书、编写质疑文件、进行质疑和现场踏勘、编制投标文件、封标、开标和答辩、标后总结等。同时，需要落实各参与人员的任务和职责，做到界面清晰，人尽其职。

(三)建设工程监理投标文件编制

建设工程监理投标文件反映了工程监理单位的综合实力和完成监理任务的能力，是招标人选择工程监理单位的主要依据之一。投标文件编制质量的高低，直接关系到中标可能性的大小，因此，如何编制好建设工程监理投标文件是工程监理单位的首要任务。

1. 投标文件编制原则

(1)响应招标文件，保证不被废标。建设工程监理投标文件编制的前提是要按招标文件要求的条款和内容格式编制，必须满足招标文件要求的基本条件，尽可能精益求精。响应招标文件实质性条款，防止废标发生。

(2)认真研究招标文件，深入领会招标文件意图。一本规范化的招标文件少则十余页，多则几十页，甚至上百页，只有全部熟悉并领会各项条款要求，事先发现不理解或前后矛盾、表述不清的条款，通过标前答疑会，解决所有发现问题，防止因不熟悉招标文件导致"失之毫厘，差之千里"的后果发生。

(3)投标文件要内容详细、层次分明、重点突出。完整、规范的投标文件，应尽可能地将投标人的想法、建议及自身实力叙述详细，做到内容深入而全面。为了尽可能让招标人或评标专家在很短的评标时间内了解投标文件内容及投标单位实力，就要在投标文件的编制上下功夫，做到层次分明，表达清楚，重点突出。投标文件体现的内容要针对招标文件评分办法的重点得分内容，如企业业绩、人员素质及监理大纲中建设工程目标控制要点等，要有意识地说明和标设，并在目录上专门列出或在编辑包装中采用装饰手法等，力求起到加深印象的作用，这样做会起到事半功倍的效果。

2. 投标文件编制依据

(1)国家及地方有关建设工程监理投标的法律法规及政策。必须以国家及地方有关建设工程监理投标的法律法规及政策为准绳编制建设工程监理投标文件；否则，可能会造成投标文件的内容与法律法规及政策相抵触，甚至造成废标。

(2)建设工程监理招标文件。工程监理投标文件必须对招标文件作出实质性响应，而且其内容尽可能与建设单位的意图或建设单位的要求相符合。越是能够贴切满足建设单位需求的投标文件，则越会受到建设单位的青睐，其获取中标的概率也相对较高。

(3)企业现有的设备资源。编制建设工程监理投标文件时，必须考虑工程监理单位现有的设备资源。要根据不同监理标的具体情况进行统一调配，尽可能将工程监理单位现有可动用的设备资源编入建设工程监理投标文件，提高投标文件的竞争实力。

(4)企业现有的人力及技术资源。工程监理单位现有的人力及技术资源主要表现为有精通所招标工程的专业技术人员和具有丰富经验的总监理工程师、专业监理工程师、监理员；有工程项目管理、设计及施工专业特长，能帮助建设单位协调解决各类工程技术难题的能力；拥有同类建设工程监理经验；在各专业有一定技术能力的合作伙伴，必要时可联合向建设单位提供咨询服务。另外，应当将工程监理单位内部现有的人力及技术资源优化组合后编入监理投标文件中，以便在评标时获得较高的技术标得分。

(5)企业现有的管理资源。建设单位判断工程监理单位是否能胜任建设工程监理任务，在很大程度上要看工程监理单位在日常管理中有何特长，类似建设工程监理经验如何，针对本工程有何具体管理措施等。为此，工程监理单位应当将其现有的管理资源充分展现在投标文件中，以获得建设单位的注意，从而最终获取中标。

3. 监理大纲的编制

建设工程监理投标文件的核心是反映监理服务水平高低的监理大纲，尤其是针对工程具体情况制定的监理对策，以及向建设单位提出的原则性建议等。

监理大纲一般应包括以下主要内容：

(1)工程概述。根据建设单位提供和自己初步掌握的工程信息，对工程特征进行简要描述，主要包括：工程名称、工程内容及建设规模；工程结构或工艺特点；工程地点及自然条件概况；工程质量、造价和进度控制目标等。

(2)监理依据和监理工作的内容。

1)监理依据：法律法规及政策；工程建设标准；工程勘察设计文件；建设工程监理合同及相关建设工程合同等。

2)监理工作的内容：质量控制、造价控制、进度控制、合同管理、信息管理、组织协调、安全生产管理的监理工作等。

(3)建设工程监理实施方案。建设工程监理实施方案是监理评标的重点。根据监理招标文件的要求，针对建设单位委托监理工程特点，拟定监理工作指导思想、工作计划；主要管理措施、技术措施以及控制要点；拟采用的监理方法和手段；监理工作制度和流程；监理文件资料管理和工作表式；拟投入的资源等。建设单位一般会特别关注工程监理单位资源的投入：一方面是项目监理机构的设置和人员配备，包括监理人员(尤其是总监理工程师)素质、监理人员数量和专业配套情况；另一方面是监理设备配置，包括检测、办公、交通和通信等设备。

(4)建设工程监理难点、重点及合理化建议。建设工程监理难点、重点及合理化建议是整个投标文件的精髓。工程监理单位在熟悉招标文件和施工图的基础上，要按实际监理工作的开展和部署进行策划，既要全面涵盖"三控两管一协调"和安全生产管理职责的内容，又要有针对性地提出重点工作内容、分部分项工程控制措施和方法以及合理化建议，并说明采纳这些建议将会在工程质量、造价、进度等方面产生的效益。

4. 编制投标文件的注意事项

建设工程监理招标、评标注重对工程监理单位能力的选择。因此，工程监理单位在投标时应在体现监理能力方面下功夫，应着重解决下列问题：

(1)投标文件应对招标文件内容作出实质性响应。

(2)项目监理机构的设置应合理，要突出监理人员素质，尤其是总监理工程师人选，将是建设单位重点考察的对象。

(3)应有类似建设工程监理经验。

(4)监理大纲能充分体现工程监理单位的技术、管理能力。

(5)监理服务报价应符合国家收费规定和招标文件对报价的要求，以及建设工程监理成本—利润测算。

(6)投标文件既要响应招标文件要求，又要巧妙回避建设单位的苛刻要求，同时还要避免为提高竞争力而盲目扩大监理工作范围，否则会给合同履行留下隐患。

(四)参加开标及答辩

1. 参加开标

参加开标是工程监理单位需要认真准备的投标活动，应按时参加开标，避免废标情况发生。

2. 答辩

工程监理单位要充分做好答辩前准备工作，强化工程监理人员答辩能力，提高答辩信心，积累相关经验，提升监理队伍的整体实力，包括仪表、自信心、表达力、知识储备等。平时要有计划地培训学习，逐步提高整体实战能力，并形成一整套可复制的模拟实战方案，这样才能实现专业技术与管理能力同步，做到精心准备与快速反应有机结合。

（五）投标后评估

投标后评估是对投标全过程的分析和总结，对一个成熟的工程监理企业，无论建设工程监理投标成功与否，投标后评估不可缺少。投标后评估要全面评价投标决策是否正确，影响因素和环境条件是否分析全面，重难点和合理化建议是否有针对性，总监理工程师及项目监理机构成员人数、资历及组织机构设置是否合理，投标报价预测是否准确，参加开标和总监理工程师答辩准备是否充分，投标过程组织是否到位等。投标过程中任何导致成功与失败的细节都不能放过，这些细节是工程监理单位在随后投标过程中需要注意的问题。

四、建设工程监理合同订立

（一）建设工程监理合同的概念及其特点

建设工程监理合同是指委托人（建设单位）与监理人（工程监理单位）就委托的建设工程监理与相关服务内容签订的明确双方义务和责任的协议。其中，委托人是指委托工程监理与相关服务的一方，以及其合法的继承人或受让人；监理人是提供监理与相关服务的一方，及其合法的继承人。

建设工程监理合同是一种委托合同，除具有委托合同的共同特点外，还应具有以下特点：

（1）建设工程监理合同委托人（建设单位）应是具有民事权力能力和民事行为能力、具有法人资格的企事业单位及其他社会组织，个人在法律允许的范围内也可以成为合同当事人。接受委托的监理人必须是依法成立、具有工程监理资质的企业，其所承担的工程监理业务应与企业资质等级和业务范围相符合。

（2）建设工程监理合同委托的工作内容必须符合法律法规、有关工程建设标准、工程设计文件、施工合同及物资采购合同。建设工程监理合同是以对建设工程项目目标实施控制并履行建设工程安全生产管理法定职责为主要内容，因此，建设工程监理合同必须符合法律法规和有关工程建设标准，并与工程设计文件、施工合同及材料设备采购合同相协调。

（3）建设工程监理合同的标的是服务。工程建设实施阶段所签订的勘察设计合同、施工合同、物资采购合同、委托加工合同的标的物是产生新的信息成果或物质成果，而监理合同的履行不产生生物质成果，而是由监理工程师凭借自己的知识、经验、技能受委托人委托为其所签订的施工合同、物资采购合同等的履行实施监督管理。

（二）《建设工程监理合同（示范文本）》（GF—2012—0202）的结构

建设工程监理合同的订立，意味着委托关系的形成，委托人与监理人之间的关系将受到合同约束。为了规范建设工程监理合同，住房和城乡建设部与国家工商行政总局于2012年3月发布了《建设工程监理合同（示范文本）》（GF—2012—0202），该合同示范文本由"协议书""通用条件""专用条件"、附录A和附录B组成。

1. 协议书

协议书不仅明确了委托人和监理人，而且明确了双方约定的委托建设工程监理与相关服务的工程概况(工程名称、工程地点、工程规模、工程概算投资额或建筑安装工程费)；总监理工程师(姓名、身份证号、注册号)；签约酬金(监理酬金、相关服务酬金)；服务期限(监理期限、相关服务期限)；双方对履行合同的承诺及合同订立的时间、地点、份数等。协议书还明确了建设工程监理合同的组成文件：

(1)协议书；

(2)中标通知书(适用于招标工程)或委托书(适用于非招标工程)；

(3)投标文件(适用于招标工程)或监理与相关服务建议书(适用于非招标工程)；

(4)专用条件；

(5)通用条件；

(6)附录，即：

1)附录A 相关服务的范围和内容；

2)附录B 委托人派遣的人员和提供的房屋、资料、设备。

建设工程监理合同签订后，双方依法签订的补充协议也是建设工程监理合同文件的组成部分。

协议书是一份标准的格式文件，经当事人双方在空格处填写具体规定的内容并签字盖章后，即发生法律效力。

2. 通用条件

通用条件涵盖了建设工程监理合同中所用的词语定义与解释，监理人的义务，委托人的义务，签约双方的违约责任，酬金支付，合同的生效、变更、暂停、解除与终止，争议解决及其他诸如外出考察费用、检测费用、咨询费用、奖励、守法诚信、保密、通知、著作权等方面的约定。通用文件适用于各类建设工程监理，各委托人、监理人都应遵守通用条件中的规定。

3. 专用条件

由于通用条件适用于各行业、各专业建设工程监理，因此，其中的某些条款规定得比较笼统，需要在签订具体建设工程监理合同时，结合地域特点、专业特点和委托监理的工程特点，对通用条件中的某些条款进行补充、修改。

所谓"补充"，是指通用条件中的条款明确规定，在该条款确定的原则下，专用条件中的条款需进一步明确具体内容，使通用条件、专用条件中相同序号的条款共同组成一条内容完备的条款。如通用条件2.2.1规定，监理依据包括：

(1)适用的法律、行政法规及部门规章；

(2)与工程有关的标准；

(3)工程设计及有关文件；

(4)本合同及委托人与第三方签订的与实施工程有关的其他合同。

双方根据建设工程的行业和地域特点，在专用条件中具体约定监理依据。就具体建设工程监理而言，委托人与监理人就需要根据工程的行业和地域特点，在专用条件中相同序号(2.2.1)条款中明确具体的监理依据。

所谓"修改"，是指通用条件中规定的程序方面的内容，如果双方认为不合适，可以协议修改。

例如合同文件解释顺序。通用条件1.2.2款规定，组成"本合同的下列文件彼此应能相互解释、互为说明。除专用条件另有约定外，本合同文件的解释顺序如下：

1)协议书；

2)中标通知书(适用于招标工程)或委托书(适用于非招标工程)；

3)专用条件及附录A、附录B；

4)通用条件；

5)投标文件(适用于招标工程)或监理与相关服务建议书(适用于非招标工程)。

双方签订的补充协议与其他文件发生矛盾或歧义时，属于同一类内容的文件，应以最新签署的为准。"

在必要时，合同双方可在专用条件1.2.2款明确约定建设工程监理合同文件的解释顺序。

4. 附录

附录包括两部分，即附录A和附录B。

(1)附录A。如果委托人委托监理人完成相关服务时，应在附录A中明确约定委托的工作内容和范围。委托人根据工程建设管理需要，可以自主委托全部内容，也可以委托某个阶段的工作或部分服务内容。如果委托人仅委托建设工程监理，则不需要填写附录A。

(2)附录B。委托人为监理人开展正常监理工作派遣的人员和无偿提供的房屋、资料、设备，应在附录B中明确约定派遣或提供的对象、数量和时间。

五、建设工程监理合同履行

(一)监理人的义务

1. 监理的范围和工作内容

(1)监理的范围。建设工程监理范围可能是整个建设工程，也可能是建设工程中一个或若干施工标段，还可能是一个或若干施工标段中的部分工程(如土建工程、机电设备安装工程、玻璃幕墙工程、桩基工程等)。合同双方需要在专用条件中明确建设工程监理的具体范围。

(2)监理的工作内容。对于强制实施监理的建设工程，通用条件2.1.2款约定了22项属于监理人需要完成的基本工作，也是确保建设工程监理取得成效的重要基础。

监理人需要完成的基本工作如下：

1)收到工程设计文件后编制监理规划，并在第一次工地会议7天前报委托人。根据有关规定和监理工作需要，编制监理实施细则；

2)熟悉工程设计文件，并参加由委托人主持的图纸会审和设计交底会议；

3)参加由委托人主持的第一次工地会议；主持监理例会并根据工作需要主持或参加专题会议；

4)审查施工承包人提交的施工组织设计，重点审查其中的质量安全技术措施、专项施工方案与工程建设强制性标准的符合性；

5)检查施工承包人工程质量、安全生产管理制度及组织机构和人员资格；

6)检查施工承包人专职安全生产管理人员的配备情况；

7）审查施工承包人提交的施工进度计划，检查施工承包人对施工进度计划的调整；

8）检查施工承包人的试验室；

9）审核施工分包人资质条件；

10）查验施工承包人的施工测量放线成果；

11）审查工程开工条件，对条件具备的签发开工令；

12）审查施工承包人报送的工程材料、构配件、设备的质量证明资料，抽检进场的工程材料、构配件的质量；

13）审核施工承包人提交的工程款支付申请，签发或出具工程款支付证书，并报委托人审核、批准；

14）在巡视、旁站和检验过程中，发现工程质量、施工安全存在事故隐患的，要求施工承包人整改并报委托人；

15）经委托人同意，签发工程暂停令和复工令；

16）审查施工承包人提交的采用新材料、新工艺、新技术、新设备的论证材料及相关验收标准；

17）验收隐蔽工程、分部分项工程；

18）审查施工承包人提交的工程变更申请，协调处理施工进度调整、费用索赔、合同争议等事项；

19）审查施工承包人提交的竣工验收申请，编写工程质量评估报告；

20）参加工程竣工验收，签署竣工验收意见；

21）审查施工承包人提交的竣工结算申请并报委托人；

22）编制、整理建设工程监理归档文件并报委托人。

（3）相关服务的范围和内容。委托人需要监理人提供相关服务（如勘察阶段、设计阶段、保修阶段服务及其他技术咨询、外部协调工作等）的，其范围和内容应在附录A中约定。

2. 项目监理机构和人员

（1）项目监理机构。监理人应组建满足工作需要的项目监理机构，配备必要的检测设备。项目监理机构的主要人员应具有相应的资格条件。

（2）项目监理机构人员的更换：

1）在建设工程监理合同履行过程中，总监理工程师及重要岗位监理人员应保持相对稳定，以保证监理工作正常进行。

2）监理人可根据工程进展和工作需要调整项目监理机构人员。需要更换总监理工程师时，应提前7天向委托人书面报告，经委托人同意后方可更换；监理人更换项目监理机构其他监理人员，应以不低于现有资格与能力为原则，并应将更换情况通知委托人。

3）监理人应及时更换有下列情形之一的监理人员：

①严重过失行为的；

②有违法行为不能履行职责的；

③涉嫌犯罪的；

④不能胜任岗位职责的；

⑤严重违反职业道德的；

⑥专用条件约定的其他情形。

4）委托人可要求监理人更换不能胜任本职工作的项目监理机构人员。

3. 履行职责

监理人应遵循职业道德准则和行为规范，严格按照法律法规、工程建设有关标准及监理合同履行职责。

(1)委托人、施工承包人及有关各方意见和要求的处置。在建设工程监理与相关服务范围内，项目监理机构应及时处置委托人、施工承包人及有关各方的意见和要求。当委托人与施工承包人及其他合同当事人发生合同争议时，项目监理机构应充分发挥协调作用，与委托人、施工承包人及其他合同当事人协商解决。

(2)证明材料的提供。委托人与施工承包人及其他合同当事人发生合同争议的，首先应通过协商、调解等方式解决。如果协商、调解不成而通过仲裁或诉讼途径解决的，监理人应按仲裁机构或法院要求提供必要的证明材料。

(3)合同变更的处理。监理人应在专用条件约定的授权范围(工程延期的授权范围、合同价款变更的授权范围)内，处理委托人与承包人所签订合同的变更事宜。如果变更超过授权范围，应以书面形式报委托人批准。

在紧急情况下，为了保护财产和人身安全，项目监理机构可不经请示委托人而直接发布指令，但应在发出指令后的 24 h 内以书面形式报委托人。这样，项目监理机构就拥有了一定的现场处置权。

(4)承包人人员的调换。施工承包人及其他合同当事人的人员不称职，会影响建设工程的顺利实施。为此，项目监理机构有权要求施工承包人及其他合同当事人调换其不能胜任本职工作的人员。

与此同时，为限制项目监理机构在此方面有过大的权力，委托人与监理人可在专用条件中约定项目监理机构指令施工承包人及其他合同当事人调换其人员的限制条件。

4. 其他义务

(1)提交报告。项目监理机构应按专用条件约定的种类、时间和份数向委托人提交监理与相关服务的报告。

(2)文件资料。在监理合同履行期内，项目监理机构应在现场保留工作所用的图纸、报告及记录监理工作的相关文件。工程竣工后，应当按照档案管理规定将监理有关文件归档。建设工程监理工作中所用的图纸、报告是建设工程监理工作的重要依据，记录建设工程监理工作的相关文件是建设工程监理工作的重要证据，也是衡量建设工程监理效果的主要依据之一。发生工程质量、生产安全事故时，也是判别建设工程监理责任的重要依据。

(3)使用委托人的财产。在建设工程监理与相关服务过程中，委托人派遣的人员以及提供给项目监理机构无偿使用的房屋、资料、设备应在附录 B 中予以明确。监理人应妥善使用和保管，并在合同终止时将这些房屋、设备按专用条件约定的时间和方式移交委托人。

(二)委托人的义务

1. 告知

委托人应在其与施工承包人及其他合同当事人签订的合同中明确监理人、总监理工程师和授予项目监理机构的权限。如果监理人、总监理工程师以及委托人授予项目监理机构的权限有变更，委托人也应以书面形式及时通知施工承包人及其他合同当事人。

2. 提供资料

委托人应按照附录 B 约定，无偿、及时向监理人提供工程有关资料。在建设工程监理合同履行过程中，委托人应及时向监理人提供最新的与工程有关的资料。

3. 提供工作条件

委托人应为监理人实施监理与相关服务提供必要的工作条件。

(1)派遣人员并提供房屋、设备。委托人应按照附录B约定，派遣相应的人员，如果所派遣的人员不能胜任所安排的工作，监理人可要求委托人调换。委托人还应按照附录B约定，提供房屋、设备，供监理人无偿使用。如果在使用过程中所发生的水、电、煤、油及通信费用等需要监理人支付的，应在专用条件中约定。

(2)协调外部关系。委托人应负责协调工程建设中所有外部关系，为监理人履行合同提供必要的外部条件。这里的外部关系是指与工程有关的各级政府建设主管部门、建设工程安全质量监督机构，以及城市规划、卫生防疫、人防、技术监督、交警、乡镇街道等管理部门之间的关系，还有与工程有关的各相关单位等之间的关系。如果委托人将工程建设中所有或部分外部关系的协调工作委托监理人完成的，则应与监理人协商，并在专用条件中约定或签订补充协议，支付相关费用。

4. 授权委托人代表

委托人应授权一名熟悉工程情况的代表，负责与监理人联系。委托人应在双方签订合同后7天内，将其代表的姓名和职责书面告知监理人。当委托人更换其代表时，也应提前7天通知监理人。

5. 委托人意见或要求

在建设工程监理合同约定的监理与相关服务工作范围内，委托人对承包人的任何意见或要求应通知监理人，由监理人向承包人发出相应指令。

6. 答复

对于监理人以书面形式提交委托人并要求作出决定的事宜，委托人应在专用条件约定的时间内给予书面答复。逾期未答复的，视为委托人认可。

7. 支付

委托人应按合同(包括补充协议)约定的额度、时间和方式向监理人支付酬金。

(三)违约责任

1. 监理人的违约责任

监理人未履行监理合同义务的，应承担相应的责任。

(1)违反合同约定造成的损失赔偿。因监理人违反合同约定给委托人造成损失的，监理人应当赔偿委托人损失。赔偿金额的确定方法在专用条件中约定。监理人承担部分赔偿责任的，其承担赔偿金额由双方协商确定。

监理人的违约情况包括不履行合同义务的故意行为和未正确履行合同义务的过错行为。

监理人不履行合同义务的情形包括：

1)无正当理由单方解除合同；

2)无正当理由不履行合同约定的义务。

监理人未正确履行合同义务的情形包括：

1)未完成合同约定范围内的工作；

2)未按规范程序进行监理；

3)未按正确数据进行判断而向施工承包人或其他合同当事人发出错误指令；

4)未能及时发出相关指令，导致工程实施进程发生重大延误或混乱；

5)发出错误指令，导致工程受到损失等。

当合同协议书是根据《建设工程监理与相关服务收费管理规定》(发改价格〔2007〕670号)约定酬金的，则应按专用条件约定的百分比方法计算监理人应承担的赔偿金额：

赔偿金＝直接经济损失×正常工作酬金÷工程概算投资额(或建筑工程安装费)

(2)索赔不成立时的费用补偿。监理人向委托人的索赔不成立时，监理人应赔偿委托人由此发生的费用。

2. 委托人的违约责任

委托人未履行本合同义务的，应承担相应的责任。

(1)违反合同约定造成的损失赔偿。委托人违反合同约定造成监理人损失的，委托人应予以赔偿。

(2)索赔不成立时的费用补偿。委托人向监理人的索赔不成立时，应赔偿监理人由此引起的费用。这与监理人索赔不成立的规定对等。

逾期支付补偿。委托人未能按合同约定的时间支付相应酬金超过28天，应按专用条件约定支付逾期付款利息。

逾期付款利息应按专用条件约定的方法计算(拖延支付天数应从应支付日算起)即

逾期付款利息＝当期应付款总额×银行同期贷款利率×拖延支付天数

3. 除外责任

因非监理人的原因，且监理人无过错，发生工程质量事故、安全事故、工期延误等造成的损失，监理人不承担赔偿责任。

因不可抗力导致监理合同全部或部分不能履行时，双方各自承担其因此而造成的损失、损害。不可抗力是指合同双方当事人均不能预见、不能避免、不能克服的客观原因引起的事件，根据《合同法》第一百一十七条"因不可抗力不能履行合同的，根据不可抗力的影响，部分或者全部免除责任"的规定，按照公平、合理的原则，合同双方当事人应各自承担其因不可抗力而造成的损失、损害。

因不可抗力导致监理人现场的物质损失和人员伤害，由监理人自行负责。如果委托人投保的"建筑工程一切险"或"安装工程一切险"的被保险人中包括监理人，则监理人的物质损害也可从保险公司获得相应的赔偿。

监理人应自行投保现场监理人员的意外伤害保险。

(四)合同的生效、变更与终止

1. 建设工程监理合同生效

建设工程监理合同属于无生效条件的委托合同，因此，合同双方当事人依法订立后合同即生效。即委托人和监理人的法定代表人或其授权代理人在协议书上签字并盖单位章后合同生效。除非法律另有规定或者专用条件另有约定。

2. 建设工程监理合同变更

在建设工程监理合同履行期间，由于主观或客观条件的变化，当事人任何一方均可提出变更合同的要求，经过双方协商达成一致后可以变更合同。如委托人提出增加监理或相关服务工作的范围或内容；监理人提出委托工作范围内工程的改进或优化建议等。

(1)建设工程监理合同履行期限延长、工作内容增加。除不可抗力外，因非监理人原因导致监理人履行合同期限延长、内容增加时，监理人应将此情况与可能产生的影响及时通知委托人。增加的监理工作时间、工作内容应视为附加工作。附加工作酬金的确定方法在专用条件中约定。

附加工作分为延长监理或相关服务时间、增加服务工作内容两类。延长监理或相关服务时间的附加工作酬金，应按下式计算：

附加工作酬金＝合同期限延长时间（天）×正常工作酬金÷协议书约定的监理与相关服务期限（天）

增加服务工作内容的附加工作酬金，由合同双方当事人根据实际增加的工作内容协商确定。

(2)建设工程监理合同暂停履行、终止后的善后服务工作及恢复服务的准备工作。监理合同生效后，如果实际情况发生变化使得监理人不能完成全部或部分工作时，监理人应立即通知委托人。其善后工作以及恢复服务的准备工作应为附加工作，附加工作酬金的确定方法在专用条件中约定。监理人用于恢复服务的准备时间不应超过28天。

建设工程监理合同生效后，出现致使监理人不能完成全部或部分工作的情况可能包括：

1)因委托人原因致使监理人服务的工程被迫终止；

2)因委托人原因致使被监理合同终止；

3)因施工承包人或其他合同当事人原因致使被监理合同终止，实施工程需要更换施工承包人或其他合同当事人；

4)不可抗力原因致使被监理合同暂停履行或终止等。

在上述情况下，附加工作酬金按下式计算：

附加工作酬金＝善后工作及恢复服务的准备工作时间（天）×正常工作酬金÷协议书约定的监理与相关服务期限（天）

(3)相关法律法规、标准颁布或修订引起的变更。在监理合同履行期间，因法律法规、标准颁布或修订导致监理与相关服务的范围、时间发生变化时，应按合同变更对待，双方通过协商予以调整。增加的监理工作内容或延长的服务时间应视为附加工作。若致使委托范围内的工作相应减少或服务时间缩短，也应调整监理与相关服务的正常工作酬金。

(4)工程投资额或建筑安装工程费增加引起的变更。协议书中约定的监理与相关服务酬金是按照国家颁布的收费标准确定时，其计算基数是工程概算投资额或建筑安装工程费。因非监理人原因造成工程投资额或建筑安装工程费增加时，监理与相关服务酬金的计算基数便发生变化，因此，正常工作酬金应作相应调整。调整额按下式计算：

正常工作酬金增加额＝工程投资额或建筑安装工程费增加额×正常工作酬金÷工程概算投资额（或建筑安装工程费）

如果是按照《建设工程监理与相关服务收费管理规定》（发改价格〔2007〕670号）约定的合同酬金，增加监理范围调整正常工作酬金时，若涉及专业调整系数、工程复杂程度调整系数变化，则应按实际委托的服务范围重新计算正常监理工作酬金额。

(5)因工程规模、监理范围的变化导致监理人的正常工作量的减少。在监理合同履行期间，工程规模或监理范围的变化导致正常工作减少时，监理与相关服务的投入成本也相应减少，因此，也应对协议书中约定的正常工作酬金作出调整。减少正常工作酬金的基本原则：按减少工作量的比例从协议书约定的正常工作酬金中扣减相同比例的酬金。

如果是按照《建设工程监理与相关服务收费管理规定》（发改价格〔2007〕670号）约定的合

同酬金，减少监理范围后调整正常工作酬金时，如果涉及专业调整系数、工程复杂程度调整系数变化，则应按实际委托的服务范围重新计算正常监理工作酬金额。

3. 建设工程监理合同暂停履行与解除

除双方协商一致可以解除合同外，当一方无正当理由未履行合同约定的义务时，另一方可以根据合同约定暂停履行合同直至解除合同。

(1)解除合同或部分义务。在合同有效期内，由于双方无法预见和控制的原因导致合同全部或部分无法继续履行或继续履行已无意义，经双方协商一致，可以解除合同或监理人的部分义务。在解除之前，监理人应按诚信原则作出合理的安排，将解除合同导致的工程损失减至最小。

除不可抗力等原因依法可以免除责任外，因委托人原因致使正在实施的工程取消或暂停等，监理人有权获得因合同解除导致损失的补偿。补偿金额由双方协商确定。

解除合同的协议必须采取书面形式，协议未达成之前，监理合同仍然有效，双方当事人应继续履行合同约定的义务。

(2)暂停全部或部分工作。委托人因不可抗力影响、筹措建设资金遇到困难、与施工承包人解除合同、办理相关审批手续、征地拆迁遇到困难等导致工程施工全部或部分暂停时，应书面通知监理人暂停全部或部分工作。监理人应立即安排停止工作，并将开支减至最小。除不可抗力外，由此导致监理人遭受的损失应由委托人予以补偿。

暂停全部或部分监理或相关服务的时间超过182天，监理人可自主选择继续等待委托人恢复服务的通知，也可向委托人发出解除全部或部分义务的通知。若暂停服务仅涉及合同约定的部分工作内容，则视为委托人已将此部分约定的工作从委托任务中删除，监理人不需要再履行相应义务；如果暂停全部服务工作，按委托人违约对待，监理人可单方解除合同。监理人可发出解除合同的通知，合同自通知到达委托人时解除。委托人应将监理与相关服务的酬金支付至合同解除日。

委托人因违约行为给监理人造成损失的，应承担违约赔偿责任。

(3)监理人未履行合同义务。当监理人无正当理由未履行合同约定的义务时，委托人应通知监理人限期改正。委托人在发出通知后7天内没有收到监理人书面形式的合理解释，即监理人没有采取实质性改正违约行为的措施，则可进一步发出解除合同的通知，自通知到达监理人时合同解除。委托人应将监理与相关服务的酬金支付至限期改正通知到达监理人之日。

监理人因违约行为给委托人造成损失的，应承担违约赔偿责任。

(4)委托人延期支付。委托人按期支付酬金是其基本义务。监理人在专用条件约定的支付日的28天后未收到应支付的款项，可发出酬金催付通知。

委托人接到通知14天后仍未支付或未提出监理人可以接受的延期支付安排，监理人可向委托人发出暂停工作的通知并可自行暂停全部或部分工作。暂停工作后14天内监理人仍未获得委托人应付酬金或委托人的合理答复，监理人可向委托人发出解除合同的通知，自通知到达委托人时合同解除。

委托人应对支付酬金的违约行为承担违约赔偿责任。

(5)不可抗力造成合同暂停或解除。因不可抗力致使合同部分或全部不能履行时，一方应立即通知另一方，可暂停或解除合同。根据《合同法》，双方受到的损失、损害各负其责。

(6)合同解除后的结算、清理、争议解决。无论是协商解除合同，还是委托人或监理人单方解除合同，合同解除生效后，合同约定的有关结算、清理条款仍然有效。单方解除合同的解除通知到达对方时生效，任何一方对对方解除合同的行为有异议的，仍可按照约定的合同争议条款采用调解、仲裁或诉讼的程序保护自己的合法权益。

4. 监理合同终止

以下条件全部成就时，监理合同即告终止：

(1)监理人完成合同约定的全部工作；

(2)委托人与监理人结清并支付全部酬金。

工程竣工并移交并不满足监理合同终止的全部条件。上述条件全部成就时，监理合同有效期终止。

第三节　建设工程监理委托方式及实施程序和原则

在建设工程的不同组织管理模式下，可采用不同的建设工程监理委托方式。工程监理单位接受建设单位委托后，需要按照一定的程序和原则实施监理。

一、建设工程监理委托方式

建设工程监理委托方式的选择与建设工程组织管理模式密切相关。建设工程可采用平行承发包、施工总分包、工程总承包等组织管理模式，在不同建设工程组织管理模式下，可选择不同的建设工程监理委托方式。

(一)平行承发包模式下工程监理委托方式

平行承发包模式是指建设单位将建设工程设计、施工及材料设备采购任务经分解后分别发包给若干设计单位、施工单位和材料设备供应单位，并分别与各承包单位签订合同的组织管理模式。平行承发包模式中，各设计单位、各施工单位、各材料设备供应单位之间的关系是平行关系，如图 3-1 所示。

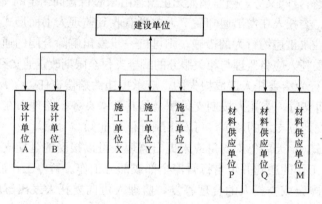

图 3-1　建设工程平等承发包模式

采用平行承发包模式，由于各承包单位在其承包范围内同时进行相关工作，有利于缩短工期、控制质量，也有利于建设单位在更广范围内选择施工单位。但该模式的缺点是：合同数量多，会造成合同管理困难；工程造价控制难度大，具体表现为：一是工程总价不易确定，影响工程造价控制的实施；二是工程招标任务量大，需控制多项合同价格，增加了工程造价控制难度；三是在施工过程中设计变更和修改较多，导致工程造价增加。

在建设工程平行承发包模式下，建设工程监理委托方式主要有以下两种形式。

1. 业主委托一家工程监理单位实施监理

这种委托方式要求被委托的工程监理单位应具有较强的合同管理和组织协调能力，并能做好全面规划工作。工程监理单位的项目监理机构可以组建多个监理分支机构对各施工单位分别实施监理。在建设工程监理过程中，总监理工程师应重点做好总体协调工作，加强横向联系，保证建设工程监理工作的有效运行。该委托方式如图 3-2 所示。

2. 建设单位委托多家工程监理单位实施监理

建设单位委托多家工程监理单位针对不同施工单位实施监理，需要分别与多家工程监理单位签订工程监理合同，这样，各工程监理单位之间的相互协作与配合需要建设单位协调。采用这种委托方式，工程监理单位的监理对象相对单一，便于管理，但建设工程监理工作被肢解，各家工程监理单位各负其责，缺少一个对建设工程进行总体规划与协调控制的工程监理单位。该委托方式如图 3-3 所示。

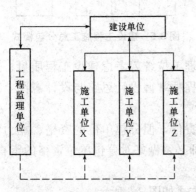 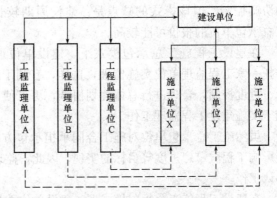

图 3-2　平行承发包模式下委托
一家工程监理单位的组织方式

图 3-3　平行承发包模式下委托
多家工程监理单位的组织方式

为了克服上述不足，在某些大、中型建设工程监理实践中，建设单位可以先委托一个"总监理工程师单位"，总体负责建设工程总规划和协调控制，再由建设单位与"总监理工程师单位"共同选择几家工程监理单位分别承担不同施工合同段监理任务。在建设工程监理工作中，由"总监理工程师单位"负责协调、管理各工程监理单位工作，从而可大大减轻建设单位的管理压力。该委托方式如图 3-4 所示。

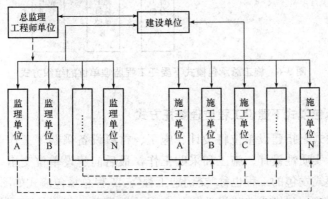

图 3-4　平行承发包模式下委托"总监理工程师单位"的组织方式

(二)施工总承包模式下建设工程监理委托方式

施工总承包模式是指建设单位将全部施工任务发包给一家施工单位作为总承包单位，总承包单位可以将其部分任务分包给其他施工单位，形成一个施工总包合同及若干个分包合同的组织管理模式，如图 3-5 所示。

采用建设工程施工总承包模式，有利于建设工程的组织管理。由于施工合同数量比平行承发包模式少，有利于建设单位的合同管理，减少协调工作量，可发挥工程监理单位与施工总承包单位多层次协调的积极性；总包合同价可较早确定，有利于控制工程造价；由于既有施工分包单位的自控，又有施工总承包单位的监督，还有工程监理单位的检查认可，有利于工程质量控制；施工总承包单位具有控制的积极性，施工分包单位之间也有相互制约的作用，有利于总体进度的协调控制。但该模式的缺点是：建设周期较长；施工总承包单位的报价可能较高。

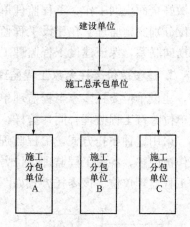

图 3-5　建设工程施工总分包模式

在建设工程施工总承包模式下，建设单位通常应委托一家工程监理单位实施监理，这样，有利于工程监理单位统筹考虑建设工程质量、造价、进度控制，合理进行总体规划协调，更可使监理工程师掌握设计思路与设计意图，有利于实施建设工程监理工作。

虽然施工总承包单位对施工合同承担承包方的最终责任，但分包单位的资格、能力直接影响工程质量、进度等目标的实现，因此，监理工程师必须做好对分包单位资格的审查、确认工作。

在建设工程施工总承包模式下，建设单位委托监理方式如图 3-6 所示。

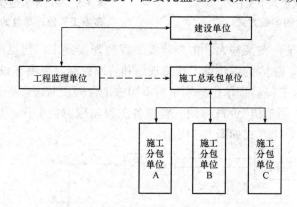

图 3-6　施工总承包模式下委托工程监理单位的组织方式

(三)工程总承包模式下建设工程监理委托方式

工程总承包模式是指建设单位将设计、施工、材料设备采购等工作全部发包给一家承包单位，由其进行实质性设计、施工和采购工作，最后向建设单位交出一个达到动用条件的工程。按这种模式发包的工程也称"交钥匙工程"。工程总承包模式如图 3-7 所示。

采用建设工程总承包模式，建设单位的合同关系简单，组织协调工作量小。由于工程

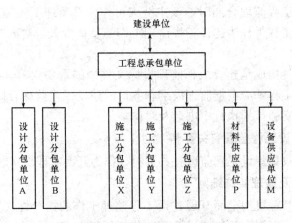

图 3-7　工程总承包模式

设计与施工由一个承包单位统筹安排，一般能做到工程设计与施工的相互搭接，有利于控制工程进度，可缩短建设周期。通过统筹考虑工程设计与施工，可以从价值工程或全寿命期费用角度取得明显的经济效果，有利于工程造价控制。但这种模式的缺点是：合同条款不易准确确定，容易造成合同争议。合同数量虽少，但合同管理难度一般较大，造成招标发包工作难度大；由于承包范围大，介入工程项目时间早，工程信息未知数多，总承包单位要承担较大风险；由于有工程总承包能力的单位数量相对较少，建设单位择优选择工程总承包单位的范围小；工程质量标准和功能要求不易做到全面、具体、准确，"他人控制"机制薄弱，使工程质量控制难度加大。

在工程总承包模式下，建设单位一般应委托一家工程监理单位实施监理。在该委托方式下，监理工程师需具备较全面的知识，做好合同管理工作。该委托方式如图 3-8 所示。

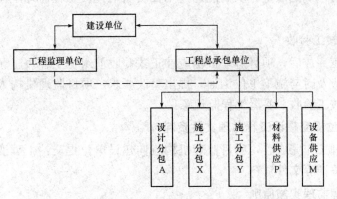

图 3-8　工程总承包模式下委托工程监理单位的组织方式

二、建设工程监理实施程序和原则

(一)建设工程监理实施程序

1. 组建项目监理机构

工程监理单位在参与建设工程投标、承接建设工程监理任务时，应根据建设工程规模、性质、建设单位对建设工程监理的要求，选派称职的人员主持该项工作。在建设工程监理任务确定并签订建设工程监理合同时，该主持人可作为总监理工程师在建设工程监理合同中予以明确。总监理工程师作为建设工程监理工作的总负责人，对内向工程监理单位负责，对外向建设单位负责。

项目监理机构人员构成是建设工程监理投标文件中的重要内容，是建设单位在评标过程中认可的。总监理工程师应根据监理大纲和签订的建设工程监理合同组建项目监理机构，并在监理规划和具体实施计划执行中进行及时调整。

2. 进一步收集建设工程监理有关资料

项目监理机构应收集建设工程监理有关资料，作为开展监理工作的依据。

3. 编制监理规划及监理实施细则

监理规划是项目监理机构全面开展建设工程监理工作的指导性文件。监理实施细则是在监理规划的基础上，根据有关规定，监理工作需要针对某一专业或某一方面建设工程监理工作而编制的操作性文件。

4. 规范化地开展监理工作

项目监理机构应按照建设工程监理合同约定，依据监理规划及监理实施细则规范化地开展建设工程监理工作。建设工程监理工作的规范化体现在以下几个方面：

(1)工作的时序性。工作的时序性是指建设工程监理各项工作都应按一定的逻辑顺序展开，使建设工程监理工作能有效地达到目的而不致造成工作状态的无序和混乱。

(2)职责分工的严密性。建设工程监理工作是由不同专业、不同层次的专家群体共同来完成的，他们之间严密的职责分工是协调进行建设工程监理工作的前提和实现建设工程监理目标的重要保证。

(3)工作目标的确定性。在职责分工的基础上，每一项监理工作的具体目标都应确定，完成的时间也应有明确的限定，从而能通过书面资料对建设工程监理工作及其效果进行检查和考核。

5. 参与工程竣工验收

建设工程施工完成后，项目监理机构应在正式验收前组织工程竣工预验收。在预验收中发现的问题，应及时与施工单位沟通，提出整改要求。项目监理机构人员应参加由建设单位组织的工程竣工验收，签署工程监理意见。

6. 向建设单位提交建设工程监理文件资料

建设工程监理工作完成后，项目监理机构应向建设单位提交：工程变更资料、监理指令性文件、各类签证等文件资料。

(二)建设工程监理实施原则

建设工程监理单位受建设单位委托实施建设工程监理时，应遵循以下基本原则。

1. 公平、独立、诚信、科学的原则

监理工程师在建设工程监理中必须尊重科学、尊重事实、组织各方协调配合，既要维护建设单位合法权益，也不能损害其他有关单位的合法权益。为使这一职能顺利实施，必须坚持公平、独立、诚信、科学的原则。建设单位和施工单位虽然都是独立运行的经济主体，但他们追求的经济目标有差异，各自的行为也有差别，监理工程师应在合同约定的权、责、利关系的基础上，协调双方的一致性。独立是公平地开展监理活动的前提，诚信、科学是监理工作质量的根本保证。

2. 权责一致的原则

工程监理单位实施监理时受建设单位委托授权并根据有关建设工程监理法律法规而进行的。这种权利的授予，除体现在建设单位与工程监理单位签订的建设工程监理合同之中外，还应体现在建设单位与施工单位签订的建设工程施工合同中。工程监理单位履行监理职责、承担监理责任，需要建设单位授予相应的权力。同样，由于总监理工程师是工程监理单位履行建设工程监理合同的全权代表，由总监理工程师代表工程监理单位履行建设工程监理职责、承担建设工程监理责任，因此，工程监理单位应给予总监理工程师充分授权，体现权责一致的原则。

3. 总监理工程师负责制的原则

总监理工程师负责制是指由总监理工程师全面负责建设工程监理实施工作。其内涵包括以下几项：

（1）总监理工程师是建设工程监理的责任主体。总监理工程师是实现建设工程监理目标的最高责任者，应是向建设单位和工程监理单位所负责任的承担着。责任是总监理工程师负责制的核心，它构成了对总监理工程师的工作压力和动力，也是确定总监理工程师权力和利益的要求。

（2）总监理工程师是建设工程监理的权力主体。根据总监理工程师承担责任的要求，总监理工程师负责制体现了总监理工程师全面领导工程项目监理工作。其包括组建项目监理机构，组织编制监理规划，组织实施监理活动，对监理工作进行总结、监督、评价等。

（3）总监理工程师是建设工程监理的利益主体。总监理工程师对社会公众利益负责，对建设单位投资效益负责，同时，也对所监理项目的监理效益负责，并负责项目监理机构所有监理人员利益的分配。

4. 严格监理，热情服务的原则

严格监理就是要求监理人员严格按照法规、政策、标准和合同控制工程项目目标，严格把关，依照规定的程序和制度，认真履行监理职责，建立良好的工作作风。

监理工程师还应为建设单位提供热情服务，"运用合理的技能，谨慎而勤奋地工作"。监理工程师应按照建设工程监理合同的要求，多方位、多层次地为建设单位提供良好服务，维护建设单位的正当权益。但不顾施工单位的正当经济利益，一味向施工单位转嫁风险，也非明智之举。

5. 综合效益的原则

建设工程监理活动既要考虑建设单位的经济利益，也必须考虑与社会效益和环境效益的有机统一。建设工程监理活动虽经建设单位的委托和授权才得以进行，但监理工程师应首先严格遵守工程建设管理有关法律、法规及标准，既要对建设单位负责，谋求最大的经济效益，又要对国家和社会负责，取得最佳的综合效益。只有在符合宏观经济效益、社会效益和环境效益的条件下，业主投资项目的微观经济效益才能得以实现。

6. 实事求是的原则

在监理工作中，监理工程师应尊重事实。监理工程师的任何指令、判断应以事实为依据，有证明、检验、试验资料等。

背景：

王某是 HS 监理公司的人力资源部主管，负责公司资质维护管理和人员的配置管理工作。HS 监理公司注册资本 500 万元，具有房屋建筑工程甲级、水利水电工程甲级、市政公用工程甲级、电力工程乙级、公路工程丙级和机电安装工程乙级资质，公司业绩成长较好，监理的项目没有出现过安全事故和质量事故，公司决定两年内把企业资质申请升级为综合资质，把任务交给王某负责，于是王某做了以下准备工作。

(1)组织公司内部的电力工程专业、公路工程专业的员工培训，参加国家监理工程师资格考试。

(2)向市场打出招聘广告，招聘具有注册监理工程师资格的人员加盟 HS 公司。

(3)申请将公司的注册资本扩资到 800 万元。

(4)对公司原有注册监理工程师进行继续教育，延续注册。

(5)向公司所在地的建设行政主管部门提出综合资质的申请。

问题：

1. 申请监理企业综合级资质需要什么条件？

2. 王某的工作有什么不够充分或不妥的地方？

案例解析：

1. 申请监理企业综合级资质需要的条件：

(1)具有独立法人资格且注册资本不少于 600 万元。

(2)企业技术负责人应为注册监理工程师，并具有 15 年以上从事工程建设工作的经历或者具有工程类高级职称。

(3)具有 5 个以上工程类别的专业甲级工程监理资质。

(4)注册监理工程师不少于 60 人，注册造价工程师不少于 5 人，一级注册建造师、一级注册建筑师、一级注册结构工程师或者其他勘察设计注册工程师合计不少于 15 人次。

(5)企业具有完善的组织结构和质量管理体系，有健全的技术、档案管理制度。

(6)企业具有必要的工程试验检测设备。

(7)申请工程监理资质之日前一年内没有规定禁止的行为。

(8)申请工程监理资质之日前一年内没有因本企业监理责任造成重大质量事故。

(9)申请工程监理资质之日前一年内没有因本企业监理责任发生生产安全事故。

2. 王某的工作有以下不够充分或不妥的地方：

(1)王某组织培训的员工以主要的 5 个申请甲级资质的专业人员为主，在本例中，由于公路工程的资质为丙级，升级为甲级没有机电安装工程专业条件好。

(2)升为综合甲级的人员条件中，除了监理工程师外，还需要注册造价工程师、注册建造师、一级注册建筑师、一级注册结构师或其他勘察设计注册工程师，所以，招聘的人员要全面。

(3)申请将公司的注册资本扩资到 800 万元没有必要，注册资本不少于 600 万元即可。

(4)申请综合资质应该向企业工商注册所在地的省、自治区、直辖市人民政府建设主管部门提出。

一、单项选择题

1. 根据《建设工程监理与相关服务收费管理规定》，仅将质量控制和安全生产监督管理服务委托给监理人的，其收费不宜低于施工监理服务收费额的(　　)。
   A. 80% 　　　B. 70% 　　　C. 60% 　　　D. 50%

2. 根据《建设工程监理与相关服务收费标准》的规定，若发包人委托两个以上监理人承担施工监理服务且委托其中一个监理人对施工监理服务总负责的，被委托总负责的监理人按(　　)向建设单位收取总体协调费。
   A. 各监理人合计监理服务收费额的 4%～6%
   B. 项目总投资额的 4%～6%
   C. 各监理人合计监理服务收费额的 3%～5%
   D. 项目总投资额的 3%～5%

3. 具有专业甲级资质的工程监理企业，其企业负责人必须具有(　　)年以上从事建设工作的经历或具有高级职称。
   A. 8 　　　B. 10 　　　C. 12 　　　D. 15

4. 根据《工程监理企业资质管理规定》的规定，综合资质工程监理企业须具有(　　)个以上工程类别的专业甲级工程监理资质。
   A. 6 　　　B. 5 　　　C. 4 　　　D. 3

5. 关于工程监理企业资质相应许可的业务范围，下列说法错误的是(　　)。
   A. 综合资质企业可以承担所有专业工程类别的建设工程监理业务
   B. 专业甲级资质企业可以承担相应专业工程类别的所有工程监理业务
   C. 专业乙级资质企业可以承担二级以下(含二级)建设工程监理业务
   D. 专业丙级及事务所资质可承担所有三级建设工程项目的监理业务

6. 在监理人员在掌握大量、确凿的有关监理对象及其外部环境实际情况的基础上，适时、妥帖、高效地处理有关问题，体现了工程监理企业(　　)的经营活动准则。
   A. 守法 　　　B. 诚信 　　　C. 公平 　　　D. 科学

7. 关于建设工程监理招标方式，下列说法错误的是(　　)。
   A. 公开招标能够充分体现招标信息公开性、有助于实现公平竞争
   B. 准备招标、资格预审和评标的工作量大，招标费用较高
   C. 邀请招标属于有限竞争性招标，也称为选择性招标
   D. 相对公开招标来说采用邀请招标，招标时间更长

8. 建设单位在选择工程监理单位的招投标过程中，最重要的原则是(　　)。
   A. 基于能力的选择
   B. 应将服务报价作为最主要考虑因素
   C. 尽量选择资质等级高的监理企业
   D. 优先考虑总监理工程师的实际经验

9. 关于监理招标评标的方法，下列说法错误的是(　　)。

A. 建设工程监理综合评标法可分为定性综合评估法和定量综合评估法两种

B. 相对来说，定量综合评估法受评标专家人为因素影响较大

C. 定量综合评估减少了评标过程中的相互干扰，增强了评标的科学性和公正性

D. 实行定量综合评标法时评标因素指标的设置和评分标准分值应能充分评价工程监理单位的整体素质和综合实力

10. 关于建设工程监理单位投标决策的原则，下列说法错误的是( )。

A. 应根据工程监理单位自身实力、经验和外部资源等因素来确定是否参与竞标

B. 充分考虑国家政策、建设单位信誉、招标条件、资金落实情况等，保证中标后工程项目能顺利实施

C. 工程监理单位与其将其人力资源尽可能的分散到多个工程投标中，避免集中参与一个较大建设工程监理投标

D. 对于竞争激烈、风险特别大或把握不大的工程项目，应主动放弃投标

11. 关于建设工程监理单位投标文件编制，下列说法错误的是( )。

A. 建设工程监理投标文件的核心是反映监理服务水平高低的监理大纲

B. 建设工程监理大纲反映了监理单位的综合实力和完成监理任务的能力

C. 建设工程监理实施方案是监理评标的重点

D. 建设工程监理难点、重点及合理化建议是整个投标文件的精髓

12. 关于建设工程监理合同，下列说法错误的是( )。

A. 建设工程监理合同是一种委托合同

B. 建设工程监理合同委托的工作内容必须符合法律法规的相关规定

C. 建设工程监理合同的标的是服务

D. 建设工程监理合同必须是具有法人资格的企事业单位及其他社会组织

13. 对择优选择承建单位最有利的工程承发包模式是( )。

A. 平行承发包   B. 设计和施工总分包

C. 项目总承包   D. 设计和施工联合体承包

14. 对业主合同管理而言，项目总承包管理模式的特点是( )。

A. 合同关系简单，故合同管理难度较小

B. 合同关系简单，但合同管理难度较大

C. 合同关系复杂，故合同管理难度较大

D. 合同关系复杂，但合同管理难度较小

二、多项选择题

1. 关于建设工程组织管理平行承发包模式的说法，下列选项正确的有( )。

A. 有利于缩短工期、控制质量

B. 合同数量多，合同管理困难；工程造价控制难度大

C. 有利于建设单位在更广范围内选择施工单位

D. 工程造价控制难度较小

E. 施工单位的报价可能较高

2. 下列工程监理企业资质标准中，属于专业乙级资质标准的有( )。

A. 具有独立法人资格且注册资本不少于300万元

B. 企业技术负责人为注册监理工程师并具有10年以上工程建设工作经验

C. 注册造价工程师不少于2人

D. 有必要的工程试验检测设备

E. 2年内独立建立过3个以上相应专业三级工程项目

3. 在建设工程监理评标办法中，评标要素包括（ ）。

 A. 工程监理单位的基本素质   B. 工程监理人员配备

 C. 建设工程监理大纲   D. 建设工程监理费用报价

 E. 总监理工程师的从业经历和年限

4. 关于监理招标程序相关内容，下列说法正确的是（ ）。

 A. 建设单位根据自身能力可自行组织监理招标，也可以应委托招标代理机构组织
  招标

 B. 建设单位采用公开招标方式的，应当发布招标公告

 C. 建设工程监理资格审查多采用资格预审的方式进行

 D. 投标人可以在开标后对投标文件进行补充和修改，补充、修改的内容为投标文件
  的组成部分

 E. 投标人对招标文件内容有异议，可在规定时间内要求招标人澄清、说明或纠正

5. 下列各项工作内容中，属于监理单位工作内容的包括（ ）。

 A. 检查施工承包人工程质量、安全生产管理制度及组织机构和人员资格

 B. 配备专职的安全生产管理人员，检查建设工程的安全生产工作

 C. 查验施工承包人的施工测量放线成果

 D. 审核施工分包人资质条件

 E. 确定具有相应资质的施工承包单位

6. 关于建设工程组织管理基本模式的说法，下列选项正确的有（ ）。

 A. 平行承发包模式的优点是有利于投资控制

 B. 项目总承包模式的缺点是不利于投资控制

 C. 项目总承包模式的优点是监理单位的组织协调工作量小

 D. 项目总承包管理模式的优点是有利于进度控制

 E. 平行承发包模式的缺点是不利于业主选择承建单位

三、简答题

1. 工程监理企业有哪些资质等级？各等级资质标准的规定是什么？

2. 工程监理企业资质相应许可的业务范围包括哪些内容？

3. 工程监理企业经营活动准则是什么？

4. 建设工程监理招标有哪些方式？各有何特点？

5. 建设工程监理投标决策应遵循哪些基本原则？

6. 建设工程监理委托方式有哪些？

7. 建设工程监理实施程序是什么？

8. 实施建设工程监理的基本原则有哪些？

第四章　建设工程监理组织与监理设施

第一节　注册监理工程师

注册监理工程师是指经参加全国统一考试取得中华人民共和国监理工程师执业资格证书，并经注册，取得中华人民共和国注册监理工程师注册执业证书和执业印章，从事工程监理及相关业务活动的专业人员。

我国的监理工程师执业特点主要表现在以下几个方面。

1. 执业范围广泛

建设工程监理，就其监理的建设工程来看，包括土木工程、建筑工程、线路管道与设备安装工程和装修工程等类别，而各类工程所包含的专业累计多达 200 余项，就其服务过程来看，可以包括工程项目前期决策、勘察设计、招标投标、施工、项目运行等各阶段。

2. 执业内容复杂

监理工程师执业内容的基础是合同管理，主要工作内容是建设工程目标控制和协调管理，执业方式包括监督管理和咨询服务。监理工程师在执业过程中，还要受到环境、气候、市场等多重因素的干扰。

3. 执业技能全面

工程监理业务是高智能的工程技术和管理服务，涉及多学科、多专业，监理方法需要运用技术、经济、法律、管理等多方面的知识。监理工程师应具有复合型的知识结构，不仅要有专业技术知识，还要熟悉设计管理和施工管理，要有组织协调能力，能够综合运用各种知识解决工程建设中的各种问题。

4. 执业责任重大

监理工程师在执业过程中担负着重要的经济和管理等方面涉及生命、财产安全的法律责任。监理工程师所承担的责任主要包括两个方面：一是国家法律法规赋予的责任。我国的法律法规对监理工程师从业有明确具体的要求，不仅赋予监理工程师一定的权力，同时，也赋予监理工程师相应的责任，如《建设工程质量管理条例》所赋予的质量管理责任、《建设工程安全生产管理条例》所赋予的安全生产管理责任等；二是委托监理合同约定的监理人义务，体现为监理工程师的合同民事责任。

建设工程监理的实践表明，没有专业技能的人不能从事监理工作；有一定的专业技能，从事多年工程建设工作，如果没有学习过工程监理知识，也难以开展监理工作。

一、监理工程师资格考试

1. 监理工程师资格制度的建立和发展

注册监理工程师是实施工程监理制的核心和基础。1990 年，原建设部和人事部按照有利于国家经济发展、得到社会公认、具有国际可比性、事关社会公共利益四项原则，率先在工程建设领域建立了监理工程师执业资格制度，以考核形式确认了监理工程师执业资格100名。随后，又相继认定了两批监理工程师执业资格，前后共认定了1 059名监理工程师。实行监理工程师执业资格制度的意义在于：一是与工程监理制度紧密衔接；二是统一监理工程师执业能力标准；三是强化工程监理人员执业责任；四是促进工程监理人员努力钻研业务知识，提高业务水平；五是合理建立工程监理人才库，优化调整市场资源结构；六是便于开拓国际工程监理市场。1992年6月，原建设部发布《监理工程师资格考试和注册试行办法》（建设部第18号令），明确了监理工程师考试、注册的实施方式和管理程序，我国从此开始实施监理工程师执业资格考试。

1993年，原建设部、人事部印发《关于〈监理工程师资格考试和注册试行办法〉实施意见的通知》（建监〔1993〕415号），提出加强对监理工程师资格考试和注册工作的统一领导与管理，并提出了实施意见。1994年，原建设部与人事部在北京、天津、上海、山东、广东五省市组织了监理工程师执业资格试点考试。1996年8月，原建设部、人事部发布《建设部、人事部关于全国监理工程师执业资格考试工作的通知》（建监〔1996〕462号），从1997年开始，监理工程师执业资格考试实行全国统一管理、统一考纲、统一命题、统一时间、统一标准的办法，考试工作由原建设部、人事部共同负责。监理工程师执业资格考试合格者，由各省、自治区、直辖市人事（职改）部门颁发人事部统一印制的人事部与原建设部共同用印制的《中华人民共和国监理工程师执业资格证书》，该证书在全国范围内有效。截至2015年年底，取得监理工程师资格证书的人员已达23万余人。

2. 监理工程师资格考试科目及报考条件

（1）监理工程师资格考试科目。监理工程师执业资格考试原则上每年举行一次，考试时间一般安排在5月下旬，考点在省会城市设立，考试设置4个科目，即"建设工程监理基本理论与相关法规""建设工程合同管理""建设工程质量、投资、进度控制"和"建设工程监理案例分析"。其中，"建设工程监理案例分析"为主观题，在试卷上作答；其余3科均为客观题，在答题卡上作答。考试以两年为一个周期，参加全部科目考试的人员须在连续两个考试年度内通过全部科目的考试。免试部分科目的人员须在一个考试年度内通过应试科目。

（2）监理工程师执业资格报考条件。凡中华人民共和国公民，具有工程技术或工程经济专业大专（含）以上学历，遵纪守法并符合以下条件之一者，均可报名参加监理工程师资格考试：

1）具有按照国家有关规定评聘的工程技术或工程经济专业中级专业技术职务，并任职满三年。

2）具有按照国家有关规定评聘的工程技术或工程经济专业高级专业技术职务。

（3）免试部分科目的条件。对从事工程建设监理工作并同时具备下列4项条件的报考人员可免试"建设工程合同管理"和"建设工程质量、投资、进度控制"两个科目：

1）1970年（含）以前工程技术或工程经济专业大专（含）以上毕业；

2）具有按照国家有关规定评聘的工程技术或工程经济专业高级专业技术职务；

3）从事工程设计或工程施工管理工作15年（含）以上；

4）从事监理工作1年（含）以上。

（4）港澳居民报考条件。根据《关于同意香港、澳门居民参加内地统一组织的专业技术人员资格考试有关问题的通知》(国人部发〔2005〕9号),凡符合监理工程师资格考试相应规定的中国香港、澳民居民均可按照文件规定的程序和要求报名参加考试。

3. 报名时间及方法

报名时间一般为上一年的12月份(以当地人事考试部门公布的时间为准)。报考者由本人提出申请,经所在单位审核同意后,带有关证明材料到当地人事考试管理机构办理报名手续。

二、监理工程师注册

监理工程师注册是政府对工程监理执业人员实行市场准入控制的有效手段。取得监理工程师资格证书的人员,经过注册方能以注册监理工程师的名义执业。监理工程师依据其所学专业、工作经历、工程业绩,按照《工程监理企业资质管理规定》划分的工程类别,按专业注册。每人最多可以申请两个专业注册。

这意味着,即使取得监理工程师资格证书,由于不在监理单位工作,或者暂时不能胜任监理工程师的工作,或者为了控制监理工程师队伍的规模和专业结构等原因,均可不给予注册。总而言之,实行监理工程师注册制度,是为了建立一支适应工程建设监理工作需要的高素质的监理队伍,也是为了维护监理工程师岗位的严肃性。

1. 注册形式

根据《注册监理工程师管理规定》(建设部令第147号),监理工程师注册分为三种形式,即初始注册、延续注册和变更注册。

(1)初始注册。取得资格证书并受聘于一个建设工程勘察、设计、施工、监理、招标代理、造价咨询等单位的人员,应当通过聘用单位向单位工商注册所在地的省、自治区、直辖市人民政府建设主管部门提出注册申请;省、自治区、直辖市人民政府建设主管部门受理后提出初审意见,并将初审意见和全部申报材料报国务院建设主管部门审批;符合条件的,由国务院建设主管部门核发注册证书和执业印章。注册证书和执业印章是注册监理工程师的执业凭证,由注册监理工程师本人保管、使用。注册证书和执业印章的有效期为3年。

初始注册者,可自资格证书签发之日起3年内提出申请。逾期未申请者,须符合继续教育的要求后方可申请初始注册。初始注册需要提交下列材料:

1)申请人的注册申请表;

2)申请人的资格证书和身份证复印件;

3)申请人与聘用单位签订的聘用劳动合同复印件;

4)所学专业、工作经历、工程业绩、工程类中级及中级以上职称证书等有关证明材料;

5)逾期初始注册的,应当提供达到继续教育要求的证明材料。

(2)延续注册。注册监理工程师每一注册有效期为3年,注册有效期满需继续执业的,应当在注册有效期满30日前,按照规定的程序申请延续注册。延续注册有效期为3年。延续注册需要提交下列材料:

1)申请人延续注册申请表;

2)申请人与聘用单位签订的聘用劳动合同复印件;

3)申请人注册有效期内达到继续教育要求的证明材料。

(3)变更注册。在注册有效期内，注册监理工程师变更执业单位，应当与原聘用单位解除劳动关系，并按照规定的程序办理变更注册手续，变更注册后仍延续原注册有效期。变更注册需要提交下列材料：

1)申请人变更注册申请表；

2)申请人与新聘用单位签订的聘用劳动合同复印件；

3)申请人的工作调动证明(与原聘用单位解除聘用劳动合同或者聘用劳动合同到期的证明文件、退休人员的退休证明)。

2. 不予注册的情形

申请人有下列情形之一的，不予初始注册、延续注册或者变更注册：

(1)不具有完全民事行为能力的；

(2)刑事处罚尚未执行完毕或者因从事建设工程监理或者相关业务受到刑事处罚，自刑事处罚执行完毕之日起至申请注册之日止不满两年的；

(3)未达到监理工程师继续教育要求的；

(4)在两个或者两个以上单位申请注册的；

(5)以虚假的职称证书参加考试并取得资格证书的；

(6)年龄超过 65 周岁的；

(7)法律、法规规定不予注册的其他情形。

3. 注册证书和执业印章失效的情形

注册监理工程师有下列情形之一的，其注册证书和执业印章失效：

(1)聘用单位破产的；

(2)聘用单位被吊销营业执照的；

(3)聘用单位被吊销相应资质证书的；

(4)已与聘用单位解除劳动关系的；

(5)注册有效期满且未延续注册的；

(6)年龄超过 65 周岁的；

(7)死亡或者丧失行为能力的；

(8)其他导致注册失效的情形。

三、注册监理工程师执业和继续教育

(一)注册监理工程师执业

注册监理工程师可以从事建设工程监理、工程经济与技术咨询、工程招标与采购咨询、工程项目管理服务，以及国务院有关部门规定的其他业务。

注册监理工程师从事执业活动，由所在单位接受委托并统一收费。由于建设工程监理事故及相关业务造成的经济损失，聘用单位应当承担赔偿责任；聘用单位承担赔偿责任后，可依法向负有过错的注册监理工程师追偿。

1. 注册监理工程师的权利

注册监理工程师享有下列权利：

(1)使用注册监理工程师称谓；

(2)在规定范围内从事执业活动；

（3）依据本人能力从事相应的执业活动；

（4）保管和使用本人的注册证书和执业印章；

（5）对本人执业活动进行解释和辩护；

（6）接受继续教育；

（7）获得相应的劳动报酬；

（8）对侵犯本人权利的行为进行申诉。

2. 注册监理工程师的义务

注册监理工程师应当履行下列义务：

（1）遵守法律、法规和有关管理规定；

（2）履行管理职责，执行技术标准、规范和规程；

（3）保证执业活动成果的质量，并承担相应责任；

（4）接受继续教育，努力提高执业水准；

（5）在本人执业活动所形成的建设工程监理文件上签字、加盖执业印章；

（6）保守在执业中知悉的国家秘密和他人的商业、技术秘密；

（7）不得涂改、倒卖、出租、出借或者以其他形式非法转让注册证书或者执业印章；

（8）不得同时在两个或者两个以上单位受聘或者执业；

（9）在规定的执业范围和聘用单位业务范围内从事执业活动；

（10）协助注册管理机构完成相关工作。

（二）注册监理工程师继续教育

随着现代科学技术日新月异的发展，注册监理工程师不能一劳永逸地停留在原有知识的水平上，要随着时代的进步不断更新知识、扩大知识面，学习新的理论知识、法规政策及标准，了解新技术、新工艺、新材料、新设备，这样才能不断提高执业能力和工作水平，以适应工程建设事业发展及监理实务的需要。

为了贯彻落实《注册监理工程师管理规定》（建设部令第147号），做好注册监理工程师继续教育工作，根据《注册监理工程师注册管理工作规程》（建市监函〔2006〕28号）中有关继续教育的规定和原建设部办公厅《关于由中国建设监理协会开展注册监理工程师继续教育工作的通知》（建办市函〔2006〕259号）的要求，原建设部建筑市场司制定了《注册监理工程师继续教育暂行办法》（建市监函〔2006〕62号），2006年9月20日颁布执行。

继续教育是注册监理工程师逾期初始注册、延续注册和重新申请注册的条件之一。

1. 继续教育的学时

注册监理工程师继续教育分为必修课和选修课，在每一注册有效期内各为48学时。

2. 继续教育的内容

（1）必修课。

1）国家近期颁布的与工程监理有关的法律法规、标准规范和政策。

2）工程监理与工程项目管理的新理论、新方法。

3）工程监理案例分析。

4）注册监理工程师职业道德。

（2）选修课。

1）地方及行业近期颁布的与工程监理有关的法规、标准规范和政策。

2)工程建设新技术、新材料、新设备及新工艺。

3)专业工程监理案例分析。

4)需要补充的其他与工程监理业务有关的知识。

3. 继续教育方式

注册监理工程师继续教育采取集中面授和网络教学的方式进行。集中面授由经过中国建设监理协会公布的培训单位实施。注册监理工程师可根据注册专业就近选择培训单位接受继续教育。网络教学由中国建设监理协会会同专业监理协会和地方监理协会共同组织实施。参加网络学习的注册监理工程师，应当登录中国工程监理与咨询服务网，提出学习申请，在网上完成规定的继续教育必修课和相应注册专业选修课的学时后，打印网络学习证明，凭该证明参加专业监理协会或地方监理协会组织的测试。

注册监理工程师选择上述任何方式接受继续教育达到96学时或完成申请变更规定的学时后，其《注册监理工程师继续教育手册》可作为申请逾期初始注册、延续注册、变更注册和重新注册时达到继续教育要求的证明材料。

4. 继续教育培训单位

凡具有办学许可证的建设行业培训机构和有工程管理专业或相关工程专业的高等院校，有固定的教学场所、专职管理人员且有实践经验的专家(甲级监理公司的总监等)占师资队伍1/3以上的，均可申请作为注册监理工程师继续教育培训单位。

注册监理工程师继续教育培训班由培训单位按工程专业举办，继续教育培训单位必须保证培训质量，每期培训班均要有满足教学要求的师资队伍，并配备专职管理人员。

5. 继续教育监督管理

中国建设监理协会在原建设部的监督指导下，负责组织开展全国注册监理工程师继续教育工作，各专业监理协会负责本专业注册监理工程师继续教育的相关工作；地方监理协会在当地建设行政主管部门的监督指导下，负责本行政区域内注册监理工程师继续教育的相关工作。

工程监理企业应督促本单位注册监理工程师按期接受继续教育，有责任为本单位注册监理工程师接受继续教育提供时间和经费保证。注册监理工程师有义务接受继续教育，提高执业水平，在参加继续教育期间享受国家规定的工资、保险、福利待遇。

四、注册监理工程师素质与职业道德

1. 注册监理工程师的素质

从事监理工作的监理人员，不仅要有一定的工程技术或工程经济方面的专业知识、较强的专业技术能力、能够对工程建设进行监督管理并提出指导性的意见，而且要有一定的组织协调能力，能够组织、协调工程建设有关各方共同完成工程建设任务。因此，监理工程师应具备以下素质：

(1)较高的专业学历和复合型的知识结构。

(2)丰富的工程建设实践经验。

(3)良好的品德。监理工程师良好品德主要体现在以下几个方面：

1)热爱本职工作；

2)具有科学的工作态度；

3)具有廉洁奉公、为人正直、办事公道的高尚情操；

4)能够听取不同方面的意见、冷静分析问题。

(4)健康的体魄和充沛的精力。我国对年满 65 周岁的监理工程师不再进行注册，主要就是考虑监理从业人员身体健康状况而设定的条件。

2. 注册监理工程师的职业道德

国际咨询工程师联合会(FIDIC)等组织都规定有职业道德准则。注册监理工程师也应严格遵守以下职业道德准则：

(1)维护国家的荣誉和利益，按照"守法、诚信、公平、科学"的准则执业；

(2)执行有关工程建设法律、法规、标准和制度，履行建设工程监理合同规定的义务；

(3)努力学习专业技术和建设工程监理的知识，不断提高业务能力和监理水平；

(4)不以个人名义承揽监理业务；

(5)不同时在两个或两个以上监理单位注册和从事监理活动，不在政府部门和施工、材料设备的生产供应等单位兼职；

(6)不为所监理项目指定承包商、建筑构配件、设备、材料生产厂家和施工方法；

(7)不收受被监理单位的任何礼金、有价证券等；

(8)不泄露所监理工程各方认为需要保密的事项；

(9)坚持独立自主地开展工作。

第二节　项目监理机构及人员职责

项目监理机构是工程监理单位实施监理时，派驻工地负责履行建设工程监理合同的组织机构。项目监理机构的组织结构模式和规模，可根据建设工程监理合同约定的服务内容、服务期限以及工程特点、规模、技术复杂程度、环境等因素确定。在施工现场监理工作全部完成或建设工程监理合同终止时，项目监理机构可撤离施工现场。撤离施工现场前，应由监理单位书面通知建设单位，并办理相关移交手续。

一、项目监理机构的设立

(一)项目监理机构设立的基本要求

设立项目监理机构应满足以下基本要求：

(1)项目监理机构的设立应遵循适应、精简、高效的原则，即要有利于建设工程监理目标控制和合同管理；要有利于建设工程监理职责的划分和监理人员的分工协作；要有利于建设工程监理的科学决策和信息沟通。

(2)项目监理机构的监理人员应由一名总监理工程师、若干名专业监理工程师和监理员组成，且专业配套，数量应满足监理工作和建设工程监理合同对监理工作深度及建设工程监理目标控制的要求，必要时可设总监理工程师代表。

项目监理机构可设置总监理工程师代表的情形包括：

1)工程规模较大，专业较复杂，总监理工程师难以处理多个专业工程时，可按专业设总监理工程师代表。

2)一个建设工程监理合同中包含多个相对独立的施工合同，可按施工合同段设总监理工程师代表。

3)工程规模较大，地域比较分散，可按工程地域设置总监理工程师代表。除总监理工程师、专业监理工程师和监理员外，项目监理机构还可根据监理工作的需要，配备文秘、翻译、司机或其他行政辅助人员。

(3)一名注册监理工程师可担任一项建设工程监理合同的总监理工程师。当需要同时担任多项建设工程监理合同的总监理工程师时，应经建设单位书面同意，且最多不得超过三项。

(二)项目监理机构设立的步骤

工程监理单位在组建项目监理机构时，一般按以下步骤进行。

1. 确定项目监理机构目标

建设工程监理目标是项目监理机构建立的前提，项目监理机构的建立应根据建设工程监理合同中确定的目标，制定总目标并明确划分项目监理机构的分解目标。

2. 确定监理工作内容

根据监理目标和建设工程监理合同中规定的监理任务，明确列出监理工作内容，并进行分类归并及组合。监理工作的归并及组合应便于监理目标控制，并综合考虑工程组织管理模式、工程结构特点、合同工期要求、工程复杂程度、工程管理及技术特点，还应考虑工程监理单位自身组织管理水平、监理人员数量、技术业务特点等。

3. 项目监理机构组织结构设计

(1)选择组织结构形式。由于建设工程规模、性质等的不同，应选择适宜的组织结构形式设计项目监理机构的组织结构，以适应监理工作的需要。组织结构形式选择的基本原则是：有利于工程合同管理；有利于监理目标控制；有利于决策指挥；有利于信息沟通。

(2)合理确定管理层次与管理跨度。管理层次是指组织的最高管理者到最基层实际工作人员之间等级层次的数量。管理层次可分为三个层次，即决策层、中间控制层和操作层。组织的最高管理者到最基层实际工作人员权责逐层递减，而人数却逐层递增。

项目监理机构中的层次包括以下三个：

1)决策层。决策层主要是指总监理工程师、总监理工程师代表，根据建设工程监理合同的要求和监理活动内容进行科学化、程序化决策与管理。

2)中间控制层(协调层和执行层)。中间控制层由各专业监理工程师组成，具体负责监理规划的落实，监理目标控制及合同实施的管理。

3)操作层。操作层主要由监理员组成，具体负责监理活动的操作实施。

管理跨度是指一名上级管理人员所直接管理的下级人数。管理跨度越大，领导者需要协调的工作量越大，管理难度也越大。为使组织结构能高效运行，必须确定合理的管理跨度。

项目监理机构中管理跨度的确定应考虑监理人员的素质、管理活动的复杂性和相似性、监理业务的标准化程度、各规章制度的建立健全情况、建设工程的集中或分散情况等。

(3)划分项目监理机构部门。组织中各部门的合理划分对发挥组织效用是十分重要的。如果部门划分不合理，会造成控制、协调困难，也会造成人浮于事，浪费人力、物力和财力。管理部门的划分要根据组织目标与工作内容确定，形成既有相互分工又有相互配合的组织机构。划分项目监理机构中各职能部门时，应根据项目监理机构目标、项目监理机构可利用的人力和物力资源以及组织结构情况，将质量控制、造价控制、进度控制、合同管理、信息管理、安全生产管理、组织协调等监理工作内容按不同的职能活动形成相应的管理部门。

(4)制定岗位职责及考核标准。岗位职务及职责的确定，要有明确的目的性，不可因人设事。根据权责一致的原则，应进行适当授权，以承担相应的职责，并应确定考核标准，对监理人员的工作进行定期考核，包括考核内容、考核标准及考核时间。

(5)选派监理人员。根据监理工作任务，选择适当的监理人员，必要时可配备总监理工程师代表。监理人员的选择除应考虑个人素质外，还应考虑人员总体构成的合理性与协调性。

4. 制定工作流程和信息流程

为了使监理工作科学、有序地进行，应按监理工作的客观规律制定工作流程和信息流程，规范化地开展监理工作。

二、项目监理机构组织形式

项目监理机构组织形式是指项目监理机构具体采用的管理组织结构。应根据建设工程特点、建设工程组织管理模式及工程监理单位自身情况等选择适宜的项目监理机构组织形式。常用的项目监理机构组织形式有直线制、职能制、直线职能制、矩阵制等。

1. 直线制组织形式

直线制组织形式的特点是项目监理机构中任何一个下级只接受唯一上级的命令。各级部门主管人员对各自所属部门的事务负责，项目监理机构中不再另设职能部门。

这种组织形式适用于能划分为若干个相对独立的子项目的大、中型建设工程。如图 4-1 所示，总监理工程师负责整个工程的规划、组织和指导，并负责整个工程范围内各方面的指挥协调工作；子项目监理机构分别负责各子项目的目标控制，具体领导现场专业或专项监理机构的工作。

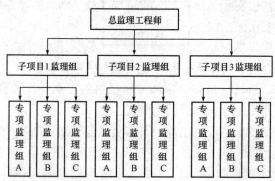

图 4-1 按子项目分解的直线制项目监理机构组织形式

如果建设单位将相关服务一并委托，项目监理机构的部门还可按不同的建设阶段分解，设立直线制项目监理机构组织形式，如图 4-2 所示。

对于小型建设工程，项目监理机构也可采用按专业内容分解的直线制组织形式，如图 4-3 所示。

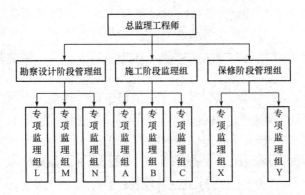

图 4-2　按工程建设阶段分解的直线制项目监理机构组织形式

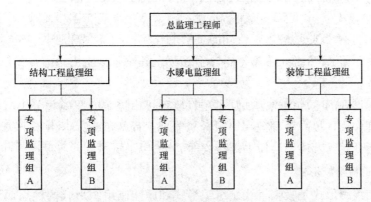

图 4-3　某房屋建筑工程直线制项目监理机构组织形式

直线制组织形式的主要优点是组织机构简单、权力集中、命令统一、职责分明、决策迅速、隶属关系明确；其缺点是实行没有职能部门的"个人管理"，这就要求总监理工程师通晓各种业务和多种专业技能，成为"全能"式人物。

2. 职能制组织形式

职能制组织形式是在项目监理机构内设立一些职能部门，将相应的监理职责和权力交给职能部门，各职能部门在其职能范围内有权直接发布指令指挥下级。职能制组织形式一般适用于大中型建设工程，如图 4-4 所示。如果子项目规模较大时，也可以在子项目层设置职能部门，如图 4-5 所示。

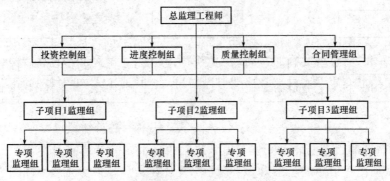

图 4-4　职能制项目监理机构组织形式

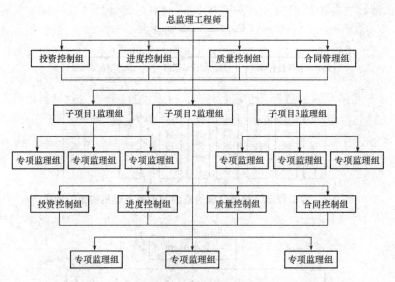

图 4-5　子项目 2 设立职能部门的职能制项目监理机构组织形式

职能制组织形式的主要优点是加强了项目监理目标控制的职能化分工，可以发挥职能机构的专业管理作用，提高管理效率，减轻总监理工程师负担；但由于下级人员受多头指挥，如果这些指令相互矛盾，会使下级在监理工作中无所适从。

3. 直线职能制组织形式

直线职能制组织形式是吸收直线制组织形式和职能制组织形式的优点而形成的一种组织形式。这种组织形式将管理部门和人员分为两类：一类是直线指挥部门的人员，他们拥有对下级实行指挥和发布命令的权力，并对该部门的工作全面负责；另一类是职能部门的人员，他们是直线指挥人员的参谋，他们只能对下级部门进行业务指导，而不能对下级部门直接进行指挥和发布命令，如图 4-6 所示。

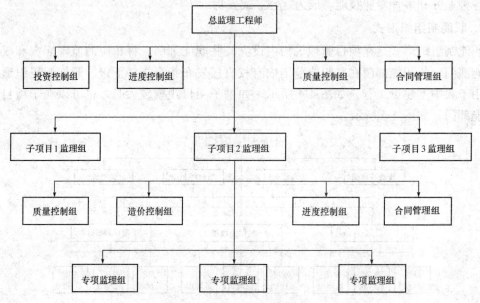

图 4-6　直线职能制项目监理机构组织形式

直线职能制组织形式既保持了直线制组织实行直线领导、统一指挥、职责分明的优点，又保持了职能制组织目标管理专业化的优点。其缺点是职能部门与指挥部门易产生矛盾，信息传递路线长，不利于互通信息。

4. 矩阵制组织形式

矩阵制组织形式是由纵、横两套管理系统组成的矩阵组织结构，一套是纵向职能系统；另一套是横向子项目系统。如图 4-7 所示的组织形式的纵、横两套管理系统在监理工作中是相互融合关系。图中虚线所绘的交叉点上，表示了两者协同以共同解决问题。如子项目 1 的质量验收是由子项目 1 监理组和质量控制组共同进行的。

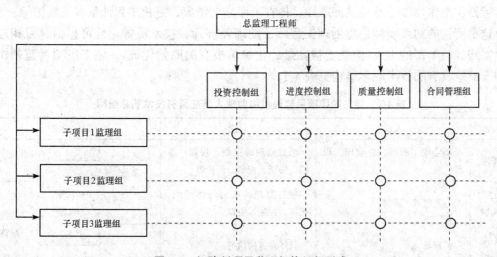

图 4-7　矩阵制项目监理机构组织形式

矩阵制组织形式的优点是加强了各职能部门的横向联系，具有较大的机动性和适应性，将上下左右集权与分权实行最优结合，有利于解决复杂问题，有利于监理人员业务能力的培养。其缺点是纵、横向协调工作量大，处理不当会造成扯皮现象，产生矛盾。

三、项目监理机构人员配备及职责分工

(一)项目监理机构人员配备

项目监理机构中配备监理人员的数量和专业应根据监理的任务范围、内容、工作期限以及工程的类别、规模、技术复杂程度、工程环境等因素综合考虑，并应符合建设工程监理合同中对监理工作深度及建设工程监理目标控制的要求，能体现项目监理机构的整体素质。

1. 项目监理机构的人员结构

项目监理机构应具有合理的人员结构，包括以下两个方面：

(1)合理的专业结构。项目监理机构应由与所监理工程的性质(专业性强的生产项目或是民用项目)及建设单位对建设工程监理的要求(是否包含相关服务内容，是工程质量、造价、进度的多目标控制或是某一目标的控制)相适应的各专业人员组成，也即各专业人员要配套，以满足项目各专业监理工作的要求。

通常，项目监理机构应具备与所承担的监理任务相适应的专业人员。但当监理的工程局部有特殊性或建设单位提出某些特殊监理要求而需要采用某种特殊监控手段时，如局部

的钢结构、网架、球罐体等质量监控需采用无损探伤、X 光及超声探测，水下及地下混凝土桩需要采用遥测仪器探测等，此时，可将这些局部专业性强的监控工作另行委托给具有相应资质的咨询机构来承担，这也应视为保证了监理人员合理的专业结构。

（2）合理的技术职称结构。为了提高管理效率和经济性，应根据建设工程的特点和建设工程管理工作需要，确定项目监理机构中监理人员的技术职称结构。合理的技术职称结构表现为监理人员的高级职称、中级职称和初级职称的比例与监理工作要求相适应。

通常，工程勘察设计阶段的服务，对人员职称要求更高些，具有高级职称及中级职称的人员在整个监理人员构成中应占绝大多数。施工阶段监理，可由较多的初级职称人员从事实际操作工作，如旁站、见证取样、检查工序施工结果、复核工程计量有关数据等。

这里所称的初级职称是指助理工程师、助理经济师、技术员等，也可包括具有相应能力的实践经验丰富的工人（应能看懂图纸、正确填报有关原始凭证）。施工段项目监理机构监理人员应具有的技术职称结构见表 4-1。

表 4-1　施工阶段项目监理机构监理人员应具有技术职称结构

层次	人员	职能	职称要求		
决策层	总监理工程师、总监理工程师代表	项目监理的策划、规划；组织、协调、控制、评价等	高级职称		
执行层/协调层	专业监理工程师	项目监理实施的具体组织、指挥、控制、协调		中级职称	
作业层/操作层	监理员	具体业务的执行			初级职称

2. 项目监理机构监理人员数量的确定

（1）影响项目监理机构人员数量的因素包括以下几个方面：

1）工程建设强度。工程建设强度是指单位时间内投入的建设工程资金的数量，即

$$工程建设强度＝投资/工期$$

其中，投资和工期是指监理单位所承担监理任务的工程的建设投资和工期。投资可按工程概算投资额或合同价计算，工期可根据进度总目标及其分目标计算。

显然，工程建设强度越大，需投入的监理人数越多。

2）建设工程复杂程度。通常，工程复杂程度涉及的因素包括：设计活动、工程地点位置、气候条件、地形条件、工程地质、工程性质、工程结构类型、施工方法、工期要求、材料供应、工程分散程度等。

根据上述各项因素，可将工程分为若干工程复杂程度等级，不同等级的工程需要配备的监理人员数量有所不同。例如，可将工程复杂程度按五级划分：简单、一般、较复杂、复杂、很复杂。工程复杂程度定级可采用定量办法：对构成工程复杂程度的每一因素通过专家评估，根据工程实际情况给出相应的权重，将各影响因素的评分加权平均后根据其值的大小确定该工程的复杂程度等级。例如，将工程复杂程度按 10 分制考虑，则平均分值为1～3 分、3～5 分、5～7 分、7～9 分者依次为简单工程、一般工程、较复杂工程和复杂工程，9 分以上的为很复杂工程。

显然，简单工程需要的项目监理人员较少，而复杂工程需要的项目监理人员较多。

3)工程监理单位的业务水平。每个工程监理单位的业务水平和对某类工程的熟悉程度不完全相同，在监理人员素质、管理水平和监理设备手段等方面也存在差异，这都会直接影响到监理效率的高低。高水平的监理单位可以投入较少的监理人力完成一个建设工程的监理工作，而一个经验不多或管理水平不高的监理单位则需投入较多的监理人力。因此，各监理单位应当根据自己的实际情况制定监理人员需要量定额。

4)项目监理机构的组织结构和任务职能分工。项目监理机构的组织结构情况关系到具体的监理人员配备，务必使项目监理机构任务职能分工的要求得到满足。必要时，还需要根据项目监理机构的职能分工对监理人员的配备作进一步调整。

有时，监理工作需要委托专业咨询机构或专业监测、检验机构进行，当然，项目监理机构的监理人员数量可适当减少。

(2)项目监理机构人员数量的确定方法。根据建设工程项目目标、任务的特点以及上述影响因素，可以通过编制项目监理人员需要量定额的方法来确定项目监理机构人员数量，也可以按当地建设行政主管部门的要求来合理配备监理机构的人员。

(二)项目监理机构各类人员基本职责

根据《建设工程监理规范》(GB/T 50319—2013)的规定，总监理工程师、总监理工程师代表、专业监理工程师和监理员应分别履行下列职责。

1. 总监理工程师职责

(1)确定项目监理机构人员及其岗位职责；

(2)组织编制监理规划，审批监理实施细则；

(3)根据工程进展及监理工作情况调配监理人员，检查监理人员工作；

(4)组织召开监理例会；

(5)组织审核分包单位资格；

(6)组织审查施工组织设计、(专项)施工方案；

(7)审查开复工报审表，签发工程开工令、暂停令和复工令；

(8)组织检查施工单位现场质量、安全生产管理体系的建立及运行情况；

(9)组织审核施工单位的付款申请，签发工程款支付证书，组织审核竣工结算；

(10)组织审查和处理工程变更；

(11)调解建设单位与施工单位的合同争议，处理工程索赔；

(12)组织验收分部工程，组织审查单位工程质量检验资料；

(13)审查施工单位的竣工申请，组织工程竣工预验收，组织编写工程质量评估报告，参与工程竣工验收；

(14)参与或配合工程质量安全事故的调查和处理；

(15)组织编写监理月报、监理工作总结，组织整理监理文件资料。

2. 总监理工程师代表职责

按总监理工程师的授权，负责总监理工程师指定或交办的监理工作，行使总监理工程师的部分职责和权力。但其中涉及工程质量、安全生产管理及工程索赔等重要职责不得委托给总监理工程师代表。具体而言，总监理工程师不得将下列工作委托给总监理工程师代表：

(1)组织编制监理规划，审批监理实施细则；

(2)根据工程进展及监理工作情况调配监理人员；

(3)组织审查施工组织设计、(专项)施工方案;

(4)签发工程开工令、暂停令和复工令;

(5)签发工程款支付证书,组织审核竣工结算;

(6)调解建设单位与施工单位的合同争议,处理工程索赔;

(7)审查施工单位的竣工申请,组织工程竣工预验收,组织编写工程质量评估报告,参与工程竣工验收;

(8)参与或配合工程质量安全事故的调查和处理。

3. 专业监理工程师职责

(1)参与编制监理规划,负责编制监理实施细则;

(2)审查施工单位提交的涉及本专业的报审文件,并向总监理工程师报告;

(3)参与审核分包单位资格;

(4)指导、检查监理员工作,定期向总监理工程师报告本专业监理工作实施情况;

(5)检查进场的工程材料、构配件、设备的质量;

(6)验收检验批、隐蔽工程、分项工程,参与验收分部工程;

(7)处置发现的质量问题和安全事故隐患;

(8)进行工程计量;

(9)参与工程变更的审查和处理;

(10)组织编写监理日志,参与编写监理月报;

(11)收集、汇总、参与整理监理文件资料;

(12)参与工程竣工预验收和竣工验收。

4. 监理员职责

(1)检查施工单位投入工程的人力、主要设备的使用及运行状况;

(2)进行见证取样;

(3)复核工程计量有关数据;

(4)检查工序施工结果;

(5)发现施工作业中的问题,及时指出并向专业监理工程师报告。

专业监理工程师和监理员的上述职责为其基本职责,在建设工程监理实施过程中,项目监理机构还应针对建设工程实际情况,明确各岗位专业监理工程师和监理员的职责分工。

第三节 监理设施

一、办公与生活设施

监理设施是指监理人员进行各项检验、测试所必需的设备和仪器,以及监理人员开展工作所需要的工作条件和手段。监理设施主要包括:

(1)监理工程师办公用房及其办公设施;

(2)试验室及试验设备;

(3)通信设备;

(4)测量设备；

(5)交通运输车辆；

(6)监理人员的宿舍。

监理设施规模数量的确定，应考虑工程规模、监理机构设置情况、国家的政策和有关规定等因素。既要保证监理工作的顺利进行，又要考虑节约工程成本。

监理设施通常由承包商或建设单位提供。由承包商提供监理设施，建设单位应当先在招标文件中规定所提供的各类监理设施的清单，说明每项监理设施的种类、型号和数量，然后承包商对清单中的每项设施提出报价，其费用包括在合同总价之内。工程完成后，这些设施就成为建设单位的财产，但在使用期间，由承包商负责其保养和维修。

项目监理机构应妥善保管和使用建设单位提供的设施，并应在完成监理工作后移交建设单位。

国际上按照 FIDIC 合同条件管理的工程，普遍采用由承包商提供监理设施的方式。这是因为：第一，由承包商提供监理设施，可以免除业主组织采购及保养维修的麻烦；第二，由承包商提供监理设施，在投标时填写报价，具有一定的竞争性，有利于业主选择合理的报价；第三，通过承包合同的形式明确监理设施的提供，将更有利于业主和监理工作。

二、检测设备与工具

监理单位应根据工程项目类别、规模、技术复杂程度、工程项目所在地的环境条件，按委托监理合同的约定，配备满足监理工作需要的常规检测设备和工具。常规监理检测设备和工具包括电脑、数码照相机、游标卡尺、经纬仪、水准仪、兆欧表、钢卷尺、万用表、水平尺等。

在大中型项目的监理工作中，项目监理机构应对监理工作实施计算机辅助管理。

 实训案例

背景：

某实施监理的市政工程，分成 A、B 两个施工标段。工程监理合同签订后，监理单位将项目监理机构组织形式、人员构成和对总监理工程师的任命书面通知建设单位。该总监理工程师担任总监理工程师的另一工程项目尚有一年方可竣工。根据工程专业特点，市政工程 A、B 两个标段分别设置了总监理工程师代表甲和乙。甲、乙均不是注册监理工程师，但甲具有高级专业技术职称，在监理岗位任职 15 年；乙具有中级专业技术职称，已取得了建造师执业资格证书尚未注册，有 5 年施工管理经验，2 年前经培训开始在监理岗位就职。工程实施中发生以下事件：

事件 1：建设单位同意对总监理工程师的任命，但认为甲、乙两人均不是注册监理工程师，不同意两人担任总监理工程师代表。

事件 2：工程质量监督机构以同时担任另一项目的总监理工程师，有可能"监理不到位"为由，要求更换总监理工程师。

事件 3：监理单位对项目监理机构人员进行了调整，安排乙担任专业监理工程师。

事件 4：总监理工程师考虑到身兼两项工程比较忙，委托总监理工程师代表开展若干项

工作，其内容包括组织召开监理例会、组织审查施工组织设计、签发工程款支付证书、组织审查和处理工程变更、组织分部工程验收。

事件5：总监理工程师在安排工程计量工作时，要求监理员进行具体计量，由专业监理工程师进行复核检查。

问题：

1. 事件1中，建设单位不同意甲、乙担任总监理工程师代表的理由是否正确？甲和乙是否可以担任总监理工程师？并分别说明理由。

2. 事件2中，工程质量监督机构的要求是否妥当？并说明理由。

3. 事件3中，监理单位安排乙担任专业监理工程师是否妥当？并说明理由。

4. 指出事件4中总监理工程师对所列工作的委托，哪些是正确的？哪些是不正确的？

5. 事件5中，总监理工程师的做法是否妥当？并说明理由。

案例解析：

1. 根据《建设工程监理规范》(GB/T 50319—2013)的规定，总监理工程师代表可由具有工程类注册执业资格的人员担任，也可由具有中级及以上专业技术职称、3年及以上工程实践经验并经监理业务培训的人员担任，所以，建设单位不同意的理由不正确。甲符合任职条件，可担任总监理工程师代表；乙的建造师资格证书未注册，且仅有2年工程监理经验，不符合任职条件，不能担任总监理工程师代表。

2. 工程质量监督机构的要求不妥。理由：根据《建设工程监理规范》(GB/T 50319—2013)的规定，经建设单位同意，一名注册监理工程师可同时担任不超过三个项目的总监理工程师。

3. 监理单位安排乙担任专业监理工程师妥当。根据《建设工程监理规范》(GB/T 50319—2013)的规定，专业监理工程师可由具有中级及以上专业技术职称、2年及以上工程经验并经监理业务培训的人员担任。乙符合该条件。

4. 根据《建设工程监理规范》(GB/T 50319—2013)的规定，总监理工程师委托其代表组织召开监理例会、组织审查和处理工程变更、组织分部工程验收正确；委托组织审查施工组织设计、签发工程款支付证书不正确。

5. 根据《建设工程监理规范》(GB/T 50319—2013)的规定，由专业监理工程师进行工程计量，监理员复核工程计量有关数据。故总监理工程师的做法不妥。

📁➤ **基础练习**

一、单项选择题

1. 根据《注册监理工程师管理规定》的规定，注册监理工程师申请延续注册时不予注册的情形是(   )。

   A. 未达到注册监理工程师继续教育要求的

   B. 聘用单位被降低资质等级的

   C. 聘用单位是施工企业的

   D. 注册有效期届满30日前申请延续注册的

2. 注册监理工程师在执业活动中应履行的义务是(   )。

   A. 使用注册监理工程师称谓

B. 依据本人能力从事相应的执业活动

C. 对本人执业活动进行解释和辩护

D. 保证执业活动成果的质量，并承担相应责任

3. 根据《注册监理工程师管理规定》的规定，注册监理工程师在每一注册有效期内，需完成（　　）学时的继续教育。

    A. 48   B. 80   C. 96   D. 120

4. 下列项目监理组织形式中，信息传递路线长，不利于互通信息的是（　　）组织形式。

    A. 矩阵制   B. 直线制   C. 直线职能制   D. 职能制

5. 根据《建设工程监理规范》（GB/T 50319—2013）的规定，下列监理职责属于监理员职责的是（　　）。

    A. 处置生产安全事故隐患   B. 复核工程计量数据

    C. 验收分部分项工程质量   D. 审查阶段性付款申请

6. 根据《注册监理工程师管理规定》的规定，注册监理工程师的注册（　　）。

    A. 不分专业

    B. 按专业注册，每人只能申请1个专业注册

    C. 按专业注册，每人最多可以申请2个专业注册

    D. 按专业注册，每人最多可以申请3个专业注册

7. 下列监理工程师的权利和义务中，属于监理工程师义务的是（　　）。

    A. 使用注册监理工程师的称谓

    B. 在本人执业活动所形成的工程监理文件上签字、加盖执业印章

    C. 保管和使用本人的注册证书和执业印章

    D. 依据本人能力从事相应的执业活动

8. 根据《注册监理工程师管理规定》的规定，注册监理工程师享有的权利之一是（　　）。

    A. 在本人执业活动中形成的工程监理文件上签字、加盖执业印章

    B. 接受继续教育，努力提高职业水准

    C. 在规定的职业范围和聘用单位业务范围内从事执业活动

    D. 依据本人能力从事相应的执业活动

9. 监理工程师应严格遵守的职业道德守则是（　　）。

    A. 接受继续教育，努力提高职业水准

    B. 不以个人名义承揽监理业务

    C. 在规定的职业范围和聘用单位业务范围内从事职业活动

    D. 保证职业活动成果的质量

10. 项目监理机构设立的首要步骤为（　　）。

    A. 选择项目监理结构的组织结构模式   B. 确定监理工作内容

    C. 确定项目监理机构的目标   D. 制定信息流程和工作程序

11. 下列属于总监理工程师职责的是（　　）。

    A. 审查施工单位提交的涉及本专业的报审文件

    B. 签发工程款支付证书

    C. 指导、检查监理员工作

    D. 复核工程计量有关数据

二、多项选择题

1. 根据《注册监理工程师管理规定》的规定，注册监理工程师变更执业单位，应按程序办理变更注册手续。变更注册需提交的材料有(　　)。
   A. 申请人变更注册申请表
   B. 申请人的资格证书和身份证复印件
   C. 申请人与新聘用单位签订的聘用劳动合同复印件
   D. 申请人的工作调动证明
   E. 申请人注册有效期内达到继续教育要求的证明材料

2. 根据《注册监理工程师管理规定》的规定，注册监理工程师的权利有(　　)。
   A. 通过继续教育提高执业水准
   B. 保管和使用本人的注册证书和执业印章
   C. 使用注册监理工程称谓
   D. 在规定范围内从事执业活动
   E. 保守在执业中知悉的商业、技术秘密

3. 监理工程师应当履行的义务包括(　　)。
   A. 保证执业活动成果的质量，并承担相应责任
   B. 在规定范围内从事执业活动
   C. 不收受被监理单位的任何礼金
   D. 接受继续教育，努力提高执业水准
   E. 不得同时在两个或两个以上单位受聘或执业

4. 项目监理机构的组织结构设计工作包括(　　)。
   A. 选择组织结构形式　　　　　　　B. 确定管理层次和管理跨度
   C. 确定监理工作内容　　　　　　　D. 制定工作流程和信息流程
   E. 划分项目监理机构部门

5. 影响项目监理机构人员数量的主要因素包括(　　)。
   A. 工程建设强度　　　　　　　　　B. 建设工程复杂程度
   C. 建设工期长短　　　　　　　　　D. 监理单位的业务水平
   E. 项目监理机构的组织结构和任务职能分工

6. 根据《建设工程监理规范》(GB/T 50319—2013)的规定，专业监理工程师需要履行的职责有(　　)。
   A. 组织编制监理规划　　　　　　　B. 参与编制监理实施细则
   C. 参与验收分部工程　　　　　　　D. 组织编写监理日志
   E. 参与审核分包单位资格

7. 影响项目监理机构人员数量的主要因素有(　　)。
   A. 工程建设强度
   B. 建设工程复杂程度
   C. 监理单位的业务水平
   D. 项目监理机构的组织结构和任务职能分工
   E. 合理的人员结构

8. 项目监理机构的组织形式有(　　)。

  A. 直线制监理组织形式   B. 职能制监理组织形式

  C. 直线职能制监理组织形式   D. 矩阵制监理组织形式

  E. 纵、横向的子项目系统

9. 关于建设工程监理机构组织形式的说法，下列选项正确的有(　　)。

  A. 直线制组织形式的特点是监理机构中任何一个下级只接受唯一上级的命令

  B. 直线制组织形式要求总监理工程师通晓各种业务和多种专业技能

  C. 职能制组织形式下级人员受多头指挥，容易在工作中无所适从

  D. 直线职能制组织形式的缺点是职能部门与指挥部门易产生矛盾，信息传递路线长，不利于互通信息

  E. 直线职能制组织形式纵、横向协调工作量大，处理不当会造成扯皮现象

10. 下列不属于总监理工程师代表职责的有(　　)。

  A. 调解建设单位与施工单位的合同争议，处理工程索赔

  B. 组织验收分部工程，组织审查单位工程质量检验资料

  C. 组织审核分包单位资格

  D. 参与或配合工程质量安全事故的调查和处理

  E. 组织审查和处理工程变更

三、简答题

1. 监理工程师资格考试科目及报考条件是什么？

2. 注册监理工程师的权利和义务是什么？

3. 项目监理机构的组织形式有哪些？

4. 如何配备项目监理机构中的人员？

5. 项目监理机构中各类人员的基本职责有哪些？

第五章　建设工程目标控制

　　控制是建设工程监理的一项重要管理活动，是指管理人员按计划标准来衡量所取得的成果，纠正所发生的偏差，以保证目标和计划得以实现的管理活动。

　　建设工程监理工作的中心任务是帮助业主实现投资、质量、进度三大控制目标，即在计划的投资和工期内，按规定质量完成任务。建设工程监理目标控制工作的好坏直接影响业主的利益，同时，也反映监理企业的监理效果。因此，监理工程师必须掌握有关目标控制的思想、理论和方法。

第一节　目标控制的基本原理与类型

一、目标控制的基本原理

　　管理首先开始于确定目标和制订计划，继而进行组织和人员配备，并进行有效的领导，一旦计划付诸实施或运行，就必须进行控制和协调，检查计划实施情况，找出偏离目标和计划的误差，确定应采取的纠正措施，以实现预定的目标和计划。

1. 控制流程

　　控制流程始于计划，项目按计划投入人力、材料、设备、机具、方法等资源和信息，工程得以进展，并不断输出实际的工程状况和实际的投资、进度、质量情况的信息。由于外部环境和内部系统的各种因素的影响，实际输出的投资、进度、质量可能偏离计划目标。控制人员收集实际状况信息和其他有关信息，进行整理、分类、综合，提出工程状况报告。控制部门根据工程状况报告，将项目实际完成的投资、进度和质量状况与相应的计划目标进行比较，以确定是否发生了偏离。如果计划运行正常，按计划继续进行；反之，如果已经偏离计划目标，或者预计将要偏离，就需要采取纠正措施，或改变投入，或采取其他纠正措施，使计划呈现一种新状态，使工程能够在新的计划状态下顺利进行。控制流程图如图5-1所示。

2. 控制流程的基本环节

　　控制流程的各项工作可概括为投入、转换、反馈、对比、纠正五个基本环节，如图5-2所示。

　　(1)投入是控制流程的开端，即按计划投入人力、物力和财力，是整个控制工作的开始。计划确定的资源数量、质量和投入的时间是保证计划实施的基本条件和实现目标的保障。监理工程师应加强对"投入"的控制，为整个控制工作的顺利进行奠定基础。

　　(2)转换主要是指工程项目由投入到产出的过程，也就是工程建设目标实现的过程。在转换过程中，计划的运行往往受到来自外部环境和内部各因素的干扰，造成实际工程偏离

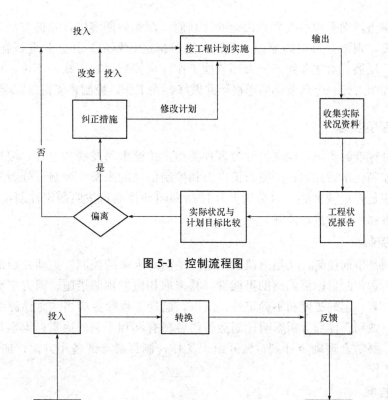

图 5-1　控制流程图

图 5-2　控制流程的基本环节

计划轨道。同时，计划本身可能存在着不同程度的问题，造成期望输出和实际输出偏离的现象。鉴于以上原因，监理工程师应当做好"转换"环节的控制工作，其具体内容包括跟踪了解工程进展情况，掌握工程转换的第一手资料，为今后分析偏差原因、确定纠正措施提供可靠的依据；对于可以及时解决的问题，采取"即时控制"措施，发现偏离，及时纠偏，避免后患。

（3）反馈是控制的基础工作，是把各种信息返送到控制部门的过程。反馈信息包括已经发生的工程概况、环境变化等信息，还包括对未来工程预测的信息。反馈信息的方式可以分成正式和非正式两种。正式反馈信息是指书面的工程状况报告一类的信息，它是控制过程中应当采用的主要反馈方式；非正式反馈信息主要是指口头方式，在控制过程中同样很重要，在具体工程监理业务实施期间非正式反馈信息应当及时转化为正式反馈信息。无论是正式反馈信息，还是非正式反馈信息，都应当满足全面、准确、及时的要求。

（4）对比是将实际目标成果与计划目标比较，以确定是否偏离。偏离是指实际输出的目标值超过计划目标值允许偏差的范围，并需要采取纠正措施的情况。对比的工作步骤可以分为两步：首先，收集工程实际成果并加以分类、归纳；其次，对实际成果与计划目标值（包括标准、规范）进行对比并判断是否发生偏离。

（5）纠正是对于偏离的情况采取措施加以处理的过程。偏离根据其程度不同可分为轻度偏离、中度偏离和重度偏离。如果是轻度偏离，则不改变原定目标的计划值，基本不改变原定实施计划，在下一个控制周期内，使目标的实际值控制在计划值范围内，即直接纠偏；

如果是中度偏离，则采用不改变总目标的计划值，调整后期实施计划的方法进行纠偏；如果是重度偏离，则要分析偏离原因，重新确定目标的计划值，并据此重新制订实施计划。投入、转换、反馈、对比和纠正五大环节性工作，在控制过程中缺一不可，构成一个循环链，监理工程师对每一个环节都应重视，并做好各项工作，控制才能得以实现。

二、控制的类型

根据划分标准的不同，控制可分为多种类型。按照事物发展的过程，控制可分为事前控制、事中控制、事后控制；按照纠正措施和控制信息的来源，控制可分为前馈控制和反馈控制；按照是否形成回路，可分为开环控制和闭环控制；按照制定控制措施的出发点，控制可分为主动控制和被动控制。

1. 主动控制

主动控制是事前控制，又是前馈式控制，是面对未来的控制。主动控制最主要的特点就是事前分析和预测目标值偏离的可能性，并采取相应的预防措施。因为主动控制是面对未来的控制，有一定的难度和不确定性，所以，监理工程师更应当注意预测结果的准确性和全面性，应做到：详细分析影响计划运行的各项有利和不利的因素；识别风险、做好风险管理工作；科学合理确定计划；做好组织工作；制订必要的备用方案；加强信息收集、整理和研究工作。

2. 被动控制

被动控制是事后控制，又是反馈控制，是面对现实和过去的控制。被动控制是根据被控系统输出情况，将实际值与计划值进行比较，确认是否有偏离，并根据偏离程度，分析原因采取相应措施进行纠正的控制过程。

3. 主动控制和被动控制的关系

主动控制和被动控制对监理工程师而言缺一不可，两种控制方式同样很重要。主动控制的效果虽然比被动控制效果好，但是，仅仅采取主动控制措施是不现实的，因为工程建设过程中有许多风险因素（如政治、社会、自然等因素）是不可预见甚至是无法防范的。并且，采取主动控制措施往往要耗费一定的资金和时间，对于发生概率小且发生后损失也较小的情况，采取主动控制措施有时可能是不经济的。因此，最有效的控制是应当把主动控制和被动控制紧密结合起来，力求加大主动控制在控制过程中的比例，同时，进行必要的被动控制（图 5-3）。

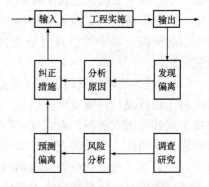

图 5-3 主动控制与被动控制相结合图

第二节 建设工程三大目标概述

任何建设工程都有质量、造价、进度三大目标，这三大目标构成了建设工程目标系统。工程监理单位受建设单位委托，需要协调处理三大目标之间的关系，确定与分解三大目标，并采取有效措施控制三大目标。

一、建设工程三大目标之间的关系

建设工程质量、造价、进度三大目标之间相互关联，共同形成一个整体。从建设单位的角度出发，往往希望建设工程的质量好、投资省、工期短（进度快），但在工程实践中，几乎不可能同时实现上述目标。确定和控制建设工程三大目标，需要统筹兼顾三大目标之间的密切联系，防止发生盲目追求单一目标而冲击或干扰其他目标，也不可分割三大目标。

1. 三大目标之间的对立关系

在通常情况下，如果对质量有较高的要求，就需要投入较多的资金和花费较长的建设时间；如果要抢时间、争取进度，以极短的时间完成建设工程，势必增加投资或者使工程质量下降；如果要减少投资、节约费用，必会考虑降低工程项目的功能要求和质量标准。这些表明，建设工程三大目标之间存在着矛盾和对立的一面。

2. 三大目标之间的统一关系

在通常情况下，适当增加投资数量，为采取加快进度的措施提供经济条件，即可加快工程建设进度，缩短工期，使工程尽早动用，投资尽早收回，建设工程全寿命期经济效益得到提高；适当提高建设工程功能要求和质量标准，虽然会造成一次性投资增加和建设工期的延长，但能够节约工程项目动用后的运行费用和维修费用，从而获得更好的投资效益；如果建设工程进度计划既科学又合理，使工程进展具有连续性和均衡性，不但可以缩短工期，而且还可获得较高的工程质量和降低工程造价。这些表明，建设工程三大目标之间存在着统一的一面。

二、建设工程三大目标的确定与分解

控制建设工程的三大目标，需要综合考虑建设工程项目三大目标之间相互关系，在分析论证的基础上明确建设工程项目质量、造价、进度总目标；需要从不同角度将建设工程总目标分解成若干分目标、子目标及可执行目标，从而形成"自上而下层层展开、自下而上层层保证"的目标体系，为建设工程三大目标动态控制奠定基础。

1. 建设工程总目标的分析论证

建设工程总目标是建设工程目标控制的基本前提，也是建设工程监理成功与否的重要判据。确定建设工程总目标，需要根据建设工程投资方及利益相关者需求，并结合建设工程本身及所处环境特点进行综合论证。

分析论证建设工程总目标，应遵循下列基本原则：

(1)确保建设工程质量目标符合工程建设强制性标准。工程建设强制性标准是有关人民生命财产安全、身体健康、环境保护和公众利益的技术要求，在追求建设工程质量、造价和进度三大目标之间最佳匹配关系时，应确保建设工程质量目标符合工程建设强制性标准。

(2)定性分析与定量分析相结合。在建设工程目标系统中，部分质量目标通常采用定性分析方法，而造价、进度目标可采用定量分析方法。对于某一建设工程而言，采用不同的质量标准，会有不同的工程造价和工期，需要采用定性分析与定量分析相结合的方法综合论证建设工程三大目标。

(3)不同建设工程三大目标可具有不同的优先等级。建设工程质量、造价、进度三大目标的优先顺序并非固定不变。由于每一建设工程的建设背景、复杂程度、投资方及利益相关者需求等不同，决定了三大目标的重要性顺序不同。有的建设工程工期要求紧迫，有的建设工程资金紧张等，从而决定了三大目标在不同建设工程中具有不同的优先等级。

总之，三大目标之间相互联系、相互制约，应努力在"质量优、投资省、工期短"之间寻求最佳匹配。

2. 建设工程总目标的逐级分解

为了有效地控制建设工程三大目标，需要逐级分解建设工程总目标，按工程参建单位、工程项目组成和时间进展等制定分目标、子目标及可执行目标，形成如图5-4所示建设工程目标体系。在建设工程目标体系中，各级目标之间相互联系，上一级目标控制下一级目标，下一级目标保证上一级目标的实现，最终保证建设工程总目标的实现。

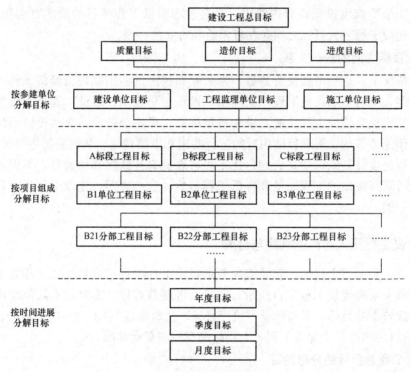

图5-4 建设工程目标体系

第三节 建设工程投资控制

建设工程项目投资是指进行某项工程建设所花费的全部费用。生产性建设工程总投资包括建设投资和铺底流动资金投资两部分，非生产性建设总投资只包括建设投资。

建设投资主要由设备及工器具购置费、建筑安装工程费、工程建设其他费用、预备费（包括基本预备费和涨价预备费）和建设期利息组成。

设备及工器具购置费是指按照建设工程设计文件要求，建设单位（或其委托单位）购置或自制达到固定资产标准的设备和新、扩建项目配置的首套工器具及生产家具所需的费用。

设备及工器具购置费由设备原价、工器具原价和运杂费（包括设备成套公司服务费）组成。在生产性建设工程中，设备及工器具投资主要表现为其他部门创造的价值向建设工程中的转移，这部分投资是建设工程项目投资中的积极部分，它占项目投资比重的提高，意味着生产技术的进步和资本有机构成的提高。

建筑安装工程费是指建设单位用于建筑和安装工程方面的投资，它由建筑工程费和安装工程费两部分组成。建筑工程费是指建设工程涉及范围内的建筑物、构筑物、场地平整、道路、室外管道铺设、大型土石方工程费用等。安装工程费是指主要生产、辅助生产、公用工程等单项工程中需要安装的机械设备、电器设备、专用设备、仪器仪表设备的安装及配件工程费，以及工艺、供热、供水等各种管道、配件、闸门和供电外线安装工程费用等。

工程建设其他费用是指未纳入以上两项的费用。根据设计文件要求和国家有关规定应由项目投资支付的、为保证工程建设顺利完成和交付使用后能够正常发挥效用而发生的一些费用。工程建设其他费用可分为三类：第一类是土地使用费，包括土地征用及迁移补偿费和土地使用权出让金；第二类是与项目建设有关的费用，包括建设单位管理费、勘察设计费、研究试验费、建设工程监理费等；第三类是与未来企业生产经营有关的费用，包括联合试运转费、生产准备费、办公和生活家具购置费等。

建设投资可分为静态投资部分和动态投资部分。静态投资部分由建筑安装工程费、设备及工器具购置费、工程建设其他费和基本预备费构成。动态投资部分是指在建设期内，因建设期利息和国家新批准的税费、汇率、利率变动以及建设期价格变动引起的建设投资增加额，包括涨价预备费和建设期利息。

工程造价一般是指一项工程预计开支或实际开支的全部固定资产投资费用，在这个意义上工程造价与建设投资的概念是一致的。因此，我们在讨论建设投资时，经常使用工程造价这个概念。需要指出的是，在实际应用中工程造价还有另一种含义，那就是指工程价格，即为建成一项工程，预计或实际在土地市场、设备市场、技术劳务市场以及承包市场等交易活动中所形成的建筑安装工程的价格和建设工程的总价格。

一、建设工程项目投资的特点

1. 建设工程项目投资数额巨大

建设工程项目投资数额巨大，动辄上千万，数十亿。建设工程项目投资数额巨大的特点使它关系到国家、行业或地区的重大经济利益，对国计民生也会产生重大的影响。这一点也说明了建设工程投资管理的重要意义。

2. 建设工程项目投资差异明显

每个建设工程项目都有其特定的用途、功能、规模，每项工程的结构、空间分割、设备配置和内外装饰都有不同的要求，工程内容和实物形态都有其差异性。同样的工程处于不同的地区或不同的时段在人工、材料、机械消耗上也有差异。所以，建设工程项目投资的差异十分明显。

3. 建设工程项目投资需单独计算

每个建设工程项目都有专门的用途，所以，其结构、面积、造型和装饰也不尽相同。即使是用途相同的建设工程项目，技术水平、建筑等级和建筑标准也有所差别。建设工程项目还必须在结构、造型等方面适应项目所在地的气候、地质、水文等自然条件，这就使建设工程项目的实物形态千差万别。再加上不同地区构成投资费用的各种要素的差异，最终导致建设工程项目投资的千差万别。因此，建设工程项目只能通过特殊的程序(编制估算、概算、预算、合同价、结算价及最后确定竣工决算)，就每个项目单独计算其投资。

4. 建设工程项目投资确定依据复杂

建设工程项目投资的确定依据繁多，关系复杂。在不同的建设阶段有不同的确定依据，且互为基础和指导，互相影响(图5-5)。如预算定额是概算定额(指标)编制的基础，概算定额(指标)又是估算指标编制的基础；反过来，估算指标又控制概算定额(指标)的水平，概算定额(指标)又控制预算定额的水平。这些都说明了建设工程项目投资的确定依据复杂的特点。

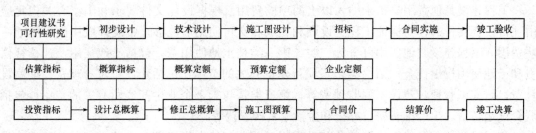

图 5-5　建设工程投资确定示意图

5. 建设工程项目投资确定层次繁多

凡是按照一个总体设计进行建设的各个单项工程汇集的总体即为一个建设工程项目。在建设工程项目中凡是具有独立的设计文件、竣工后可以独立发挥生产能力或工程效益的工程为单项工程，也可将它理解为具有独立存在意义的完整的工程项目。各单项工程又可分解为各个能独立施工的单位工程。考虑到组成单位工程的各部分是由不同工人用不同工具和材料完成的，又可以把单位工程进一步分解为分部工程。然后还可按照不同的施工方法、构造及规格，把分部工程更细致地分解为分项工程。因此，需分别计算分部分项工程投资、单位工程投资、单项工程投资，最后才能汇总形成建设工程项目投资。可见，建设工程项目投资的确定层次繁多。

6. 建设工程项目投资需动态跟踪调整

每个建设工程项目从立项到竣工都有一个较长的建设期，在此期间都会出现一些不可预料的变化因素，对建设工程项目投资产生影响。如工程设计变更，设备、材料、人工价格变化，国家利率、汇率调整，因不可抗力出现或因承包方、发包方原因造成的索赔事件出现等，必然要引起建设工程项目投资的变动。所以，建设工程项目投资在整个建设期内都属于不确定的，需随时进行动态跟踪、调整，直至竣工决算后才能真正确定建设工程项目投资。

二、建设工程投资控制的目标

所谓建设工程投资控制，就是在投资决策阶段、设计阶段、建设项目发包阶段和施工阶段以及竣工阶段，把建设项目投资控制在批准的限额以内，随时纠正发生的偏差，以保证项目投资管理目标的实现，以求在各个建设项目中能合理使用人力、物力、财力，取得较好的投资效益和社会效益。

建设工程投资控制工作，必须有明确的控制目标，并且在不同的控制阶段设置不同的控制目标。投资估算是设计方案选择和进行初步设计的投资控制目标；设计概算是进行技术设计和施工图设计的投资控制目标；施工图预算或建安工程承包合同价则是施工阶段控制建安工程投资的目标。有机联系的各个阶段目标相互制约，相互补充，前者控制后者，后者补充前者，共同组成项目投资控制的目标系统。

三、施工阶段投资控制的措施

为了有效地控制建设工程投资，应从组织、技术、经济、合同等多方面采取措施。从组织上采取措施，包括明确项目组织结构，明确投资控制者及其任务，以使投资控制有专人负责，明确管理职能分工；从技术上采取措施，包括重视设计多方案选择，严格审查监督初步设计、技术设计、施工图设计、施工组织设计，深入技术领域研究节约投资的可能性；从经济上采取措施，包括动态地比较投资的实际值和计划值，严格审核各项费用支出，采取节约投资的奖励措施。

应该看到，技术与经济相结合是控制投资最有效的手段。长期以来，在我国工程建设领域，技术与经济相分离。在工程建设过程中把技术与经济有机结合，要通过技术比较、经济分析和效果评价，正确处理技术先进与经济合理两者之间的对立统一关系，力求在技术先进条件下的经济合理，在经济合理基础上的技术先进，把控制工程项目投资观念渗透到各阶段中。

由于建设工程的投资主要发生在施工阶段，在这一阶段需要投入大量的人力、物力、财力等，是工程项目建设费用消耗最多的时期，浪费投资的可能性比较大。因此，监理单位应督促承包单位精心地组织施工，挖掘各方面潜力，节约资源消耗，可以收到节约投资的明显效果。参建各方对施工阶段的投资控制应给予足够的重视，仅仅靠控制工程款的支付是不够的，应从组织、经济、技术、合同等多方面采取措施控制投资。

项目监理机构在施工阶段投资控制的具体措施如下。

1. 组织措施

(1)在项目监理机构中落实从投资控制角度进行施工跟踪的人员、任务分工和职能分工。

(2)编制本阶段投资控制工作计划和详细的工作流程图。

2. 经济措施

(1)协助编制资金使用计划，确定、分解投资控制目标。对工程项目造价目标进行风险分析，并制定防范性对策。

(2)进行工程计量。

(3)复核工程付款账单，签发付款证书。

(4)在施工过程中进行投资跟踪控制，定期进行投资实际支出值与计划目标值的比较；发现偏差，分析产生偏差的原因，采取纠偏措施。

(5)协商确定工程变更的价款，审核竣工结算。

(6)对工程施工过程中的投资支出做好分析与预测，经常或定期向建设单位提交项目投资控制及其存在问题的报告。

3. 技术措施

(1)对设计变更进行技术经济比较，严格控制设计变更。

(2)继续寻找通过设计挖潜节约投资的可能性。

(3)审核承包人编制的施工组织设计，对主要施工方案进行技术经济分析。

4. 合同措施

(1)做好工程施工记录，保存各种文件图纸，特别是注意实际施工变更情况的图纸，注意积累素材，为正确处理可能发生的索赔提供依据。参与处理索赔事宜。

(2)参与合同修改、补充工作，着重考虑它对投资控制的影响。

四、施工阶段投资控制的主要工作

投资控制是我国建设工程监理的一项主要任务，贯穿于监理工作的各个环节。根据《建设工程监理规范》(GB/T 50319—2013)的规定，工程监理单位要依据法律法规、工程建设标准、勘察设计文件及合同，在施工阶段对建设工程进行造价控制。施工阶段监理机构在投资控制中的主要工作包括以下几个方面。

1. 进行工程计量和付款签证

(1)专业监理工程师对施工单位在工程款支付报审表中提交的工程量和支付金额进行复核，确定实际完成的工程量，提出到期应支付给施工单位的金额，并提出相应的支持性材料。

(2)总监理工程师对专业监理工程师的审查意见进行审核，签认后报建设单位审批。

(3)总监理工程师根据建设单位的审批意见，向施工单位签发工程款支付证书。

2. 对完成工程量进行偏差分析

项目监理机构应建立月完成工程量统计表，对实际完成量与计划完成量进行比较分析，发现偏差的，应提出调整建议，并应在监理月报中向建设单位报告。

3. 审核竣工结算款

(1)专业监理工程师审查施工单位提交的竣工结算款支付申请，提出审查意见。

(2)总监理工程师对专业监理工程师的审查意见进行审核，签认后报建设单位审批，同时抄送施工单位，并就工程竣工结算事宜与建设单位、施工单位协商；达成一致意见的，根据建设单位审批意见向施工单位签发竣工结算款支付证书；不能达成一致意见的，应按施工合同约定处理。

4. 处理施工单位提出的工程变更费用

(1)总监理工程师组织专业监理工程师对工程变更费用及工期影响作出评估。

(2)总监理工程师组织建设单位、施工单位共同协商确定工程变更费用及工期变化，会签工程变更单。

(3)项目监理机构可在工程变更实施前与建设单位、施工单位等协商确定工程变更的计价原则、计价方法或价款。

(4)建设单位与施工单位未能就工程变更费用达成协议时，项目监理机构可提出一个暂定价格并经建设单位同意，作为临时支付工程款的依据。工程变更款项最终结算时，以建设单位与施工单位达成的协议为依据。

5. 处理费用索赔

(1)项目监理机构应及时收集、整理有关工程费用的原始资料，为处理费用索赔提供证据。

（2）审查费用索赔报审表。需要施工单位进一步提交详细资料时，应在施工合同约定的期限内发出通知。

（3）与建设单位和施工单位协商一致后，在施工合同约定的期限内签发费用索赔报审表，并报建设单位。

（4）当施工单位的费用索赔要求与工程延期要求相关联时，项目监理机构可提出费用索赔和工程延期的综合处理意见，并应与建设单位和施工单位协商。

（5）因施工单位原因造成建设单位损失，建设单位提出索赔时，项目监理机构应与建设单位和施工单位协商处理。

五、工程计量

工程计量是指根据工程设计文件及施工合同约定，项目监理机构对施工单位申报的合格工程的工程量进行的核验。其不仅是控制项目投资支出的关键环节，同时，也是约束承包人履行合同义务，强化承包人合同意识的手段。工程量的正确计量是发包人向承包人支付工程进度款的前提和依据，必须按照现行国家计量规范规定的工程量计算规则计算。工程计量可选择按月或按工程形象进度分段计量，具体计量周期在合同中约定。因承包人原因造成的超出合同工程范围施工或返工的工程量，发包人不予计量。成本加酬金合同参照单价合同计量。

1. 工程计量的依据

工程计量的依据一般有质量合格证书；工程量清单前言和技术规范中的"计量支付"条款；设计图纸。计量时，必须以这些资料为依据。

（1）质量合格证书。对于承包人已完的工程，并不是全部进行计量，而只是质量达到合同标准的已完工程才予以计量。所以，工程计量必须与质量监理紧密配合，经过专业工程师检验，工程质量达到合同规定的标准后，由专业工程师签署报验申请表（质量合格证书），只有质量合格的工程才予以计量。所以说，质量监理是计量的基础，计量又是质量监理的保障，通过计量支付，强化承包人的质量意识。

（2）工程量清单前言和技术规范。工程量清单前言和技术规范是确定计量方法的依据。因为工程量清单前言和技术规范的"计量支付"条款规定了清单中每一项工程的计量方法，同时，还规定了按规定的计量方法确定的单价所包括的工作内容和范围。

例如，某高速公路技术规范计量支付条款规定：所有道路工程、隧道工程和桥梁工程中的路面工程按各种结构类型及各层不同厚度分别汇总以图纸所示或工程师指示为依据，按经工程师验收的实际完成数量，以 m^2 为单位分别计量。计量方法是根据路面中心线的长度乘以图纸所表明的平均宽度，再加上单独测量的岔道、加宽路面、喇叭口和道路交叉处的面积，以 m^2 为单位计量。除工程师书面批准外，凡超过图纸所规定的任何宽度、长度、面积或体积均不予计量。

（3）设计图纸。单价合同以实际完成的工程量进行结算，但被工程师计量的工程数量，并不一定是承包人实际施工的数量。计量的几何尺寸要以设计图纸为依据，工程师对承包人超出设计图纸要求增加的工程量和自身原因造成返工的工程量，不予计量。例如，在京津塘高速公路施工监理中，灌注桩的计量支付条款中规定按照设计图纸以延米计量，其单价包括所有材料及施工的各项费用，根据这个规定，如果承包人做了 35 m，而桩的设计长度为 30 m，则只计量 30 m，发包人按 30 m 付款。承包人多做了 5 m 灌注桩所消耗的钢筋及混凝土材料，发包人不予补偿。

2. 单价合同的计量

工程量必须以承包人完成合同工程应予计量的工程量确定。施工中进行工程量计量时，当发现招标工程量清单中出现缺项、工程量偏差，或因工程变更引起工程量增减时，应按承包人在履行合同义务中实际完成的工程量计量。

(1)计量程序。关于单价合同的计量程序，《建设工程施工合同示范文本》(GF－2013—0201)中约定：

1)承包人应于每月25日向监理人报送上月20日至当月19日已完成的工程量报告，并附具进度付款申请单、已完成工程量报表和有关资料。

2)监理人应在收到承包人提交的工程量报告后7天内完成对承包人提交的工程量报表的审核并报送发包人，以确定当月实际完成的工程量。监理人对工程量有异议的，有权要求承包人进行共同复核或抽样复测。承包人应协助监理人进行复核或抽样复测，并按监理人要求提供补充计量资料。承包人未按监理人要求参加复核或抽样复测的，监理人复核或修正的工程量视为承包人实际完成的工程量。

3)监理人未在收到承包人提交的工程量报表后的7天内完成审核的，承包人报送的工程量报告中的工程量视为承包人实际完成的工程量，据此计算工程价款。

同时，《建设工程工程量清单计价规范》(GB 50500—2013)还有如下规定：

1)发包人认为需要进行现场计量核实时，应在计量前24小时通知承包人，承包人应为计量提供便利条件并派人参加。双方均同意核实结果时，则双方应在上述记录上签字确认。承包人收到通知后不派人参加计量，视为认可发包人的计量核实结果。发包人不按照约定时间通知承包人，致使承包人未能派人参加计量，计量核实结果无效。

2)当承包人认为发包人核实后的计量结果有误时，应在收到计量结果通知后的7天内向发包人提出书面意见，并附上其认为正确的计量结果和详细的计算资料。发包人收到书面意见后，应在7天内对承包人的计量结果进行复核后通知承包人。承包人对复核计量结果仍有异议的，按照合同约定的争议解决办法处理。

3)承包人完成已标价工程量清单中每个项目的工程量并经发包人核实无误后，发承包人应对每个项目的历次计量报表进行汇总，以核实最终结算工程量，并应在汇总表上签字确认。

(2)工程计量的方法。监理人一般只对以下三方面的工程项目进行计量：

1)工程量清单中的全部项目；

2)合同文件中规定的项目；

3)工程变更项目。

工程计量方法主要有均摊法、凭据法、断面法、图纸法和分解计量法。监理工程师对工程项目进行计量，根据不同的计量内容采用不同的计量方法。例如，为监理工程师提供宿舍、保养测量设备、保养气象记录设备、维护工地清洁和整洁等费用主要采用均摊法；提供建筑工程保险费、提供第三方责任险保险费、提供履约保证金按凭据法计量；填筑土方工程采用断面法计量；混凝土的体积等许多项目按图纸法计量；若一个项目，根据工序或部位分解为若干子项时，可以使用分解计量法。

3. 总价合同的计量

总价合同的计量活动非常重要。采用工程量清单方式招标形成的总价合同，其工程量的计算与上述单价合同的工程量计量规定相同。采用经审定批准的施工图纸及其预算方式发包形成的总价合同，除按照工程变更规定的工程量增减外，总价合同各项目的工程量应为承包人用于结算的最终工程量。另外，总价合同约定的项目计量以合同工程经审定批准的施工图纸为依据，发承包双方应在合同中约定工程计量的形象目标或事件节点进行计量。

六、合同价款期中支付

期中支付的合同价款包括工程预付款、安全文明施工费和进度款。监理工程师应做好合同价款期中支付工作。

1. 工程预付款

工程预付款是建设工程施工合同订立后由发包人按照合同约定，在正式开工前预先支付给承包人的工程款。其是施工准备和所需要材料、构配件等流动资金的主要来源。工程是否实行预付款，取决于工程性质、承包工程量的大小及发包人在招标文件中的规定。工程实行预付款的，发包人应按照合同约定支付工程预付款，承包人应将预付款专用于合同工程。支付的工程预付款，按照合同约定在工程进度款中抵扣。

2. 安全文明施工费

财政部、国家安全生产监督管理总局印发的《企业安全生产费用提取和使用管理办法》（财企〔2012〕16 号）第十九条对企业安全费用的使用范围作了规定，建设工程施工阶段的安全文明施工费包括的内容和使用范围，应符合此规定。

鉴于安全文明施工的措施具有前瞻性，必须在施工前予以保证。因此，发包人应在工程开工后的 28 天内预付不低于当年施工进度计划的安全文明施工费总额的 60%，其余部分按照提前安排的原则进行分解，与进度款同期支付。发包人没有按时支付安全文明施工费的，承包人可催告发包人支付；发包人在付款期满后的 7 天内仍未支付的，若发生安全事故，发包人应承担相应责任。

承包人对安全文明施工费应专款专用，在财务账目中单独列项备查，不得挪作他用，否则发包人有权要求其限期改正；逾期未改正的，造成的损失和延误的工期由承包人承担。

3. 进度款

建设工程合同是先由承包人完成建设工程，后由发包人支付合同价款的特殊承揽合同，由于建设工程具有投资大、施工期长等特点，合同价款的履行顺序主要通过"阶段小结、最终结清"来实现。当承包人完成了一定阶段的工程量后，发包人就应该按合同约定履行支付工程进度款的义务。

发承包双方应按照合同约定的时间、程序和方法，根据工程计量结果，办理期中价款结算，支付进度款。进度款支付周期应与合同约定的工程计量周期一致。其中，工程量的正确计量是发包人向承包人支付进度款的前提和依据。计量和付款周期可采用分段或按月结算的方式，按照财政部、原建设部印发的《建设工程价款结算暂行办法》（财建〔2004〕369 号）的规定：

（1）按月结算与支付。即实行按月支付进度款，竣工后结算的办法。合同工期在两个年度以上的工程，在年终进行工程盘点，办理年度结算。

（2）分段结算与支付。即当年开工、当年不能竣工的工程按照工程形象进度，划分不同阶段，支付工程进度款。

当采用分段结算方式时，应在合同中约定具体的工程分段划分方法，付款周期应与计量周期一致。

七、竣工结算与支付

工程完工后，发承包双方必须在合同约定时间内办理工程竣工结算。工程竣工结算由承包人或受其委托具有相应资质的工程造价咨询人编制，由发包人或受其委托具有相应资质的工程造价咨询人核对。竣工结算办理完毕，发包人应将竣工结算文件报送工程所在地(或有该工程管辖权的行业管理部门)工程造价管理机构备案，竣工结算文件作为工程竣工验收备案、交付使用的必备文件。

1. 竣工结算的审查

竣工结算要有严格的审查，一般从以下几个方面入手。

(1)核对合同条款。首先，应核对竣工工程内容是否符合合同条件要求，工程是否竣工验收合格，只有按合同要求完成全部工程并验收合格才能竣工结算；其次，应按合同规定的结算方法、计价定额、取费标准、主材价格和优惠条款等，对工程竣工结算进行审核，若发现合同开口或有漏洞，应请发包人与承包人认真研究，明确结算要求。

(2)检查隐蔽验收记录。审核竣工结算时应核对隐蔽工程施工记录和验收签证，手续完整，工程量与竣工图一致方可列入结算。

(3)落实设计变更签证。设计变更应有原设计单位出具设计变更通知单和修改的设计图纸、校审人员签字并加盖公章，经发包人和监理工程师审查同意、签证；重大设计变更应经原审批部门审批，否则不应列入结算。

(4)按图核实工程数量。竣工结算的工程量应依据竣工图、设计变更单和现场签证等进行核算，并按国家统一规定的计算规则计算工程量。

(5)执行定额单价。结算单价应按合同约定或招标规定的计价定额与计价原则执行。

(6)防止各种计算误差。工程竣工结算子目多、篇幅大，往往有计算误差，应认真核算，防止因计算误差多计或少算。

2. 竣工结算款支付

承包人应根据办理的竣工结算文件，向发包人提交竣工结算款支付申请。申请应包括下列内容：

(1)竣工结算合同价款总额；

(2)累计已实际支付的合同价款；

(3)应预留的质量保证金；

(4)实际应支付的竣工结算款金额。

发包人就在收到承包人提交竣工结算款支付申请后7天内予以核实，向承包人签发竣工结算支付证书，并在签发竣工结算支付证书后的14天内，按照竣工结算支付证书列明的金额向承包人支付结算款。

发包人在收到承包人提交的竣工结算款支付申请后7天内不予核实，不向承包人签发竣工结算支付证书的，视为承包人的竣工结算款支付申请已被发包人认可；发包人应在收到承包人提交的竣工结算款支付申请7天后的14天内，按照承包人提交的竣工结算款支付申请列明的金额向承包人支付结算款。

发包人未按照上述规定支付竣工结算款的，承包人可催告发包人支付，并有权获得延迟支付的利息。发包人在竣工结算支付证书签发后或者在收到承包人提交的竣工结算款支付申请 7 天后的 56 天内仍未支付的，除法律另有规定外，承包人可与发包人协商将该工程折价，也可直接向人民法院申请将该工程依法拍卖。承包人应就该工程折价或拍卖的价款优先受偿。

3. 质量保证金

发包人应按照合同约定的质量保证金比例从结算款中扣留质量保证金。承包人未按照合同约定履行属于自身责任的工程缺陷修复义务的，发包人有权从质量保证金中扣留用于缺陷修复的各项支出。经查验，工程缺陷属于发包人原因造成的，应由发包人承担查验和缺陷修复的费用。在合同约定的缺陷责任期终止后，发包人应按照合同中最终结清的相关规定，将剩余的质量保证金返还给承包人。当然，剩余质量保证金的返还，并不能免除承包人按照合同约定应承担的质量保修责任和应履行的质量保修义务。

4. 最终结清

缺陷责任期终止后，承包人应按照合同约定向发包人提交最终结清支付申请。发包人对最终结清支付申请有异议的，有权要求承包人进行修正和提供补充资料。承包人修正后，应再次向发包人提交修正后的最终结清支付申请。发包人应在收到最终结清支付申请后的14 天内予以核实，并应向承包人签发最终结清支付证书，并在签发最终结清支付证书后的14 天内，按照最终结清支付证书列明的金额向承包人支付最终结清款。如果发包人未在约定的时间内核实，又未提出具体意见的，视为承包人提交的最终结清支付申请已被发包人认可。

发包人未按期最终结清支付的，承包人可催告发包人支付，并有权获得延迟支付的利息。最终结清时，如果承包人被扣留的质量保证金不足以抵减发包人工程缺陷修复费用的，承包人应承担不足部分的补偿责任。承包人对发包人支付的最终结清款有异议的，按照合同约定的争议解决方式处理。

第四节　建设工程进度控制

建设工程进度控制是指对工程项目建设各阶段的工作内容、工作程序、持续时间和衔接关系根据进度总目标及资源优化配置的原则编制计划并付诸实施，然后在进度计划的实施过程中经常检查实际进度是否按计划要求进行，对出现的偏差情况进行分析，采取补救措施或调整、修改原计划后再付诸实施，如此循环，直到建设工程竣工验收交付使用。建设工程进度控制的最终目的是确保建设项目按预定的时间动用或提前交付使用。

建设工程项目的进度控制，是建设工程监理活动中的一项重要而复杂的任务，是监理工程师的三大目标控制的重要组成之一。具体来讲，其含义可以从以下两个方面理解：

（1）建设工程进度控制的总目标是实现建设项目按要求的计划时间动用。这个时间由合同来约定，可以是立项到项目正式启用的整个计划时间，也可能是某个实施阶段的计划时间（如设计阶段或施工阶段的计划工期）。

（2）建设工程进度控制是贯穿于工程建设的全过程、全方位的系统控制。其涉及建设项目的各个方面，是全面的进度控制。即要对建设的全过程、对整个项目结构、对有关工作实施进度、影响进度的各种因素进行控制和组织协调。

一、影响工程进度的主要因素

由于建设工程具有规模庞大、工程结构与工艺技术复杂、建设周期长及相关单位多等特点，决定了建设工程进度将受到许多因素的影响。要想有效地控制建设工程进度，就必须对影响进度的有利因素和不利因素进行全面、细致的分析和预测。这样，一方面可以促进对有利因素的充分利用和对不利因素的妥善预防；另一方面也便于事先制定预防措施，事中采取有效对策，事后进行妥善补救，以缩小实际进度与计划进度的偏差，实现对建设工程进度的主动控制和动态控制。

影响建设工程进度的不利因素有很多，如人为因素，技术因素，设备、材料及构配件因素，机具因素，资金因素，水文、地质与气象因素，以及其他自然与社会环境等方面的因素。其中，人为因素是最大的干扰因素。从产生的根源来看，有的来源于建设单位及其上级主管部门；有的来源于勘察设计、施工及材料、设备供应单位；有的来源于政府、建设主管部门、有关协作单位和社会；有的来源于各种自然条件；也有的来源于建设监理单位本身。在工程建设过程中，常见的影响因素如下：

（1）业主因素。如业主使用要求改变而进行设计变更；应提供的施工场地条件不能及时提供或所提供的场地不能满足工程正常需要；不能及时向施工承包单位或材料供应商付款等。

（2）勘察设计因素。如勘察资料不准确，特别是地质资料错误或遗漏；设计内容不完善，规范应用不恰当，设计有缺陷或错误；设计对施工的可能性未考虑或考虑不周；施工图纸供应不及时、不配套，或出现重大差错等。

（3）施工技术因素。如施工工艺错误；不合理的施工方案；施工安全措施不当；不可靠技术的应用等。

（4）自然环境因素。如复杂的工程地质条件；不明的水文气象条件；地下埋藏文物的保护、处理；洪水、地震、台风等不可抗力等。

（5）社会环境因素。如外单位临近工程施工干扰；节假日交通、市容整顿的限制；临时停水、停电、断路；以及在国外常见的法律及制度变化，经济制裁，战争、骚乱、罢工、企业倒闭等。

（6）组织管理因素。如向有关部门提出各种申请审批手续的延误；合同签订时遗漏条款、表达失当；计划安排不周密，组织协调不力，导致停工待料、相关作业脱节；领导不力，指挥失当，使参加工程建设的各个单位、各个专业、各个施工过程之间交接、配合上发生矛盾等。

（7）材料、设备因素。如材料、构配件、机具、设备供应环节的差错，品种、规格、质量、数量、时间不能满足工程的需要；特殊材料及新材料的不合理使用；施工设备不配套，选型失当，安装失误，有故障等。

（8）资金因素。如有关方拖欠资金，资金不到位，资金短缺；汇率浮动和通货膨胀等。

二、施工阶段进度控制的措施

为了实施进度控制，监理工程师必须根据建设工程的具体情况，认真制定进度控制措施，以确保建设工程进度控制目标的实现。进度控制的措施应包括组织措施、技术措施、经济措施和合同措施。

1. 组织措施

进度控制的组织措施主要包括：

(1)建立进度控制目标体系，明确建设工程现场监理组织机构中进度控制人员及其职责分工；

(2)建立工程进度报告制度及进度信息沟通网络；

(3)建立进度计划审核制度和进度计划实施中的检查分析制度；

(4)建立进度协调会议制度，包括协调会议举行的时间、地点，协调会议的参加人员等；

(5)建立图纸审查、工程变更和设计变更管理制度。

2. 技术措施

进度控制的技术措施主要包括：

(1)审查承包商提交的进度计划，使承包商能在合理的状态下施工；

(2)编制进度控制工作细则，指导监理人员实施进度控制；

(3)采用网络计划技术及其他科学适用的计划方法，并结合电子计算机的应用，对建设工程进度实施动态控制。

3. 经济措施

进度控制的经济措施主要包括：

(1)及时办理工程预付款及工程进度款支付手续；

(2)对应急赶工给予优厚的赶工费用；

(3)对工期提前给予奖励；

(4)对工程延误收取误期损失赔偿金。

4. 合同措施

进度控制的合同措施主要包括：

(1)推行 CM 承发包模式，对建设工程实行分段设计、分段发包和分段施工；

(2)加强合同管理，协调合同工期与进度计划之间的关系，保证合同中进度目标的实现；

(3)严格控制合同变更，对各方提出的工程变更和设计变更，监理工程师应严格审查后再补入合同文件之中；

(4)加强风险管理，在合同中应充分考虑风险因素及其对进度的影响，以及相应的处理方法；

(5)加强索赔管理，公正地处理索赔。

三、施工阶段进度控制的主要工作

施工阶段是建设工程实体的形成阶段，对其进度实施控制是建设工程进度控制的重点。做好施工进度计划与项目建设总进度计划的衔接，并跟踪检查施工进度计划的执行情况，在必要时对施工进度计划进行调整对于建设工程进度控制总目标的实现具有十分重要的意义。

为完成施工阶段进度控制任务，项目监理机构需要做好以下工作：完善建设工程控制性进度计划；编制或审核施工进度计划；协助建设单位编制和实施由建设单位负责供应的材料和设备供应进度计划；组织进度协调会议，协调有关各方关系；跟踪检查实际施工进度；研究制定预防工期索赔的措施，做好工程延期审批工作等。

1. 施工阶段进度控制目标的确定

为了提高进度计划的预见性和进度控制的主动性，在确定施工进度控制目标时，必须全面、细致地分析与建设工程进度有关的各种有利因素和不利因素。只有这样，才能订出一个科学、合理的进度控制目标。确定施工进度控制目标的主要依据有：建设工程总进度目标对施工工期的要求；工期定额、类似工程项目的实际进度；工程难易程度和工程条件的落实情况等。

在确定施工进度分解目标时，还要考虑以下几个方面：

(1)对于大型建设工程项目，应根据尽早提供可动用单元的原则，集中力量分期分批建设，以便尽早投入使用，尽快发挥投资效益。这时，为保证每一动用单元能形成完整的生产能力，就要考虑这些动用单元交付使用时所必需的全部配套项目。因此，要处理好前期动用和后期建设的关系、每期工程中主要工程与辅助及附属工程之间的关系等。

(2)合理安排土建与设备的综合施工。要按照它们各自的特点，合理安排土建施工与设备基础、设备安装的先后顺序及搭接、交叉或平行作业，明确设备工程对土建工程的要求和土建工程为设备工程提供施工条件的内容及时间。

(3)结合本工程的特点，参考同类建设工程的经验来确定施工进度目标。避免只按主观愿望盲目确定进度目标，从而在实施过程中造成进度失控。

(4)做好资金供应能力、施工力量配备、物资(材料、配件、设备)供应能力与施工进度的平衡工作，确保工程进度目标的要求而不使其落空。

(5)考虑外部协作条件的配合情况。包括施工过程中及项目竣工动用所需的水、电、气、通信、道路及其他社会服务项目的满足程序和满足时间。它们必须与有关项目的进度目标相协调。

(6)考虑工程项目所在地区地形、地质、水文、气象等方面的限制条件。

总之，要想对工程项目的施工进度实施控制，就必须有明确、合理的进度目标(进度总目标和进度分目标)；否则，控制便失去了意义。

2. 编制施工进度控制工作细则

施工进度控制工作细则是在建设工程监理规划的指导下，由项目监理机构中进度控制部门的监理工程师负责编制的更具有实施性和操作性的监理业务文件。其主要内容包括：

(1)施工进度控制目标分解图；

(2)施工进度控制的主要工作内容和深度；

(3)进度控制人员的职责分工；

(4)与进度控制有关各项工作的时间安排及工作流程；

(5)进度控制的方法(包括进度检查周期、数据采集方式、进度报表格式、统计分析方法等)；

(6)进度控制的具体措施(包括组织措施、技术措施、经济措施合同措施等)；

(7)施工进度控制目标实现的风险分析；

(8)其他需要解决的问题。

3. 编制或审核施工进度计划

为了保证建设工程的施工任务按期完成，监理工程师必须审核承包单位提交的施工进度计划。对于大型建设工程，由于单位工程较多、施工工期长，且采取分期分批发包又没有一个负责全部工程的总承包单位时，就需要监理工程师编制施工总进度计划；或者当建设工程由若干个承包单位平行承包时，监理工程师也有必要编制施工总进度计划。施工总进度计划应确定分期分批的项目组成；各批工程项目的开工、竣工顺序及时间安排；全场性准备工程，特别是首批准备工程的内容与进度安排等。常用的进度计划表示方法有横道图和网络图两种。

当建设工程有总承包单位时，监理工程师只需对总承包单位提交的施工总进度计划进行审核即可。而对于单位工程施工进度计划，监理工程师只负责审核而不需要编制。

施工进度计划审核的内容主要有：

(1)进度安排是否符合工程项目建设总进度计划中总目标和分目标的要求，是否符合施工合同中开工、竣工日期的规定。

(2)施工总进度计划中的项目是否有遗漏，分期施工是否满足分批动用的需要和配套动用的要求。

(3)施工顺序的安排是否符合施工工艺的要求。

(4)劳动力、材料、构配件、设备及施工机具、水、电等生产要素的供应计划是否能保证施工进度计划的实现，供应是否均衡，需求高峰期是否有足够能力实现计划供应。

(5)总包、分包单位分别编制的各项单位工程施工进度计划之间是否相协调，专业分工与计划衔接是否明确合理。

(6)对于业主负责提供的施工条件(包括资金、施工图纸、施工场地、采供的物资等)，在施工进度计划中安排得是否明确、合理，是否有造成因业主违约而导致工程延期和费用索赔的可能存在。

如果监理工程师在审查施工进度计划的过程中发现问题，应及时向承包单位提出书面修改意见(也称整改通知书)，并协助承包单位修改。其中重大问题应及时向业主汇报。

应当说明，编制和实施施工进度计划是承包单位的责任。承包单位之所以将施工进度计划提交给监理工程师审查，是为了听取监理工程师的建设性意见。因此，监理工程师对施工进度计划的审查或批准，并不解除承包单位对施工进度计划的任何责任和义务。另外，对监理工程师来讲，其审查施工进度计划的主要目的是防止承包单位计划不当，以及为承包单位保证实现合同规定的进度目标提供帮助。强制地干预承包单位的进度安排，或支配施工中所需要劳动力、设备和材料，是一种错误行为。

尽管承包单位向监理工程师提交施工进度计划是为了听取建设性的意见，但施工进度计划一经监理工程师确认，即应当视为合同文件的一部分，它是以后处理承包单位提出的工程延期或费用索赔的一个重要依据。

4. 施工进度的动态检查

在施工进度计划的实施过程中，由于各种因素的影响，常常会打乱原始计划的安排而出现进度偏差。因此，监理工程师必须对施工进度计划的执行情况进行动态检查，并分析进度偏差产生的原因，以便为施工进度计划的调整提供必要的信息。

(1)施工进度的检查方式。在建设工程施工过程中，监理工程师可以通过以下方式获得其实际进展情况：

1)定期地、经常地收集由承包单位提交的有关进度报表资料。工程施工进度报表资料不仅是监理工程师实施进度控制的依据，同时，也是其核对工程进度款的依据。在一般情况下，进度报表格式由监理单位提供给施工承包单位，施工承包单位按时填写完后提交给监理工程师核查。报表的内容根据施工对象及承包方式的不同而有所区别，但一般应包括工作的开始时间、完成时间、持续时间、逻辑关系、实物工程量和工作量，以及工作时差的利用情况等。承包单位若能准确地填报进度报表，监理工程师就能从中了解到建设工程的实际进展情况。

2)由监理人员现场跟踪检查建设工程的实际进展情况。为了避免施工承包单位超报已完工程量，监理人员有必要进行现场实地检查和监督。至于每隔多长时间检查一次，应视建设工程的类型、规模、监理范围及施工现场的条件等多方面的因素而定。可以每月或每半月检查一次，也可每旬或每周检查一次。如果在某一施工阶段出现不利情况时，甚至需要每天检查。

除上述两种方式外，由监理工程师定期组织现场施工负责人召开现场会议，也是获得建设工程实际进展情况的一种方式。通过这种面对面的交谈，监理工程师可以从中了解到施工过程中的潜在问题，以便及时采取相应的措施加以预防。

(2)施工进度的检查方法。施工进度检查的主要方法是对比法，常用的进度比较方法有横道图、S形曲线、香蕉形曲线、前锋线和列表比较法。将经过整理的实际进度数据与计划进度数据进行比较，从中发现是否出现进度偏差以及进度偏差的大小。通过检查分析，如果进度偏差比较小，应在分析其产生原因的基础上采取有效措施，解决矛盾，排除障碍，继续执行原进度计划。如果经过努力，确实不能按原计划实现时，再考虑对原计划进行必要的调整。即适当延长工期，或改变施工速度。计划的调整一般是不可避免的，但应当慎重，尽量减少变更计划性的调整。

5. 施工进度计划的调整

通过检查分析，如果发现原有进度计划已不能适应实际情况时，为了确保进度控制目标的实现或需要确定新的计划目标，就必须对原有进度计划进行调整，以形成新的进度计划，作为进度控制的新依据。

施工进度计划的调整方法主要有两种：一种是通过缩短某些工作的持续时间来缩短工期；另一种是通过改变某些工作之间的逻辑关系来缩短工期。在实际工作中，应根据具体情况选用上述方法进行进度计划的调整。

(1)缩短某些工作的持续时间。这种方法的特点是不改变工作之间的先后顺序关系，通过缩短网络计划中关键线路上工作的持续时间来缩短工期。这时，通常需要采取一定的措施来达到目的。具体措施包括组织措施，如增加工作面、组织更多的施工队伍、增加每天的施工时间、增加劳动力和施工机械的数量等；技术措施，如改进施工工艺和施工技术以缩短工艺技术间歇时间、采用更先进的施工方法以减少施工过程的数量、采用更先进的施工机械等；经济措施，如实行包干奖励、提高奖金数额、对所采取的技术措施给予相应的经济补偿等；其他配套措施，如改善外部配合条件、改善劳动条件、实施强有力的调度等。

一般来说，不管采取哪种措施，都会增加费用。因此，在调整施工进度计划时，应利用费用优化的原理选择费用增加量最小的关键工作作为压缩对象。

(2)改变某些工作之间的逻辑关系。这种方法的特点是不改变工作的持续时间，而只改变工作的开始时间和完成时间。对于大型建设工程，由于其单位工程较多且相互之间的制约比较小，可调整的幅度比较大，所以，容易采用平行作业的方法来调整施工进度计划。而对于单位工程项目，由于受工作之间工艺关系的限制，可调整的幅度比较小，所以，通常采用搭接作业的方法来调整施工进度计划。

除分别采用上述两种方法来缩短工期外，有时由于工期拖延得太多，当采用某种方法进行调整，其可调整的幅度又受到限制时，还可以同时利用这两种方法对同一施工进度计划进行调整，以满足工期目标的要求。

6. 审批工程延期

造成工程进度拖延的原因有两个方面：一是由于承包单位自身的原因；二是由于承包单位以外的原因。前者所造成的进度拖延，称为工程延误；而后者所造成的进度拖延，称为工程延期。

（1）工程延误。当出现工程延误时，监理工程师有权要求承包单位采取有效措施加快施工进度。如果经过一段时间后，实际进度没有明显改进，仍然拖后于计划进度，而且显然影响工程按期竣工时，监理工程师应要求承包单位修改进度计划，并提交给监理工程师重新确认。

监理工程师对修改后的施工进度计划的确认，并不是对工程延期的批准，他只是要求承包单位在合理的状态下施工。因此，监理工程师对进度计划的确认，并不能解除承包单位应负的一切责任，承包单位需要承担赶工的全部额外开支和误期损失赔偿。

如果由于承包单位自身的原因造成工期拖延，而承包单位又未按照监理工程师的指令改变延期状态时，通常可以采用下列手段进行处理：

1）拒绝签署付款凭证。当承包单位的施工活动不能使监理工程师满意时，监理工程师有权拒绝承包单位的支付申请。因此，当承包单位的施工进度拖后且又不采取积极措施时，监理工程师可以采取拒绝签署付款凭证的手段制约承包单位。

2）误期损失赔偿。拒绝签署付款凭证一般是监理工程师在施工过程中制约承包单位延误工期的手段，而误期损失赔偿则是当承包单位未能按合同规定的工期完成合同范围内的工作时对其的处罚。如果承包单位未能按合同规定的工期和条件完成整个工程，则应向业主支付投标书附件中规定的金额，作为该项违约的损失赔偿费。

3）取消承包资格（业主才能行使）。如果承包单位严重违反合同，又不采取补救措施，则业主为了保证合同工期有权取消其承包资格。例如，承包单位接到监理工程师的开工通知后，无正当理由推迟开工时间，或在施工过程中无任何理由要求延长工期，施工进度缓慢，又无视监理工程师的书面警告等，都有可能受到取消承包资格的处罚。

取消承包资格是对承包单位违约的严厉制裁。因为业主一旦取消了承包单位的承包资格，承包单位不但要被驱逐出施工现场，而且还要承担由此而造成的业主的损失费用。这种惩罚措施一般不轻易采用，而且在作出这项决定前，业主必须事先通知承包单位，并要求其在规定的期限内做好辩护准备。

（2）工程延期。如果由于承包单位以外的原因造成工期拖延，承包单位有权提出延长工期的申请。监理工程师应根据合同规定，审批工程延期时间。经监理工程师核实批准的工程延期时间，应纳入合同工期，作为合同工期的一部分。即新的合同工期应等于原定的合同工期加上监理工程师批准的工程延期时间。

监理工程师对于施工进度的拖延，是否批准为工程延期，对承包单位和业主都十分重要。如果承包单位得到监理工程师批准的工程延期，不仅可以不赔偿由于工期延长而支付的误期损失费，而且还要由业主承担由于工期延长所增加的费用。因此，监理工程师应按照合同的有关规定，公正地区分工程延误和工程延期，并合理地批准工程延期时间。

发生工程延期事件，不仅影响工程的进展，而且还会给业主带来损失。因此，监理工程师应做好以下工作，以减少或避免工程延期事件的发生。

1) 选择合适的时机下达工程开工令。监理工程师在下达工程开工令之前，应充分考虑业主的前期准备工作是否充分。特别是征地、拆迁问题是否已解决，设计图纸能否及时提供，以及付款方面有无问题等，以避免由于上述问题缺乏准备而造成工程延期。

2) 提醒业主履行施工承包合同中所规定的职责。在施工过程中，监理工程师应经常提醒业主履行自己的职责，提前做好施工场地及设计图纸的提供工作，并能及时支付工程进度款，以减少或避免由此而造成的工程延期。

3) 妥善处理工程延期事件。当延期事件发生以后，监理工程师应根据合同规定进行妥善处理。既要尽量减少工程延期时间及其损失，又要在详细调查研究的基础上合理批准工程延期时间。

另外，业主在施工过程中应尽量减少干预、多协调，以避免由于业主的干扰和阻碍而导致延期事件的发生。

第五节　建设工程质量控制

质量是指一组固有特性满足要求的程度。"固有特性"包括明示的和隐含的特性，明示的特性一般以书面阐明或明确向顾客指出，隐含的特性是指惯例或一般做法。"满足要求"是指满足顾客和相关方的要求，包括法律法规及标准规范的要求。

建设工程质量简称工程质量，是指建设工程满足相关标准规定和合同约定要求的程度，包括其在安全、使用功能及其在耐久性能、节能与环境保护等方面所有明示和隐含的固有特性。

建设工程质量控制是工程监理单位根据法律法规、工程建设标准、勘察设计文件及合同，进行服务活动的重要内容，也是项目监理机构实施工程监理的中心任务之一。

施工阶段是形成建设工程项目实体的阶段，也是形成最终产品质量的重要阶段。所以，施工阶段的质量控制，是建设工程项目质量控制的重点，也是施工阶段监理的重要任务。"百年大计，质量第一"，无论是材料与设备的选购，还是土建工程施工、设备安装，都要树立强烈的质量意识，建立起严格的质量检验和质量监理制度。

一、工程质量的特点

1. 影响因素多

建设工程质量受到多种因素的影响，如决策、设计、材料、机具设备、施工方法、施工工艺、技术措施、人员素质、工期、工程造价等，这些因素都直接或间接地影响工程项目质量。

2. 质量波动大

由于建筑生产的单件性、流动性，不像一般工业产品的生产那样，有固定的生产流水线、有规范化的生产工艺和完善的检测技术、有成套的生产设备和稳定的生产环境，所以，工程质量容易产生波动且波动大。同时，由于影响工程质量的偶然性因素和系统性因素比较多，其中任一因素发生变动，都会使工程质量产生波动。如材料规格品种使用错误、施工方法不当、操作未按规程进行、机械设备过度磨损或出现故障、设计计算失误等，都会发生质量波动，产生系统因素的质量变异，造成工程质量事故。为此，要严防出现系统性因素的质量变异，要把质量波动控制在偶然性因素范围内。

3. 质量隐蔽性

建设工程在施工过程中，分项工程交接多、中间产品多、隐蔽工程多，因此，质量存在隐蔽性。若在施工中不及时进行质量检查，事后只能从表面上检查，就很难发现内在的质量问题，这样就容易产生判断错误，即将不合格品误认为合格品。

4. 终检的局限性

工程项目建成后不可能像一般工业产品那样依靠终检来判断产品的质量，或将产品拆卸、解体来检查其内在质量，或对不合格零部件进行更换。而工程项目的终检（竣工验收）无法进行工程内在质量的检验，发现隐蔽的质量缺陷。因此，工程项目的终检存在一定的局限性。这就要求工程质量控制应以预防为主，防患于未然。

5. 评价方法的特殊性

工程质量的检查评定及验收是按检验批、分项工程、分部工程、单位工程进行的。检验批的质量是分项工程乃至整个工程质量检验的基础，检验批质量合格与否主要取决于主控项目和一般项目检验的结果。

二、影响工程质量的因素

影响工程质量的因素很多，但归纳起来主要有五个方面，即人（Man）、材料（Material）、机械（Machine）、方法（Method）和环境（Environment），简称 4M1E。

1. 人员素质

人是生产经营活动的主体，也是工程项目建设的决策者、管理者和操作者，工程建设的规划、决策、勘察、设计、施工与竣工验收等全过程，都是通过人的工作来完成的。人员的素质，即人的文化水平、技术水平、决策能力、管理能力、组织能力、作业能力、控制能力、身体素质及职业道德等，都将直接和间接地对规划、决策、勘察、设计和施工的质量产生影响，而规划是否合理、决策是否正确、设计是否符合所需要的质量功能、施工能否满足合同、规范、技术标准的需要等，都将对工程质量产生不同程度的影响。人员素质是影响工程质量的一个重要因素。建筑行业实行的资质管理和各类专业从业人员持证上岗制度是保证人员素质的重要管理措施。

2. 工程材料

工程材料是指构成工程实体的各类建筑材料、构配件、半成品等。其是工程建设的物质条件，是工程质量的基础。工程材料选用是否合理、产品是否合格、材质是否经过检验、保管使用是否得当等，都将直接影响建设工程的结构刚度和强度，影响工程外表及观感，影响工程的使用功能，影响工程的使用安全。

3. 机械设备

机械设备可分为两类：一类是指组成工程实体及配套的工艺设备和各类机具，如电梯、泵机、通风设备等，它们构成了建筑设备安装工程或工业设备安装工程，形成完整的使用功能。另一类是指施工过程中使用的各类机具设备，包括大型垂直与横向运输设备、各类操作工具、各种施工安全设施、各类测量仪器和计量器具等，简称施工机具设备，它们是施工生产的手段。工程所用机具设备，其产品质量优劣直接影响工程使用功能质量。施工机具设备的类型是否符合工程施工特点，性能是否先进稳定，操作是否方便安全等，都将会影响工程项目的质量。

4. 方法

方法是指工艺方法、操作方法和施工方案。在工程施工中，施工方案是否合理，施工工艺是否先进，施工操作是否正确，都将对工程质量产生重大的影响。采用新技术、新工艺、新方法，不断提高工艺技术水平，是保证工程质量稳定提高的重要因素。

5. 环境条件

环境条件是指对工程质量特性起重要作用的环境因素，包括工程技术环境，如工程地质、水文、气象等；工程作业环境，如施工环境作业面大小、防护设施、通风照明和通信条件等；工程管理环境，主要指工程实施的合同环境与管理关系的确定，组织体制及管理制度等；周边环境，如工程邻近的地下管线、建（构）筑物等。环境条件往往对工程质量产生特定的影响。加强环境管理，改进作业条件，把握好技术环境，辅以必要的措施，是控制环境对质量影响的重要保证。

三、施工阶段质量控制的主要工作

工程施工质量控制是项目监理机构工作的重要内容。项目监理机构应基于施工质量控制的依据和工作程序，抓好施工质量控制工作。

项目监理机构在建设工程施工阶段质量控制的主要任务是：通过对施工投入、施工和安装过程、施工产出品（检验批、分项工程、分部工程、单位工程、单项工程等）进行全过程控制，以及对施工单位及其人员的资格、材料和设备、施工机械和机具、施工方案和方法、施工环境实施全面控制，以期按标准实现预定的施工质量目标。

为完成施工阶段质量控制任务，项目监理机构需要做好以下工作：协助建设单位做好施工现场准备工作，为施工单位提交合格的施工现场；协助建设单位做好图纸会审与设计交底；做好施工组织设计的审查、施工方案的审查和现场施工准备质量控制等工作；审查确认施工总包单位及分包单位资格；检查工程材料、构配件、设备质量；检查施工机械和机具质量；审查施工组织设计和施工方案；检查施工单位的现场质量管理体系和管理环境；控制施工工艺工程质量；验收分部分项工程和隐蔽工程；处置工程质量问题、质量缺陷；协助处理工程质量事故；审核工程竣工图，组织工程预验收；参加工程竣工验收等。

1. 工程施工质量控制的工作程序

在施工阶段中，项目监理机构要进行全过程的监督、检查与控制，不仅涉及最终产品的检查、验收，而且涉及施工过程的各环节及中间产品的监督、检查与验收。

在工程开始前，施工单位须做好施工准备工作，待开工条件具备时，应向项目监理机构报送工程开工报审表及相关资料。专业监理工程师重点审查施工单位的施工组织设计是否已由总监理工程师签认，是否已建立相应的现场质量、安全生产管理体系，管理及施工人员是否已到位，主要施工机械是否已具备使用条件，主要工程材料是否已落实到位。设计交底和图纸会审是否已完成；进场道路及水、电、通信等是否已满足开工要求。审查合格后，则由总监理工程师签署审核意见，并报建设单位批准后，总监理工程师签发开工令。否则，施工单位应进一步做好施工准备，待条件具备时，再次报送工程开工报审表。

在施工过程中，专业监理工程师应督促施工单位加强内部质量管理，严格质量控制。施工作业过程均应按规定工艺和技术要求进行。当隐蔽工程、检验批、分项工程完成后，施工单位应自检合格，填写相应的隐蔽工程或检验批或分项工程报审、报验表，并附有相应工序和部位的工程质量检查记录，报送项目监理机构。经专业监理工程师现场检查及对相关资料审核后，符合要求予以签认；反之，则指令施工单位进行整改或返工处理。

施工单位按照施工进度计划完成分部工程施工，且分部工程所包含的分项工程全部检验合格后，应填写相应分部工程报验表，并附有分部工程质量控制资料，报送项目监理机构验收。由总监理工程师组织相关人员对分部工程进行验收，并签署验收意见。

按照单位工程施工总进度计划，施工单位已完成施工合同所约定的所有工程量，并完成自检工作，工程验收资料已整理完毕，应填报单位工程竣工验收报审表，报送项目监理机构竣工验收。总监理工程师组织专业监理工程师进行竣工预验收，并签署验收意见。

在施工质量验收过程中，涉及结构安全的试块、试件以及有关材料，应按规定进行见证取样检测；对涉及结构安全和使用功能的重要分部工程，应进行抽样检测，承担见证取样检测及有关结构安全检测的单位应具有相应资质。

2. 工程施工质量验收

工程施工质量验收是指工程施工质量在施工单位自行检查评定合格的基础上，由工程质量验收责任方组织，工程建设相关单位参加，对检验批、分项、分部、单位工程及其隐蔽工程的质量进行抽样检验，对技术文件进行审核，并根据设计文件和相关标准以书面形式对工程质量是否达到合格作出确认。

（1）工程质量验收层次划分。随着我国经济的发展和施工技术的进步，工程建设规模不断扩大，技术复杂程度越来越高，出现了大量工程规模较大的单体工程和具有综合使用功能的综合性建筑物。由于大型单体工程可能在功能或结构上由若干个单体组成，且整个建设周期较长，可能出现已建成可使用的部分单体需先投入使用，或先将工程中一部分提前建成使用等情况，需要进行分段验收。再加之对规模特别大的工程进行一次验收也不方便等。因此，标准规定，可将此类工程划分为若干个子单位工程进行验收。同时，为了更加科学地评价工程施工质量和有利于对其进行验收，根据工程特点，按结构分解的原则将单位或子单位工程又划分为若干个分部工程。在分部工程中，按相近工作内容和系统又划分为若干个子分部工程。每个分部工程或子分部工程又可划分为若干个分项工程。每个分项工程中又可划分为若干个检验批。检验批是工程施工质量验收的最小单位。

（2）检验批的验收。检验批是分项工程的组成部分，是指按相同的生产条件或按规定的方式汇总起来供抽样检验用的，由一定数量样本组成的检验体。检验批可根据施工、质量控制和专业验收的需要，按工程量、楼层、施工段、变形缝进行划分。施工前，应由施工单位制定检验批的划分方案，并报项目监理机构审核。对于《建筑工程施工质量验收统一标准》（GB 50300—2013）附录B及相关专业验收规范未涵盖的分项工程和检验批，可由建设单位组织监理、施工等单位协商确定。

检验批质量验收应由专业监理工程师组织施工单位项目专业质量检查员、专业工长等进行。

(3)分部分项工程的验收。建筑工程的分部或子分部工程、分项工程的具体划分宜按《建筑工程施工质量验收统一标准》(GB 50300—2013)附录 B 采用。

分项工程质量验收应由专业监理工程师组织施工单位项目技术负责人等进行。

分部(子分部)工程质量验收应由总监理工程师组织施工单位项目负责人和项目技术、质量负责人等进行。由于地基与基础、主体结构工程要求严格,技术性强,关系到整个工程的安全,为严把质量关,规定勘察、设计单位项目负责人和施工单位技术、质量负责人应参加地基与基础分部工程的验收。设计单位项目负责人和施工单位技术、质量负责人应参加主体结构、节能分部工程的验收。

(4)单位或子单位工程的验收。单位或子单位工程的划分,施工前,应由建设、监理、施工单位商定划分方案,并据此收集整理施工技术资料和验收。

总监理工程师应组织专业监理工程师审查施工单位提交的单位工程竣工验收报审表及有关竣工资料,并对工程质量进行竣工预验收。存在质量问题时,应由施工单位及时整改,整改完毕且合格后,总监理工程师应签认单位工程竣工验收报审表及有关资料,并向建设单位提交工程质量评估报告。施工单位向建设单位提交工程竣工报告,申请工程竣工验收。

建设单位收到施工单位提交的工程竣工报告和完整的质量控制资料,以及项目监理机构提交的工程质量评估报告后,由建设单位项目负责人组织设计、勘察、监理、施工等单位项目负责人进行单位工程验收。对验收中提出的整改问题,项目监理机构应督促施工单位及时整改。工程质量符合要求的,总监理工程应在工程竣工验收报告中签署验收意见。

室外工程可根据专业类别和工程规模划分单位工程或子单位工程、分部工程。

(5)建筑工程施工质量验收要求。

1)工程施工质量验收均应在施工单位自检合格的基础上进行;

2)参加工程施工质量验收的各方人员应具备相应的资格;

3)检验批的质量应按主控项目和一般项目验收;

4)对涉及结构安全、节能、环境保护和主要使用功能的试块、试件及材料,应在进场时或施工中按规定进行见证检验;

5)隐蔽工程在隐蔽前应由施工单位通知项目监理机构进行验收,并应形成验收文件,验收合格后方可继续施工;

6)对涉及结构安全、节能、环境保护等的重要分部工程应在验收前按规定进行抽样检验;

7)工程的观感质量应由验收人员现场检查,并应共同确认。

(6)工程施工质量验收时不符合要求的处理。一般情况,不合格现象在检验批验收时就应发现并及时处理,但实际工程中不能完全避免不合格情况的出现,因此,工程施工质量验收时不符合要求的应进行如下处理:

1)经返工或返修的检验批,应重新进行验收。在检验批验收时,对于主控项目不能满足验收规范规定或一般项目超过偏差限值时,应及时进行处理。其中,对于严重的质量缺陷应重新施工;一般的质量缺陷可通过返修或更换予以解决,允许施工单位在采取相应的措施后重新验收。如能够符合相应的专业验收规范要求,则应认为该检验批合格。

2)经有资质的检测单位检测鉴定能够达到设计要求的检验批,应予以验收。当个别检验批发现问题,难以确定能否验收时,应请具有资质的法定检测单位进行检测鉴定。当鉴定结果认为能够达到设计要求时,该检验批可以通过验收。这种情况通常出现在某检验批的材料试块强度不满足设计要求时。

3)经有资质的检测单位检测鉴定达不到设计要求，但经原设计单位核算认可能够满足安全和使用功能要求时，该检验批可予以验收。这主要是因为一般情况下，标准、规范规定的是满足安全和功能的最低要求，而设计往往在此基础留有一些余量，在一定范围内，会出现不满足设计要求而符合相应规范要求的情况。

4)经返修或加固处理的分项、分部工程，满足安全及使用功能要求时，可按技术处理方案和协商文件的要求予以验收。经法定检测单位检测鉴定以后认为达不到规范的相应要求，即不能满足最低限度的安全储备和使用功能时，则必须按一定的技术处理方案进行加固处理，使之能满足安全使用的基本要求。这样可能会造成一些永久性的影响，如增大结构外形尺寸，影响一些次要的使用功能等。但为了避免建筑物的整体或局部拆除，避免社会财富更大的损失，在不影响安全和主要使用功能条件下，可按技术处理方案和协商文件的要求进行验收，责任方应按法律法规承担相应的经济责任和接受处罚。这种方法不能作为降低质量要求、变相通过验收的一种出路，这是应该特别注意的。

5)经返修或加固处理仍不能满足安全或重要使用要求的分部工程及单位或子单位工程，严禁验收。分部工程及单位工程如存在影响安全和使用功能的严重缺陷，经返修或加固处理仍不能满足安全使用要求的，严禁通过验收。

6)工程质量控制资料应齐全完整，当部分资料缺失时，应委托有资质的检测单位按有关标准进行相应的实体检测或抽样试验。在实际工程中，偶尔会遇到因遗漏检验或资料丢失而导致部分施工验收资料不全的情况，使工程无法正常验收。对此可有针对性地进行工程质量检验，采取实体检测或抽样试验的方法确定工程质量状况。上述工作应由有资质的检测单位完成，检验报告可用于工程施工质量验收。

四、建设工程质量缺陷及事故

1. 工程质量缺陷及处理

工程质量缺陷是指工程不符合国家或行业的有关技术标准、设计文件及合同中对质量的要求。工程质量缺陷可分为施工过程中的质量缺陷和永久质量缺陷。施工过程中的质量缺陷又可分为可整改质量缺陷和不可整改质量缺陷。

工程施工过程中，由于种种主观和客观原因，出现质量缺陷往往难以避免。对已发生的质量缺陷，项目监理机构应按下列程序进行处理：

(1)发生工程质量缺陷后，项目监理机构签发监理通知单，责成施工单位进行处理。

(2)施工单位进行质量缺陷调查，分析质量缺陷产生的原因，并提出经设计等相关单位认可的处理方案。

(3)项目监理机构审查施工单位报送的质量缺陷处理方案，并签署意见。

(4)施工单位按审查合格的处理方案实施处理，项目监理机构对处理过程进行跟踪检查，对处理结果进行验收。

(5)质量缺陷处理完毕后，项目监理机构应根据施工单位报送的监理通知回复单对质量缺陷处理情况进行复查，并提出复查意见。

(6)处理记录整理归档。

2. 工程质量事故及处理

(1)工程质量事故等级划分。工程质量事故是指由于建设、勘察、设计、施工、监理等单位违反工程质量有关法律法规和工程建设标准，使工程产生结构安全、重要使用功能等方面的质量缺陷，造成人身伤亡或者重大经济损失的事故。根据工程质量事故造成的人员伤亡或者直接经济损失，工程质量事故分为4个等级：

1) 特别重大事故，是指造成30人以上死亡，或者100人以上重伤，或者1亿元以上直接经济损失的事故；

2) 重大事故，是指造成10人以上30人以下死亡，或者50人以上100人以下重伤，或者5 000万元以上1亿元以下直接经济损失的事故；

3) 较大事故，是指造成3人以上10人以下死亡，或者10人以上50人以下重伤，或者1 000万元以上5 000万元以下直接经济损失的事故；

4) 一般事故，是指造成3人以下死亡，或者10人以下重伤，或者100万元以上1 000万元以下直接经济损失的事故。

该等级划分所称的"以上"包括本数，所称的"以下"不包括本数。

(2) 工程质量事故处理。建设工程一旦发生质量事故，除相关行业有特殊要求外，应按照《住房和城乡建设部关于做好房屋建筑和市政基础设施工程质量事故报告和调查处理工作的通知》(建质〔2010〕111号)的要求，由各级政府建设行政主管部门按事故等级划分开展相关的工程质量事故调查，明确相应责任单位，提出相应的处理意见。项目监理机构除积极配合做好上述工程质量事故调查外，还应做好由于事故对工程产生的结构安全及重要使用功能等方面的质量缺陷处理工作。

工程质量事故处理的基本方法包括工程质量事故处理方案的确定及工程质量事故处理后的鉴定验收。其目的是消除质量缺陷，以达到建筑物的安全可靠和正常使用功能及寿命要求，并保证后续施工的正常进行。其一般处理原则是：正确确定事故性质，是表面性还是实质性、是结构性还是一般性、是迫切性还是可缓性；正确确定处理范围，除直接发生部位，还应检查处理事故相邻影响作用范围的结构部位或构件。其处理基本要求是：安全可靠，不留隐患；满足建筑物的功能和使用要求；技术可行，经济合理。

尽管质量事故的技术处理方案多种多样，但根据质量事故的情况可归纳为三种类型的处理方案，监理人员应掌握从中选择最适用处理方案的方法，方能对相关单位上报的事故处理方案作出正确审核结论。

1) 修补处理。这是最常用的一类处理方案。通常当工程的某个检验批、分项或分部工程的质量虽未达到规定的规范、标准或设计要求，存在一定缺陷，但通过修补或更换构配件、设备后还可达到要求的标准，又不影响使用功能和外观要求，在此情况下，可以进行修补处理。

2) 返工处理。当工程质量未达到规定的标准和要求，存在的严重质量缺陷，对结构的使用和安全构成重大影响，且又无法通过修补处理的情况下，可对检验批、分项、分部工程甚至整个工程返工处理。

3) 不做处理。某些工程质量缺陷虽然不符合规定的要求和标准构成质量事故，但视其严重情况，经过分析、论证、法定检测单位鉴定和设计等有关单位认可，对工程或结构使用及安全影响不大，也可不做专门处理。通常不用专门处理的情况有以下几种：

①不影响结构安全和正常使用。例如，有的建筑物出现放线定位偏差，且严重超过规范标准规定，若要纠正会造成重大经济损失，若经过分析、论证其偏差不影响生产工艺和正常使用，在外观上也无明显影响，可不做处理。又如，某些隐蔽部位结构混凝土表面裂

缝，经检查分析，属于表面养护不够的干缩微裂，不影响使用及外观，也可不做处理。

②有些质量缺陷，经过后续工序可以弥补。例如，混凝土墙表面轻微麻面，可通过后续的抹灰、喷涂或刷白等工序弥补，也可不做专门处理。

③经法定检测单位鉴定合格。例如，某检验批混凝土试块强度值不满足规范要求，强度不足，在法定检测单位对混凝土实体采用非破损检验方法，测定其实际强度已达规范允许和设计要求值时，可不做处理。对经检测未达要求值，但相差不多，经分析论证，只要使用前经再次检测达设计强度，也可不做处理。

④出现的质量缺陷，经检测鉴定达不到设计要求，但经原设计单位核算，仍能满足结构安全和使用功能。

不论哪种情况，特别是不做处理的质量缺陷，均要备好必要的书面文件，对技术处理方案、不做处理结论和各方协商文件等有关档案资料认真组织签认。对责任方应承担的经济责任和合同中约定的罚则应正确判定。

第六节　建设工程监理的主要方式

项目监理机构应根据建设工程监理合同约定，采用巡视、平行检验、旁站、见证取样的方式对建设工程实施监理，巡视、平行检验、旁站、见证取样是建设工程监理的主要方式。

一、巡视

巡视是指项目监理机构监理人员对施工现场进行定期或不定期的检查活动。巡视检查是项目监理机构对实施建设工程监理的重要方式之一，是监理人员针对施工现场进行的日常检查。

(一)巡视的作用

巡视是监理人员针对现场施工质量和施工单位安全生产管理情况进行的检查工作，监理人员通过巡视检查，能够及时发现施工过程中出现的各类质量、安全问题，对不符合要求的情况及时要求施工单位进行纠正并督促整改，使问题消灭在萌芽状态。巡视对于实现建设工程目标，加强安全生产管理等起着重要作用。具体体现在以下几个方面：

(1)观察、检查施工单位的施工准备情况；

(2)观察、检查包括施工工序、施工工艺、施工人员、施工材料、施工机械、周边环境等在内的施工情况；

(3)观察、检查施工过程中的质量问题、质量缺陷并及时采取相应措施；

(4)观察、检查施工现场存在的各类生产安全事故隐患并及时采取相应措施；

(5)观察、检查并解决其他有关问题。

(二)巡视的工作内容和职责

总监理工程师应根据经审核批准的监理规划及监理实施细则中规定的频次进行交底，明确巡视检查要点，巡视频率和采取措施及采用的巡视检查记录表；合理安排监理人员进行巡视检查工作；督促监理人员按照监理规划及监理实施细则的要求开展现场巡视检查工作；总监理工程师应检查监理人员巡视的工作成果，与监理人员就当日巡视检查工作进行沟通，对发现的问题及时采取相应处理措施。

1. 巡视的工作内容

主要关注施工质量、安全生产两个方面的情况。

(1)施工质量方面：

1)天气情况是否适合施工作业，如不合适，是否已采取相应措施；

2)施工人员作业情况，是否按照工程设计文件、工程建设标准和批准的施工组织设计(专项)施工方案施工；

3)使用的工程材料、设备和构配件是否已检测合格；

4)施工单位主要管理人员到岗履职情况，特别是施工质量管理人员是否到位；

5)施工机具、设备的工作状态，周边环境是否有异常情况等。

(2)安全生产方面：

1)施工单位安全生产管理人员到岗履职情况、特种作业人员持证情况；

2)施工组织设计中的安全技术措施和专项施工方案落实情况；

3)安全生产、文明施工制度、措施落实情况；

4)危险性较大分部分项工程施工情况，重点关注是否按方案施工；

5)大型起重机械和自升式架设设施运行情况；

6)施工临时用电情况；

7)其他安全防护措施是否到位，工人违章情况；

8)施工现场存在的事故隐患以及按照项目监理机构的指令整改实施情况；

9)项目监理机构签发的工程暂停令执行情况等。

2. 巡视发现问题的处理

监理人员在巡视检查中发现问题，应及时采取相应处理措施；巡视监理人员认为发现的问题自己无法解决或无法判断是否能够解决时，应立即向总监理工程师汇报；在监理巡视检查记录表中及时、准确、真实地记录巡视检查情况；对已采取相应处理措施的质量问题、生产安全事故隐患，检查施工单位的整改落实情况，并反映在巡视检查记录表中。

监理文件资料管理人员应及时将巡视检查记录表归档，同时，注意巡视检查记录与监理日志、监理通知单等其他监理资料的呼应关系。

二、平行检验

平行检验是项目监理机构在施工单位自检的同时，按照有关规定、建设工程监理合同约定对同一检验项目进行的检测试验活动。平行检验的内容包括工程实体量测(检查、试验、检测)和材料检验等内容，平行检验是项目监理机构控制建设工程质量的重要手段之一。

1. 平行检验的作用

施工现场质量管理检查记录、检验批、分项工程、分部工程、单位工程等的验收记录由施工单位填写，验收结论由监理单位填写。监理人员不应只根据施工单位自己的检查、验收情况填写验收结论，而应该在施工单位检查、验收的基础之上进行"平行检验"，这样的质量验收结论才更具有说服力。同样，对于原材料、设备、构配件以及工程实体质量等，也应在见证取样或施工单位委托检验的基础上进行"平行检验"，以使检验、检测结论更加真实、可靠。平行检验是项目监理机构在施工阶段质量控制的重要工作之一，也是工程质量预验收和工程竣工验收的重要依据之一。

2. 平行检验工作内容和职责

项目监理机构首先应依据建设工程监理合同编制符合工程特点的平行检验方案，明确平行检验的方法、范围、内容、频率等，并设计各平行检验记录表式。建设工程监理实施过程中，应根据平行检验方案的规定和要求，开展平行检验工作。对平行检验不符合规范、标准的检验项目，应分析原因后按照相关规定进行处理。

负责平行检验的监理人员应根据经审批的平行检验方案，对工程实体、原材料等进行平行检验。平行检验的方法包括量测、检测、试验等。在平行检验的同时，记录相关数据，分析平行检验结果、检测报告结论等，提出相应的建议和措施。

监理文件资料管理人员应将平行检验方面的文件资料等单独整理、归档。平行检验的资料是竣工验收资料的重要组成部分。

三、旁站

旁站是指项目监理机构对工程的关键部位或关键工序的施工质量进行的监督活动。项目监理机构应根据工程特点和施工单位报送的施工组织设计，确定旁站的关键部位、关键工序，安排监理人员进行旁站。

1. 旁站的作用

每一项建设工程施工过程中都存在对结构安全、重要使用功能起着重要作用的关键部位和关键工序，对这些关键部位和关键工序的施工质量进行重点控制，直接关系到建设工程整体质量能否达到设计标准要求以及建设单位的期望。

旁站是建设工程监理工作中用以监督工程质量的一种手段，可以起到及时发现问题、第一时间采取措施、防止偷工减料、确保施工工艺工序按施工方案进行、避免其他干扰正常施工的因素发生等作用。旁站与监理工作其他方法手段结合使用，成为工程质量控制工作中相当重要和必不可少的工作方式。

2. 旁站的工作内容

项目监理机构应制定旁站方案，明确旁站的范围、内容、程序和旁站人员的职责等。旁站方案是监理人员在充分了解工程特点及监控重点的基础上，确定必须加以重点控制的关键工序、特殊工序，并以此制定的旁站作业指导方案。现场监理人员必须按此执行并根据方案的要求，有针对性地进行检查，将可能发生的工程质量问题和隐患加以消除。

旁站应在总监理工程师的指导下，由现场监理人员负责具体实施。监理人员实施旁站时，发现施工单位有违反工程建设强制性标准行为的，有权责令施工单位立即整改；发现其施工活动已经或者可能危及工程质量的，应由总监理工程师下达局部暂停施工指令或者采取其他应急措施。

旁站记录是专业监理工程师或者总监理工程师依法行使有关签字权的重要依据。对于需要旁站的关键部位、关键工序施工，凡没有实施旁站或者没有旁站记录的，专业监理工程师或者总监理工程师不得在相应文件上签字。在工程竣工验收后，工程监理单位应当将旁站记录存档备查。

项目监理机构应按照规定对关键部位、关键工序实施旁站。建设单位要求项目监理机构超出规定的范围实施旁站的，应当另行支付监理费用。具体费用标准由建设单位与工程监理单位在合同中约定。

3. 旁站的工作职责

旁站人员的主要工作职责包括但不限于以下内容：

(1)检查施工单位现场质量管理人员到岗、特殊工种人员持证上岗以及施工机械、建筑材料准备情况；

(2)在现场跟班监督关键部位、关键工序的施工单位执行施工方案以及工程建设强制性标准情况；

(3)核查进场建筑材料、建筑构配件、设备和商品混凝土的质量检验报告等，并可在现场监督施工单位进行检验或者委托具有资格的第三方进行复验；

(4)做好旁站记录和监理日记，保存旁站原始资料。

旁站人员应当认真履行职责，对需要实施旁站的关键部位、关键工序在施工现场跟班监督，及时发现和处理旁站过程中出现的质量问题，如实准确地做好旁站记录。凡旁站监理人员未在旁站记录上签字的，不得进行下一道工序施工。

总监理工程师应当及时掌握旁站工作情况，并采取相应措施解决旁站过程中发现的问题。监理文件资料管理人员应妥善保管旁站方案、旁站记录等相关资料。

四、见证取样

见证取样是指项目监理机构对施工单位进行的涉及结构安全的试块、试件及工程材料现场取样、封样、送检工作的监督活动。

1. 见证取样的程序

项目监理机构应根据工程的特点和具体情况，制定工程见证取样送检工作制度，将材料进场报验、见证取样送检的范围、工作程序、见证人员和取样人员的职责、取样方法等内容纳入监理实施细则，并可召开见证取样工作专题会议，要求工程参建各方在施工中必须严格按制定的工作程序执行。

根据原建设部《关于印发〈房屋建筑工程和市政基础设施工程实行见证取样和送检制度的规定〉的通知》（〔2000〕211号）的要求，在建设工程质量检测中实行见证取样和送检制度，即在建设单位或监理单位人员见证下，由施工人员在现场取样，送至试验室进行试验。

2. 见证监理人员工作内容和职责

总监理工程师应督促专业（材料）监理工程师制定见证取样实施细则。总监理工程师还应检查监理人员见证取样工作的实施情况，包括现场检查和资料检查，同时，积极听取监理人员的汇报，发现问题应立即要求施工单位采取相应措施。

见证监理人员应根据见证取样实施细则要求，按程序实施见证取样工作。包括：在现场进行见证，监督施工单位取样人员按随机取样方法和试件制作方法进行取样；对试样进行监护、封样加锁；在检验委托单签字，并出示《见证员证书》；协助建立包括见证取样送检计划、台账等在内的见证取样档案等。

监理文件资料管理人员应全面、妥善、真实记录试块、试件及工程材料的见证取样台账以及材料监督台账（无须见证取样的材料、设备等）。

【案例一】

背景：

某建筑公司承接了一项综合楼任务，建筑面积为 100 828 m²，地下 3 层，地上 26 层，箱形基础，主体为框架-剪力墙结构。该项目地处城市主要街道交叉路口，是该地区的标志性建筑物。因此，施工单位在施工过程中加强了对工序质量的控制。

在第 5 层楼板钢筋隐蔽工程验收时，监理工程师发现整个楼板受力钢筋型号不对、位置放置错误，施工单位非常重视，及时进行了返工处理。

在第 10 层混凝土部分试块检测时，监理工程师发现强度达不到设计要求，但实体经有资质的检测单位检测鉴定，强度达到了设计要求。由于加强了预防和检查，没有再发生类似情况。

该楼最终顺利完工，达到验收条件后，建设单位组织了竣工验收。

问题：

1. 指出第 5 层钢筋隐蔽工程验收要点。

2. 第 10 层的质量问题是否需要处理？说明理由。

3. 如果第 10 层实体混凝土强度经检测达不到要求，施工单位应如何处理？

案例解析：

1. 验收要点为：

(1)钢筋的连接方式、接头位置、接头数量、接头面积百分率等；

(2)纵向受力钢筋的品种、数量、规格、位置等；

(3)箍筋、横向钢筋的品种、数量、规格、间距等；

(4)预埋件的品种、规格、数量、位置等。

2. 第 10 层的质量问题不需要处理。理由：经有资质的检测单位鉴定强度达到了设计要求，可以予以验收。

3. 处理程序为：

(1)请设计单位核算，如果能够满足结构安全，可以予以验收；

(2)如果不能满足结构安全，编制经设计等相关单位认可的技术处理方案，经监理工程师审核确认后，由施工单位进行处理；

(3)经加固补强后能够满足结构安全，可以予以验收；

(4)经加固补强后仍不能满足结构安全的，严禁通过验收。

【案例二】

背景：

某实施监理的工程，合同工期为 15 个月，总监理工程师批准的施工进度计划如图 5-6 所示。

工程实施过程中发生下列事件：

事件 1：项目监理机构对 A 工作进行验收时发现质量缺陷，要求施工单位返工整改。

事件 2：在第 5 个月初到第 8 个月末的施工过程中，由于建设单位提出工程变更，使施

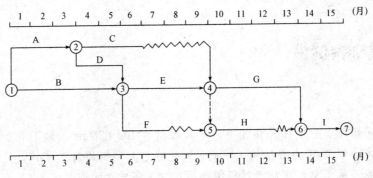

图 5-6 施工进度计划

工进度受到较大影响。截至第 8 个月末,未完工作尚需作业时间见表 5-1。施工单位按索赔程序向项目监理机构提出了工程延期的要求。

事件 3:建设单位要求本工程仍按原合同工期完成,施工单位需要调整施工进度计划,加快后续工程进度。经分析得到的各工作有关数据见表 5-1。

表 5-1 相关数据表

工作名称	C	E	F	G	H	I
尚需作业时间/月	1	3	1	4	3	2
可缩短的待续时间/月	0.5	1.5	0.5	2	1.5	1
缩短持续时间所增加的费用/(万元·月⁻¹)	28	18	30	26	10	14

问题:

1. 该工程施工进度计划中关键工作和非关键工作分别有哪些?C 和 F 工作的总时差和自由时差分别为多少?

2. 事件 1 中,对于 1 工作出现的质量问题,写出项目监理机构的处理程序。

3. 事件 2 中,逐项分析第 8 个月末 C、E、F 工作的拖后时间及对工期和后续工作的影响程度,并说明理由。

4. 针对事件 2,项目监理机构应批准的工程延期时间为多少?说明理由。

5. 针对事件 3,施工单位加快施工进度而采取的最佳调整方案是什么?相应增加的费用为多少?

案例解析:

1. 工程施工进度计划中,关键工作有:A、B、D、E、G、I;非关键工作有:C、F、H。其中,C 工作的总时差为 3 个月,自由时差为 3 个月;F 工作的总时差为 3 个月,自由时差为 2 个月。

2. 事件 1 中,项目监理机构发现 A 工作出现质量缺陷后的处理程序如下:

(1)发生工程质量缺陷后,项目监理机构签发监理通知单,责成施工单位进行处理。

(2)施工单位进行质量缺陷调查,分析质量缺陷产生的原因,并提出经设计等相关单位认可的处理方案。

(3)项目监理机构审查施工单位报送的质量缺陷处理方案,并签署意见。

(4)施工单位按审查合格的处理方案实施处理,项目监理机构对处理过程进行跟踪检查，对处理结果进行验收。

(5)质量缺陷处理完毕后，项目监理机构应根据施工单位报送的监理通知回复单对质量缺陷处理情况进行复查，并提出复查意见。

(6)处理记录整理归档。

3. 事件2中：

(1)C工作拖后3个月，由于其自由时差和总时差均为3个月，故不影响总工期和后续工作。

(2)E工作拖后2个月，由于其为关键工作，故其后续工作G、H和I的最早开始时间将推迟2个月，影响总工期2个月。

(3)F工作拖后2个月，由于其自由时差为2个月，故不影响总工期和后续工作。

4. 事件2中，项目监理机构批准工程延期2个月，因为总工期的延长是因建设单位提出工程变更而造成(或非施工单位原因造成)的。

5. 事件3中，最佳调整方案是：缩短I工作1个月，缩短E工作1个月，由此增加的费用为14+18=32(万元)。

▶基础练习

一、单项选择题

1. 关于建设工程投资、进度、质量三大目标之间基本关系的说法中，下列表达目标之间统一关系的是(   )。
   A. 缩短工期，可能增加工程投资
   B. 减少投资，可能要降低功能和质量要求
   C. 提高功能和质量要求，可能延长工期
   D. 提高功能和质量要求，可能降低运行费用和维修费用

2. 非生产性建设工程项目投资包括(   )。
   A. 建设投资和流动资金
   B. 建设投资和铺底流动资金
   C. 建设投资
   D. 固定资产投资和无形资产投资

3. 施工质量不合格经加固补强的分项、分部工程，通过改变外型尺寸但能满足安全使用要求的，可按(   )和协商文件进行验收。
   A. 技术处理方案　　B. 设计单位意见　　C. 设计变更处理　　D. 质量事责任

4. 某埋管沟槽开挖分项工程，采用单价合同承包，价格为15 000元/km，计日工每工日工资标准为50元，管沟长10 km。在开挖过程中，由于建设方原因，造成施工方8人窝工5天，施工方原因造成5人窝工10天，由此施工方提出的人工费索赔应是(   )元。
   A. 1 200　　　　　B. 1 500　　　　　C. 2 000　　　　　D. 2 700

5. 施工过程发生质量缺陷后，监理工程师应立即向施工单位发出(   )，要求施工单位对质量缺陷进行处理。
   A. 暂停令　　　　B. 工作联系单　　　C. 会议纪要　　　　D. 监理通知

6. 实施监理的建设工程，检验批的质量验收记录由施工项目质检员填写，由(   )组

织验收。

    A. 专业监理工程师   B. 建设单位项目负责人

    C. 施工单位项目技术   D. 监理员

7. 为了有效控制建设工程质量、造价、进度三大目标，可采取的技术措施是(   )。

    A. 审查、论证建设工程施工方案

    B. 动态跟踪建设工程合同执行情况

    C. 建立建设工程目标控制工作考评机制

    D. 进行建设工程变更方案的技术经济分析

8. (   )是指项目监理机构监理人员对施工现场进行定期或不定期的检查活动。

    A. 旁站   B. 巡视   C. 见证取样   D. 平行检验

9. (   )是项目监理机构在施工单位自检的同时，按照有关规定、建设工程监理合同约定对同一检验项目进行的检测试验活动。

    A. 旁站   B. 巡视   C. 见证取样   D. 平行检验

10. 关于监理人员旁站的说法中，下列错误的是(   )。

    A. 凡专业监理工程师未在旁站记录上签字的，不得进行下一道工序施工

    B. 发现施工单位有违反工程建设强制性标准行为的，有权责令施工单位立即整改

    C. 凡没有实施旁站或者没有旁站记录的，专业监理工程师或者总监理工程师不得在相应文件上签字

    D. 在旁站实施前，项目监理机构应根据旁站方案和相关的施工验收规范，对旁站人员进行技术交底

11. 下列选项中，体现了建设工程监理三大目标之间对立关系的是(   )。

    A. 适当增加投资数量，即可加快工程建设进度

    B. 工程质量有较高的要求，就需要投入较多的资金和花费较长的建设时间

    C. 如果进度计划制定得既科学又合理，可以缩短建设工期

    D. 适当提高建设工程功能要求和质量标准，能够节约工程项目动用后的运行费

12. 建设工程监理采用巡视的方式进行工作时，下列属于施工安全生产管理方面巡视内容的是(   )。

    A. 天气情况是否适合施工作业，如不适合，是否已采取相应措施

    B. 施工机具、设备的工作状态，周边环境是否有异常情况

    C. 施工人员作业情况，是否按照施工组织设计(专项)施工方案施工

    D. 施工组织设计中的安全技术措施和专项施工方案落实情况

13. 下列属于投资控制组织措施的是(   )。

    A. 编制投资控制工作流程   B. 参与合同修改

    C. 审核竣工结算   D. 对变更方案进行技术经济分析

14. 在工程建设过程中，影响实际进度的业主因素是(   )。

    A. 材料供应时间不能满足需要   B. 不能及时提供施工场地条件

    C. 不明的水文气象条件   D. 计划安排不周密，组织协调不力

15. 下列建设工程进度措施中，属于组织措施的是(   )。

    A. 采用 CM 承发包模式   B. 审查承包商提交的进度计划

    C. 办理工程进度款支付手续   D. 建立工程变更管理制度

二、多项选择题

1. 项目监理机构控制建设工程施工质量的任务有( )。
   A. 检查施工单位现场质量管理体系
   B. 处理工程质量事故
   C. 控制施工工艺过程质量
   D. 处置工程质量问题和质量缺陷
   E. 组织单位工程质量验收

2. 施工阶段建设工程造价控制的主要任务是通过( )来努力实现实际发生的费用不超过计划投资。
   A. 控制工程付款
   B. 协调各有关单位关系
   C. 控制工程变更费用
   D. 预防及处理费用索赔
   E. 挖掘节约工程造价潜力

3. 下列属于监理工程师质量目标控制工作的有( )。
   A. 审查施工管理制度
   B. 审查施工组织设计
   C. 计量已完合格工程量
   D. 验收分部分项工程
   E. 审核竣工图

4. 下列监理任务中,属于施工阶段质量控制任务的有( )。
   A. 协调有关各方关系
   B. 审查施工组织设计
   C. 审查确认分包单位资质
   D. 验收分部分项工程
   E. 处置工程质量问题

5. 监理工程师在施工阶段进度控制的任务有( )。
   A. 对建设工程进度分目标进行论证
   B. 完善建设工程控制性施工进度计划
   C. 编制承包方材料和设备采购计划
   D. 研究制定预防工期索赔的措施
   E. 协助建设单位编制和实施由其负责供应的设备供应进度计划

6. 在建设工程施工阶段,属于监理工程师造价控制的任务有( )。
   A. 制定本阶段资金使用计划
   B. 严格进行付款控制
   C. 严格控制工程变更
   D. 确认施工单位资质
   E. 及时处理费用索赔

7. 见证取样是指项目监理机构对施工单位进行的涉及结构安全的( )现场取样、封样、送检工作的监督活动。
   A. 设备
   B. 试块
   C. 试件
   D. 构配件
   E. 工程材料

8. 分析论证建设工程总目标,应遵循下列基本原则包括( )。
   A. 不同建设工程三大目标具有不同的优先等级
   B. 确保建设工程质量目标符合工程建设强制性标准
   C. 建设工程目标要进行逐级分解
   D. 必须明确三大目标的控制内容
   E. 定性分析与定量分析相结合

9. 工程材料是工程建设的物质条件,是工程质量的基础。工程材料包括( )。
   A. 建筑材料
   B. 构配件
   C. 施工机具设备
   D. 半成品
   E. 各类测量仪器

10. 产生投资偏差的原因中，下列属于监理工程师纠偏的重点有(   )。

  A. 物价上涨原因 B. 设计原因   C. 业主原因   D. 施工原因

  E. 客观原因

三、简答题

1. 建设工程三大目标的关系是什么？

2. 简述施工阶段投资控制的主要工作是什么？

3. 监理工程师对施工进度控制工作包括哪些内容？

4. 施工进度计划审查应包括哪些基本内容？

5. 施工进度计划的调整方法有哪些？

6. 如何处理工期延误？

7. 简要说明施工阶段监理工程师质量控制的工作程序。

8. 项目监理机构巡视工作内容和职责有哪些？

9. 旁站人员主要工作内容和职责有哪些？

第六章　建设工程风险管理与安全管理

风险管理是项目管理知识体系的重要组成部分，也是建设工程项目管理的重要内容。监理工程师需要掌握风险管理的基本原理，并将其应用于建设工程监理与相关服务。

项目监理机构应根据法律法规、工程建设强制性标准，履行建设工程安全生产管理的监理职责。

第一节　建设工程风险管理

一、建设工程风险及其管理过程

风险，就是生产目的与劳动成果之间的不确定性，从不同角度有不同的定义。其中，较为普遍接受的定义表述：一种是在特定的情况和特定的时间内，可能发生的结果之间的差异（或实际结果与预期结果之间的差异）。差异越大则风险越大，强调的是结果的差异。另一种风险就是与出现损失有关的不确定性。它强调不利事件发生的不确定性。因此，风险要具备两方面的条件：一是不确定性；二是产生损失后果，否则就不能称为风险。

建设工程风险是指在决策和实施过程中，造成实际结果与预期目标的差异性及其发生的概率。项目风险的差异性包括损失的不确定性和收益的不确定性。这里的工程风险是指损失的不确定性。

风险管理是指人们对潜在的意外损失进行辨识、评估，并根据具体情况采取相应的措施进行处理的管理过程，即在主观上尽可能做到有备无患，或在客观上无法避免时也能寻求切实可靠的补救措施，从而减少意外损失或化解风险为我所用。

建设工程风险管理是指参与工程项目的各方，包括发包方、承包方和勘察、设计、监理单位等在工程项目的筹划、勘察设计、工程施工各阶段采取辨识、评估、处理工程项目风险的管理过程。建设工程风险管理并不是独立于质量控制、造价控制、进度控制、合同管理、信息管理、组织协调，而是将上述项目管理内容中与风险管理相关的内容综合而成的独立部分。

1. 建设工程风险的分类

建设工程项目投资巨大，建设周期持续时间长，所涉及的风险因素有很多，建设工程风险可以从不同的角度进行分类。

（1）按照风险来源进行划分。风险因素包括自然风险、社会风险、经济风险、法律风险和政治风险。

（2）按照风险涉及的当事人划分。风险因素包括建设单位的风险、设计单位的风险、施工单位的风险、工程监理单位的风险等。

（3）按照风险可否管理划分。风险因素包括可管理风险和不可管理风险。

(4)按照风险影响范围划分。风险因素包括局部风险(特殊风险)和总体风险(基本风险)。

(5)按照风险所造成的后果不同划分。风险因素包括纯风险和投机风险。

2. 建设工程风险管理过程

建设工程风险管理是一个识别风险、确定和度量风险，并制定、选择和实施风险应对方案的过程。风险管理是对建设工程风险进行管理的一个系统、循环过程。风险管理包括风险识别、风险分析与评价、风险对策的决策、风险对策的实施和风险对策实施的监控五个主要环节。

(1)风险识别。风险识别是风险管理的首要步骤，是指通过一定的方式，系统而全面地识别影响建设工程目标实现的风险事件并加以适当归类的过程。必要时，还需对风险事件的后果进行定性估计。

(2)风险分析与评价。风险分析与评价是将建设工程风险事件发生的可能性和损失后果进行定量化的过程。风险分析与评价的结果主要是确定各种风险事件发生的概率及其对建设工程目标影响的严重程度，如建设投资增加的数额、工期延误的天数等。

(3)风险对策的决策。风险对策的决策是确定建设工程风险事件最佳对策组合的过程。一般来说，风险应对策略有风险回避、损失控制、风险转移和风险自留四种。这些风险对策的适用对象各不相同，需要根据风险评价结果，对不同的风险事件选择最适宜的风险对策，从而形成最佳的风险对策组合。

(4)风险对策的实施。对风险对策所做的决策还需要进一步落实到具体的计划和措施。例如，在决定进行风险控制时，要制定预防计划、灾难计划、应急计划等；在决定购买工程保险时，要选择保险公司，确定恰当的保险险种、保险范围、免赔额、保险费等。这些都是进行风险对策决策的重要内容。

(5)风险对策实施的监控。在建设工程实施过程中，要不断地跟踪检查各项风险对策的执行情况，并评价各项风险对策的执行效果。当建设工程实施条件发生变化时，要确定是否需要提出不同的风险对策。

二、建设工程风险识别、分析与评价

1. 风险识别

风险识别的主要内容是：识别引起风险的主要因素，识别风险的性质，识别风险可能引起的后果。

(1)风险识别方法。识别建设工程风险的方法有专家调查法、财务报表法、流程图法、初始清单法、经验数据法、风险调查法等。

1)专家调查法。专家调查法是指向有关专家提出问题，了解相关风险因素，并获得各种信息。专家调查法主要包括头脑风暴法、德尔菲法和访谈法。

2)财务报表法。财务报表法是指通过财务报表来识别风险的方法。财务报表有助于确定一个特定工程可能遭受哪些损失，以及在何种情况下遭受这些损失。通过分析资产负债表、现金流量表、损益表及有关补充资料，可以识别企业当前的所有资产、负债、责任及人身损失风险。将这些报表与财务预测、预算结合起来，可以发现建设工程未来风险。

3)流程图法。流程图是按建设工程实施全过程内在逻辑关系制成流程图，针对流程图中的关键环节和薄弱环节进行调查和分析，找出风险存在的原因，从中发现潜在的风险威胁，分析风险发生后可能造成的损失和对建设工程全过程造成的影响。

运用流程图分析，工程项目管理人员可以明确地发现建设工程所面临的风险。但流程图分析仅着重于流程本身，而无法显示发生问题的损失值或损失发生的概率。

4)初始清单法。如果对每一个建设工程风险的识别都从头做起，至少有以下三方面缺陷：一是耗费时间和精力多，风险识别工作的效率低；二是由于风险识别的主观性，可能导致风险识别的随意性，其结果缺乏规范性；三是风险识别成果资料不便积累，对今后的风险识别工作缺乏指导作用。因此，为了避免以上缺陷，有必要建立建设工程风险初始清单。

初始清单法是指有关人员利用所掌握的丰富知识设计而成的初始风险清单表，尽可能详细地列举建设工程所有的风险类别，按照系统化、规范化的要求去识别风险。建立初始清单有两种途径：一是参照保险公司或风险管理机构公布的潜在损失一览表，再结合某建设工程所面临的潜在损失，对一览表中的损失予以具体化，从而建立特定工程的风险一览表；二是通过适当的风险分解方式来识别风险。对于大型复杂工程，首先将其按单项工程、单位工程分解，再对各单项工程、单位工程分别从时间维、目标维和因素维进行分解，可以较容易地识别出建设工程主要的、常见的风险。表 6-1 为建设工程风险初始清单示例。

表 6-1 建设工程风险初始清单

风险因素		典型风险事件
技术风险	设计	设计内容不全、设计缺陷、错误和遗漏，应用规范不恰当，未考虑地质条件，未考虑施工可能性等
	施工	施工工艺落后，施工技术和方案不合理，施工安全措施不当，应用技术新方案失败，未考虑场地情况等
	其他	工艺设计未达到先进性指标，工艺流程不合理，未考虑操作安全性等
非技术风险	自然与环境	洪水、地震、火灾、台风、雷电等不可抗拒自然力，不明的水文气条件，复杂的工程地质条件，恶劣的气候，施工对环境的影响等
	政治法律	法律法规的变化，战争、骚乱、罢工、经济制裁或禁运等
	经济	通货膨胀或紧缩，汇率变化，市场动荡，社会各种摊派和征费的变化，资金不到位，资金短缺等
	组织协调	建设单位、项目管理咨询方、设计方、施工方、监理方之间的不协调及各方主体内部的不协调等
	合同	合同条款遗漏、表达有误，合同类型选择不当，承发包模式选择不当，索赔管理不力，合同纠纷等
	人员	建设单位人员、项目管理咨询人员、设计人员、监理人员、施工人员的素质不高、业务能力不强等
	材料设备	原材料、半成品、成品或设备供货不足或拖延，数量差错或质量规格问题，特殊材料和新材料的使用问题，过度损耗和浪费，施工设备供应不足、类型不配套、故障、安装失误、选型不当等

初始清单只是为了便于人们较全面地认识风险的存在，而不至于遗漏重要的建设工程风险，但并不是风险识别的最终结论。在初始风险清单建立后，还需要结合特定工程的具体情况进一步识别风险，从而对初始风险清单作一些必要的补充和修正。为此，需要参照

同类建设工程风险的经验数据，或者针对具体工程的特点进行风险调查。

5)经验数据法。经验数据法也称统计资料法，即根据已建各类建设工程与风险有关的统计资料来识别拟建工程风险。长期从事建设工程监理与相关服务的监理单位，应该积累大量的建设工程风险数据，尽管每一个建设工程及其风险有差异，但经验数据或统计资料足够多时，这些差异会大大减少，呈现出一些规律性。因此，已建各类建设工程与风险有关的数据是识别拟建工程风险的重要基础。

6)风险调查法。由建设工程的特殊性可知，两个不同的建设工程不可能有完全一致的风险。因此，在建设工程风险识别过程中，花费人力、物力、财力进行风险调查是必不可少的，这既是一项非常重要的工作，也是建设工程风险识别的重要方法。

风险调查应当从分析具体工程特点入手，一方面，对通过其他方法已识别出的风险（如初始清单所列出的风险）进行鉴别和确认；另一方面，通过风险调查有可能发现此前尚未识别出的重要风险。通常，风险调查可以从组织、技术、自然及环境、经济、合同等方面分析拟建工程的特点以及相应的潜在风险。

(2)风险识别成果。风险识别成果是进行风险分析与评价的重要基础。风险识别的最主要成果是风险清单。风险清单最简单的作用是描述存在的风险并记录可能减轻风险的行为。建设工程风险清单格式见表6-2。

表6-2　建设工程风险清单格式

风险清单		编号：	日期：
工程名称：		审核：	批准：
序号	风险因素	可能造成的后果	可能采取的措施
1			
2			
3			
……			

2. 风险分析与评价

风险分析与评价是指在定性识别风险因素的基础上，进一步分析和评价风险因素发生的概率、影响的范围、可能造成损失的大小，以及多种风险因素对建设工程目标的总体影响等，达到更清楚地辨识主要风险因素，有利于工程项目管理者采取更有针对性的对策和措施，从而减少风险对建设工程目标的不利影响。

风险分析与评价的任务包括：确定单一风险因素发生的概率；分析单一风险因素的影响范围大小；分析各个风险因素的发生时间；分析各个风险因素的结果，探讨这些风险因素对建设工程目标的影响程度。在单一风险因素量化分析的基础上，考虑多种风险因素对建设工程目标的综合影响、评估风险的程度并提出可能的措施作为管理决策的依据。

(1)风险度量。

1)风险事件发生的概率及概率分布。根据风险事件发生的频繁程度，可将风险事件发生的概率分为3~5个等级。等级的划分反映了一种主观判断。因此，等级数量的划分也可根据实际情况作出调整。

一般应用概率分布函数来描述风险事件发生的概率及概率分布。由于连续型的实际概率分布较难确定，因此在实践中，均匀分布、三角分布及正态分布最为常用。

2）风险度量方法。风险度量可用下列一般表达式来描述：

$$R=F(O，P)\tag{6-1}$$

式中　R——某一风险事件发生后对建设工程目标的影响程度；

　　　O——该风险事件的所有后果集；

　　　P——该风险事件对应于所有风险结果的概率值集。

最简单的一种风险量化方法是：根据风险事件产生的结果与其相应的发生概率，求解建设工程风险损失的期望值和风险损失的方差（或标准差）来具体度量风险的大小，即：

①若某一风险因素产生的建设工程风险损失值为离散型随机变量 X，其可能的取值为 $x_1，x_2，\cdots，x_n$，这些取值对应的概率分别为 $P(x_1)，P(x_2)，\cdots，P(x_n)$，则随机变量 X 的数学期望值和方差分别为：

$$E(X)=\sum x_i P(x_i)\tag{6-2}$$

$$D(X)=\sum[x_i-E(X)]^2 P(x_i)\tag{6-3}$$

②若某一风险因素产生的建设工程风险损失值为连续型随机变量 X，其概率密度函数为 $f(x)$，则随机变量 X 的数学期望值和方差分别为：

$$E(X)=\int_{-\infty}^{+\infty} xf(x)\mathrm{d}x\tag{6-4}$$

$$D(X)=\int_{-\infty}^{+\infty}[x-E(X)]^2 f(x)\mathrm{d}x\tag{6-5}$$

（2）风险评定。

1）风险后果的等级划分。为了在采取措施时能分清轻重缓急，需要评定风险因素等级。通常，可按事故发生后果的严重程度划分为 3～5 个等级。

2）风险重要性评定。将风险事件发生概率（P）的等级和风险后果（O）的等级分别划分为大（H）中（M）小（L）三个区间，即可形成如图 6-1 所示的 9 个不同区域。在这 9 个不同区域中，有些区域的风险量是大致相等的，因此，可以将风险量的大小分为 5 个等级：①VL（很小）；②L（小）；③M（中等）；④H（大）；⑤VH（很大）。

3）风险可接受性评定。根据风险重要性评定结果，可以进行风险可接受性评定。在图 6-1 中，风险等级为大、很大的风险因素表示风险重要性较高，是不可接受的风险，需要给予重点关注；风险等级为中等的风险因素是不希望有的风险；风险等级为小的风险因素是可接受的风险；风险等级为很小的风险因素是可忽略的风险。

（3）风险分析与评价的方法。风险分析与评价往往采用定性与定量相结合的方法来进行，这二者之间并不是相互排斥的，而是相互补充的。目前，常用的风险分析与评价方法有调查打分法、蒙特卡洛模拟法、计划评审技术法和敏感性分析法等。这里仅介绍调查打分法。

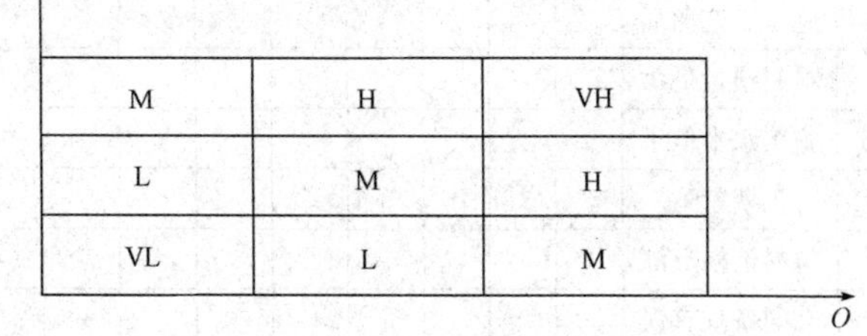

P		
M	H	VH
L	M	H
VL	L	M

图 6-1　风险等级图

调查打分法又称综合评估法或主观评分法，是指将识别出的建设工程风险列成风险表，将风险表提交给有关专家，利用专家经验，对风险因素的等级和重要性进行评价，确定出建设工程主要风险因素。调查打分法是一种最常见、最简单且易于应用的风险评价方法。

1）调查打分法的基本步骤：

①针对风险识别的结果，确定每个风险因素的权重，以表示其对建设工程的影响程度。

②确定每个风险因素的等级值，等级值按经常、很可能、偶然、极小、不可能分为五个等级。当然，等级数量的划分和赋值也可根据实际情况进行调整。

③将每个风险因素的权重与相应的等级值相乘，求出该项风险因素的得分。计算式如下：

$$r_i = \sum_{j=1}^{m} \omega_{ij} S_{ij} \tag{6-6}$$

式中　r_i——风险因素 i 的得分；

　　　ω_{ij}——j 专家对风险因素 i 赋的权重；

　　　S_{ij}——j 专家对风险因素 i 赋的等级值；

　　　m——参与打分的专家数。

④将各个风险因素的得分逐项相加得出建设工程风险因素的总分，总分越高，风险越大。总分计算式如下：

$$R = \sum_{i=1}^{n} r_i \tag{6-7}$$

式中　R——项目风险得分；

　　　r_i——风险因素 i 的得分；

　　　n——风险因素的个数。

调查打分法的优点在于简单易懂，能节约时间，而且可以比较容易地识别主要风险因素。

2）风险调查打分表。表 6-3 给出了建设工程风险调查打分表的一种格式。在表中，风险发生的概率按照高、中、低三个档次来进行划分，考虑风险因素可能对质量、造价、工期、安全、环境五个方面的影响，分别按照较轻、一般和严重来加以度量。

表 6-3　风险调查打分表

序号	风险因素	可能性			影响程度														
		高	中	低	成本			工期			质量			安全			环境		
					较轻	一般	严重	较轻	一般	严重	较轻	一般	严重	较轻	一般	严重	较轻	一般	严重
1	地质条件失真																		
2	设计失误																		
3	设计变更																		
4	施工工艺落后																		
5	材料质量低劣																		
6	施工水平低下																		
7	工期紧迫																		
8	材料价格上涨																		
9	合同条款有误																		
10	成本预算粗略																		
11	管理人员短缺																		
...	...																		

三、建设工程风险对策及监控

1. 风险对策

建设工程风险对策包括风险回避、损失控制、风险转移和风险自留。

(1)风险回避。风险回避是指在完成建设工程风险分析与评价后，如果发现风险发生的概率很高，而且可能的损失也很大，又没有其他有效的对策来降低风险时，应采取放弃项目、放弃原有计划或改变目标等方法，使其不发生或不再发展，从而避免可能产生的潜在损失。通常，当遇到下列情形时，应考虑风险回避的策略：

1)风险事件发生概率很大且后果损失也很大的工程项目；

2)发生损失的概率并不大，但当风险事件发生后产生的损失是灾难性的、无法弥补的。

(2)损失控制。损失控制是一种主动、积极的风险对策。损失控制可分为预防损失和减少损失两个方面。预防损失措施的主要作用在于降低或消除(通常只能做到降低)损失发生的概率，减少损失措施的作用在于降低损失的严重性或遏制损失的进一步发展，使损失最小化。一般来说，损失控制方案都应当是预防损失措施和减少损失措施的有机结合。

制定损失控制措施必须考虑其付出的代价，包括费用和时间两个方面的代价，而时间方面的代价往往又会引起费用方面的代价。损失控制措施的最终确定，需要综合考虑其效果和相应的代价。在采用风险控制对策时，所制定的风险控制措施应当形成一个周密的、完整的损失控制计划系统。该计划系统一般应由预防计划、灾难计划和应急计划三部分组成。

1)预防计划。预防计划的目的是有针对性地预防损失的发生。其主要作用是降低损失发生的概率，在许多情况下，也能在一定程度上降低损失的严重性。在损失控制计划系统中，预防计划的内容最广泛，具体措施最多，包括组织措施、经济措施、合同措施、技术措施。

2)灾难计划。灾难计划是一组事先编制好的、目的明确的工作程序和具体措施，为现场人员提供明确的行动指南，使其在灾难性的风险事件发生后，不至于惊慌失措，也不需要临时讨论研究应对措施，可以做到从容不迫、及时妥善地处理风险事故，从而减少人员伤亡以及财产和经济损失。灾难计划的内容应满足以下要求：①安全撤离现场人员；②援救及处理伤亡人员；③控制事故的进一步发展，最大限度地减少资产和环境损害；④保证受影响区域的安全尽快恢复正常。灾难计划在灾难性风险事件发生或即将发生时付诸实施。

3)应急计划。应急计划就是事先准备好若干种替代计划方案，当遇到某种风险事件时，能够根据应急预案对建设工程原有计划范围和内容作出及时调整，使中断的建设工程能够尽快全面恢复，并减少进一步的损失，使其影响程度减至最小。应急计划不仅要制定所要采取的相应措施，而且要规定不同工作部门相应的职责。应急计划包括的内容有：调整整个建设工程实施进度计划、材料与设备的采购计划、供应计划；全面审查可使用的资金情况；准备保险索赔依据；确定保险索赔的额度；起草保险索赔报告；必要时需调整筹资计划等。

(3)风险转移。风险转移是建设工程风险管理中十分重要且广泛应用的一项对策。当有些风险无法回避，必须直接面对，而以自身的承受能力又无法有效地承担时，风险转移就是一种十分有效的选择。风险转移可分为非保险转移和保险转移两大类。

1)非保险转移。非保险转移又称为合同转移，因为这种风险转移一般是通过签订合同的方式将建设工程风险转移给非保险人的对方当事人。建设工程风险最常见的非保险转移有以下三种情况：

①建设单位将合同责任和风险转移给对方当事人。建设单位管理风险必须要从合同管理入手，分析合同管理中的风险分担。在这种情况下，被转移者多数是施工单位。例如，在合同条款中规定，建设单位对场地条件不承担责任；又如，采用固定总价合同将涨价风险转移给施工单位等。

②施工单位进行工程分包。施工单位中标承接某工程后，将该工程中专业技术要求很强而自己缺乏相应技术的内容分包给专业分包单位，从而更好地保证工程质量。

③第三方担保。合同当事人一方要求另一方为其履约行为提供第三方担保。担保方所承担的风险仅限于合同责任，即由于委托方不履行或不适当履行合同以及违约所产生的责任。第三方担保主要有建设单位付款担保、施工单位履约担保、预付款担保、分包单位付款担保、工资支付担保等。

与其他的风险对策相比，非保险转移的优点主要体现在：一是可以转移某些不可保的潜在损失，如物价上涨、法规变化、设计变更等引起的投资增加；二是被转移者往往能较好地进行损失控制，如施工单位相对于建设单位能更好地把握施工技术风险，专业分包单位相对于总承包单位能更好地完成专业性强的工程内容。

但是，非保险转移的媒介是合同，这就可能因为双方当事人对合同条款的理解发生分歧而导致转移失效。另外，在某些情况下，可能因被转移者无力承担实际发生的重大损失而导致仍然由转移者来承担损失。例如，在采用固定总价合同的条件下，如果施工单位报价中所考虑涨价风险费很低，而实际的通货膨胀率很高，从而导致施工单位亏损破产，最终只得由建设单位自己来承担涨价造成的损失。另外，非保险转移一般都要付出一定的代价，有时转移风险的代价可能会超过实际发生的损失，从而对转移者不利。

2)保险转移。保险转移通常直接称为工程保险。通过购买保险，建设单位或施工单位作为投保人将本应由自己承担的工程风险（包括第三方责任）转移给保险公司，从而使自己免受风险损失。保险之所以能得到越来越广泛的运用，原因在于其符合风险分担的基本原则，即保险人较投保人更适宜承担建设工程有关的风险。对于投保人来说，某些风险的不确定性很大，但是对于保险人来说，这种风险的发生则趋近于客观概率，不确定性降低，即风险降低。

在决定采用保险转移这一风险对策后，需要考虑与保险有关的几个具体问题：一是保险的安排方式；二是选择保险类别和保险人，一般是通过多家比选后确定，也可委托保险经纪人或保险咨询公司代为选择；三是可能要进行保险合同谈判，这项工作最好委托保险经纪人或保险咨询公司完成，但免赔额的数额或比例要由投保人自己确定。

需要说明的是，保险并不能转移建设工程所有风险，一方面是因为存在不可保风险；另一方面则是因为有些风险不宜保。因此，对于建设工程风险，应将保险转移与风险回避、损失控制和风险自留结合起来运用。

(4)风险自留。风险自留是指将建设工程风险保留在风险管理的主体内部，通过采取内部控制措施等来化解风险。风险自留可分为非计划性风险自留和计划性风险自留两种。

1)非计划性风险自留。由于风险管理人员没有意识到建设工程某些风险的存在，或者不曾有意识地采取有效措施，以致风险发生后只好保留在风险管理主体内部。这样的风险自留就是非计划性的和被动的。导致非计划性风险自留的主要原因有缺乏风险意识、风险识别失误、风险分析与评价失误、风险决策延误、风险决策实施延误等。

2)计划性风险自留。计划性风险自留是主动的、有意识的、有计划的选择，是风险管理人员在经过正确的风险识别和风险评价后制定的风险对策。风险自留绝不可能单独运用，而应与其他风险对策结合使用。在实行风险自留时，应保证重大和较大的建设工程风险已经进行了工程保险或实施了损失控制计划。

2. 风险监控

(1)风险监控的主要内容。风险监控是指跟踪已识别的风险和识别新的风险，保证风险计划的执行，并评估风险对策与措施的有效性。其目的是考察各种风险控制措施产生的实际效果、确定风险减少的程度、监视风险的变化情况，进而考虑是否需要调整风险管理计划以及是否启动相应的应急措施等。风险管理计划实施后，风险控制措施必然会对风险的发展产生相应的效果，监控风险管理计划实施过程的主要内容包括以下几项：

1)评估风险控制措施产生的效果；

2)及时发现和度量新的风险因素；

3)跟踪、评估风险的变化程度；

4)监控潜在风险的发展，监测工程风险发生的征兆；

5)提供启动风险应急计划的时机和依据。

(2)风险跟踪检查与报告。

1)风险跟踪检查。跟踪风险控制措施的效果是风险监控的主要内容。在实际工作中，通常采用风险跟踪表格来记录跟踪的结果，然后定期地将跟踪的结果制成风险跟踪报告，使决策者及时掌握风险发展趋势的相关信息，以便及时地作出反应。

2)风险的重新估计。无论什么时候，只要在风险监控的过程中发现新的风险因素，就要对其进行重新估计。除此之外，在风险管理进程中，即使没有出现新的风险，也需要在工程进展的关键时段对风险进行重新估计。

3)风险跟踪报告。风险跟踪的结果需要及时地进行报告，报告通常供高层次的决策者使用。因此，风险报告应该及时、准确并简明扼要，向决策者传达有用的风险信息，报告内容的详细程度应按照决策者的需要而定。编制和提交风险跟踪报告是风险管理的一项日常工作，报告的格式和频率应视需要和成本而定。

四、监理工程师责任风险管理

从监理工程师责任的定义以及监理工程师的工作特征来分析，监理工程师由于自身原因所引起的责任风险可归纳为以下几个方面：

(1)行为责任风险。监理工程师的行为责任风险主要来自三个方面：①监理工程师违反了监理委托合同规定的职责义务，超出了业主委托的工作范围，并造成了工程上的损失；②监理工程师未能正确地履行监理合同中规定的职责，在工作中发生失职行为；③监理工程师由于主观上的随意行为未能严格履行自身的职责并因此造成了工程损失。

(2)工作技能风险。监理工作是基于专业技能基础上的技术服务，因此，尽管监理工程师履行了监理合同中业主委托的工作职责，但由于其本身专业技能的限制，可能并不一定能取得应有的效果。另外，监理工程师并不是都能及时、准确、全面地掌握所采用新材料、新技术、新工艺、新设备的相关知识和技能，这也属于工作技能风险。

(3)技术资源风险。即使监理工程师在工作中并无行为上的过错，仍然有可能承受由技术资源而带来的工作上的风险。某些工程质量隐患的暴露需要一定的时间和诱因，利用现有的技术手段和方法，并不可能保证所有问题都能及时发现；另外，由于人力、财力和技术资源的限制，监理工程师无法对施工过程中的任何部位、任何环节都进行细致全面的检查，因此，也就有可能面对这一方面的风险。

(4)管理风险。明确的管理目标、合理的组织机构、细致的职责分工、有效的约束机制是监理组织管理的基本保证。尽管有高素质的人才资源，但如果管理机制不健全，监理工程仍然可能面对较大的风险、这种管理风险主要来自两个方面：①监理单位与监理机构之间缺乏管理约束机制。由于监理工程的特殊性，监理机构往往远离监理单位本部，在日常的监理工作中，代表监理单位的是总监，其工作行为对监理单位的声誉和形象起到决定性的作用。②监理机构内部管理机制的完善程度。监理机构中各个层次的人员职责分工必须明确。如果总监不能在监理机构内部实行有效的管理，则风险仍然是无法避免的。

(5)职业道德风险。监理工程师在运用其专业知识和技能时，必须十分谨慎、小心，表达自身意见必须明确，处理问题必须客观、公平，同时，应勇于承担对社会、对职业的责任，在工程利益和社会公众的利益互相冲突时，优先服从社会公众的利益；在监理工程师的自身利益和工程利益不一致时，必须以工程的利益为重，如果监理工程师不能遵守职业道德的约束，自私自利，敷衍了事，回避问题，甚至为谋求私利而损害工程利益，必然会因此而面对相当大的风险。

(6)社会环境风险。社会对监理工程师寄予了极大的期望，这种期望，无疑对建设监理事业的继续发展产生积极的推动作用。但在另一方面，人们对监理的认识也产生了某些偏差和误解，有可能形成一种对监理的健康发展不利的社会环境。现在社会上相当一部分的人士认为，既然工程实施了监理，监理工程师就应该对工程质量负责，工程出了质量问题，首先向监理工程师追究责任。监理工程师在工程实施过程中所做的任何工作并不减少或免除承包商的任何义务。推行监理制，对提高工程质量，保证施工安全是起到积极作用的，但是监理工程师的工作不能替代承包商，也不能来担保工程不出现质量和安全问题。

综上所述，监理工程师必须加强风险意识，提高对风险的警觉和防范，减少和控制责任风险，可以考虑从以下几个方面着手：

(1)严格执行合同。这是防范监理行为风险的基础。监理工程师必须树立牢固的合同意识，对自身的责任和义务要有清醒的认识，既要不折不扣地履行自身的责任和义务，又要注意在自身的职责范围内开展工作，随时随地以合同为处理问题的依据，在业主委托的范围内，正确地行使监理委托合同中赋予自身的权力。

(2)提高专业技能。专业技能是提供监理服务的必要条件。努力提高自身的专业技能是监理工程师所从事的职业对自身提出的客观要求。监理工程师绝不能满足现状，必须不断学习，总结经验，提高自身的专业技术功底，锻炼自身的组织协调能力，防范由于技能不足可能给自身带来的风险。

(3)提高管理水平。监理单位和监理机构内部的管理机制是否健全、运作是否有效，是发挥监理工程师主观能动性、提高工作效率的重要方面，也是防止管理风险的重要保证。因此，监理单位必须结合实际，明确质量方针，制定行之有效的内部约束机制，尤其是在监理责任的承担方面，需要有一个明确的界定。监理单位内部，总监与监理机构其他成员应承担什么样的责任，同样应该明确，这对于提高监理工程师的工作责任心是十分必要的。

(4)加强职业道德约束。要有效地防范监理工程师职业道德带来的风险，加强对监理工程师的职业道德教育，使遵守职业道德成为监理工程师的自觉行动。

（5）完善法律体系，在社会上积极宣传有关的监理法律、法规，使社会能对监理工程师承担的责任有正确的认识。

（6）推行职业责任保险，通过市场手段来转移监理工程师的责任风险。

（7）做好监理资料收集整理，做好维权举证准备工作。

第二节　建设工程安全管理

2003 年 11 月 24 日，国务院颁布了《建设工程安全生产管理条例》，并于 2004 年 2 月 1 日起施行。《建设工程安全生产管理条例》规定了工程建设参与各方责任主体的安全责任，明确规定工程监理单位的安全责任，以及工程监理单位和监理工程师应对建设工程安全生产承担监理责任。

项目监理机构应根据法律法规、工程建设强制性标准，履行建设工程安全生产管理的监理职责，并应将安全生产管理的监理工作内容、方法和措施纳入监理规划及监理实施细则。

一、施工单位安全生产管理体系的审查

1. 审查施工单位的管理制度、人员资格及验收手续

项目监理机构应审查施工单位现场安全生产规章制度的建立和实施情况；审查施工单位安全生产许可证的符合性和有效性；审查施工单位项目经理、专职安全生产管理人员和特种作业人员的资格；核查施工机械和设施的安全许可验收手续。

施工单位在使用施工起重机械和整体提升脚手架、模板等自升式架设设施前，应当组织有关单位进行验收，也可以委托具有相应资质的检验检测机构进行验收；使用承租的机械设备和施工机具及配件的，由施工总承包单位、分包单位、出租单位和安装单位共同进行验收，验收合格的方可使用。

2. 审查专项施工方案

项目监理机构应审查施工单位报审的专项施工方案，符合要求的，应由总监理工程师签认后报建设单位。超过一定规模的危险性较大的分部分项工程的专项施工方案，应检查施工单位组织专家进行论证、审查的情况，以及是否附具安全验算结果。

专项施工方案审查的基本内容包括以下几项：

（1）编审程序应符合相关规定。专项施工方案由施工项目经理组织编制，经施工单位技术负责人签字后，才能报送项目监理机构审查。

（2）安全技术措施应符合工程建设强制性标准。

二、专项施工方案的监督实施及安全事故隐患的处理

1. 专项施工方案的监督实施

项目监理机构应要求施工单位按已批准的专项施工方案组织施工。专项施工方案需要调整时，施工单位应按程序重新提交项目监理机构审查。

项目监理机构应巡视检查危险性较大的分部分项工程专项施工方案实施情况。发现未按专项施工方案实施时，应签发监理通知单，要求施工单位按专项施工方案实施。

2. 安全事故隐患的处理

项目监理机构在实施监理过程中，发现工程存在安全事故隐患时，应签发监理通知单，要求施工单位整改；情况严重时，应签发工程暂停令，并应及时报告建设单位。施工单位拒不整改或不停止施工时，项目监理机构应及时向有关主管部门报送监理报告。

在紧急情况下，项目监理机构可通过电话、传真或者电子邮件向有关主管部门报告，事后应形成监理报告。

 实训案例

背景：

某工程，监理合同履行过程中，发生如下事件：

事件1：针对该工程的风险因素，项目监理机构综合考虑风险回避、风险转移、损失控制和风险自留四种对策，提出了相应的应对措施，见表6-4。

表6-4　风险因素及应对措施

代码	风险因素	应对措施
A	易燃物品仓库紧邻施工项目部办公用房	施工单位重新进行平面布置，确保两者之间保持安全距离
B	工程材料价格上涨	建设单位签订固定总价合同
C	施工单位报审的分包单位无类似工程施工业绩	施工单位更换分包单位
D	施工组织设计中无应急预案	施工单位制定应急预案
E	建设单位负责采购的设备技术性能复杂，配套设备较多	建设单位要求供货方负责安装调试
F	工程地质条件复杂	建设单位设立专项基金

事件2：施工项目部将专项施工方案交给总监理工程师后，发现现场吊装作业吊车发生故障。为了不影响进度，施工项目经理调来另一台吊车，该吊车比施工方案确定的吊车吨位稍小，但经安全检测可以使用。监理员立即将此事向总监理工程师汇报，总监理工程师以专项施工方案未经审查批准且擅自更换吊车为由，签发了停止吊装作业的指令。施工项目经理签收暂停令后，仍要求施工人员继续进行吊装。总监理工程师报告了建设单位，建设单位负责人称工期紧迫，要求总监理工程师收回吊装作业暂停令。

问题：

1. 指出表6-4中A～F的风险应对措施分别属于四种对策中的哪一种。

2. 分别指出事件2中建设单位、总监理工程师工作中的不妥之处，写出正确做法。

案例解析：

1. 事件1中：

(1)施工单位重新布置易燃物品仓库的位置，使其与施工项目部办公用房之间保持安全

距离的目的是，一旦发生爆炸或火灾时减小风险灾害的损失。因此，A项处理措施属于风险损失控制的范畴。

(2)建设单位考虑材料市场不稳定，价格上涨会影响到合同结算价格的增加，采取固定总价承包的合同，是将材料价格增长的风险转由施工单位承担。因此，B项处理措施属于风险转移的范畴。

(3)施工单位报审的分包单位无类似工程施工业绩，不具备实施分包工程的资格，要求施工单位更换分包单位的目的是中断分包工程施工的质量、安全风险。因此，C项处理措施属于风险回避的范畴。

(4)施工组织设计中无应急预案，要求施工单位制定应急预案并不能防止风险事件的发生，只能减小事件发生后的损失。因此，D项处理措施属于风险损失控制的范畴。

(5)鉴于建设单位负责采购的设备技术性能复杂、配套设备较多，要求供货方负责安装调试的目的是，将整套设备的配套性能满足设计要求，技术参数达标的设备安装风险由供货方承担。因此，E项措施属于风险转移的范畴。

(6)由于工程地质条件复杂，建设单位设立专项风险基金并不能改变风险发生的客观性，只是风险事件发生后有能力采取有效的应对措施。因此，F项处理措施属于风险自留的范畴。

2.事件2中，建设单位、总监理工程师工作中的不妥之处如下：
(1)建设单位要求总监理工程师收回吊装作业暂停令不妥，应支持总监理工程师的决定。
(2)总监理工程师未报告政府主管部门不妥，应及时报告政府主管部门。

📁 ➤ 基础练习

一、单项选择题

1. 风险管理过程中，风险识别和风险评价是两个重要步骤。关于这两者的表述中，下列正确的是( )。
   A. 风险识别和风险评价都是定性的
   B. 风险识别和风险评价都是定量的
   C. 风险识别是定性的，风险评价是定量的
   D. 风险识别是定量的，风险评价是定性的

2. 下列风险识别方法中，有可能发现其他识别方法难以识别出的工程风险的方法是( )。
   A. 流程图法　　　　B. 初始清单法　　　　C. 经验数据法　　　　D. 风险调查法

3. 某建设工程有 X、Y、Z 三项风险事件，发生概率分别为 $P_x=10\%$，$P_y=15\%$，$P_z=20\%$，潜在损失分别为 $q_x=18$ 万元，$q_y=10$ 万元，$q_z=8$ 万元，则该工程的风险度量期望值为( )万元。
   A. 1.5　　　　B. 1.6　　　　C. 1.8　　　　D. 4.9

4. 风险事件 K、L、M、N 发生的概率分别为 $P_K=5\%$、$P_L=8\%$、$P_M=12\%$、$P_N=15\%$，相应的损失后果分别为 $Q_K=30$ 万元、$Q_L=15$ 万元、$Q_M=10$ 万元、$Q_N=5$ 万元，则风险量相等的风险事件为( )。

A. K 和 M　　　　　B. L 和 M　　　　　C. M 和 N　　　　　D. K 和 N

5. 下列方法中，可用于分析与评价建设工程风险的是（　　）。

　　A. 经验数据法　　　B. 流程图法　　　　　C. 计划评审技术法　　D. 财务报表法

6. 以一定方式中断风险源，使其不发生或不再发展，从而避免可能产生的潜在损失的风险对策是（　　）。

　　A. 损失控制　　　　B. 风险自留　　　　　C. 风险转移　　　　　D. 风险回避

7. 某投标人在招标工程开标后发现自己由于报价失误，比正常报价少报 20%，虽然被确定为中标人，但拒绝与业主签订施工合同，该风险对策为（　　）。

　　A. 风险回避　　　　B. 损失控制　　　　　C. 风险自留　　　　　D. 风险转移

8. 在各种风险对策中，预防损失风险对策的主要作用是（　　）。

　　A. 中断风险源　　　　　　　　　　　B. 降低损失发生的概率

　　C. 降低损失的严重性　　　　　　　　D. 遏制损失的进一步发展

9. 在损失控制计划系统中，使因严重风险事件而中断的工程实施过程尽快全面恢复并减少进一步损失的计划是（　　）。

　　A. 应急计划　　　　B. 恢复计划　　　　　C. 灾难计划　　　　　D. 预防计划

10. 根据保险公司公布的潜在损失一览表，对建设工程风险进行识别的方法是（　　）。

　　A. 专家调查法　　　B. 经验数据法　　　　C. 初始清单法　　　D. 风险调查法

11. 根据《建设工程监理规范》(GB/T 50319—2013)的规定，项目监理机构应审查施工单位报审的专项施工方案。符合要求的，应由总监理工程师签认后报（　　）。

　　A. 政府主管部门　　B. 建设单位　　　　　C. 安全生产监督机构　D. 工程监理单位

12. 关于项目监理机构对施工单位安全生产管理体系的审查的相关说法，下列选项错误的是（　　）。

　　A. 审查施工单位安全生产许可证的符合性和有效性

　　B. 专项施工方案应经施工单位技术负责人签字后，才能报送项目监理机构审查

　　C. 使用承租的机械设备，由施工总承包单位进行验收合格后方可使用

　　D. 应审查施工单位报审的专项施工方案，符合要求的，应由总监理工程师签认后报建设单位

13. 风险自留与其他风险对策的根本区别是（　　）。

　　A. 不改变工程风险的发生频率，也不改变工程风险潜在损失的严重性

　　B. 不改变工程风险的发生频率，但可改变工程风险在损失的严重性

　　C. 改变工程风险的发生概率，但不改变工程风险潜在损失的严重性

　　D. 改变工程风险的发生概率，也改变工程风险潜在损失的严重性

二、多项选择题

1. 下列建设工程风险事件中，属于技术风险的有（　　）。

　　A. 设计规范应用不当　　　　　　　　B. 施工方案不合理

　　C. 合同条款有遗漏　　　　　　　　　D. 施工设备供应不足

　　E. 施工安全措施不当

2. 对每一个建设工程的风险都从头开始识别，该做法的缺点有（　　）。

　　A. 不利于专业风险识别人员积累经验

　　B. 耗费时间和精力，风险识别工作效率低

C. 可能导致风险识别的随意性

D. 不利于按时间维对建设工程风险进行分解

E. 不便积累风险识别的成果资料

3. 建设工程的非技术风险中，属于经济风险的典型风险事件有( )。

    A. 通货膨胀   B. 发生台风

    C. 工程所在国遭受经济制裁   D. 资金不到位

    E. 发生合同纠纷

4. 损失控制计划系统中的灾难计划，应至少包含( )等内容。

    A. 安全撤离现场人员方案   B. 援救及处理伤亡人员方案

    C. 调整施工进度计划方案   D. 控制事故发展和减少资产损害措施

    E. 调整材料和设备采购计划方案

5. 灾难计划是针对严重风险事件制定的，其内容应满足( )的要求。

    A. 援救及处理伤亡人员

    B. 保证受影响区域的安全尽快恢复正常

    C. 调整建设工程施工计划

    D. 使因严重风险事件而中断的工程实施过程尽快全面恢复

    E. 控制事故的进一步发展，最大限度地减少资产和环境损害

6. 在损失控制计划系统中，应急计划是在损失基本确定后的处理计划，其应包括的内容有( )。

    A. 采用多种货币组合的方式付款

    B. 调整整个建设工程的施工进度计划

    C. 调整材料、设备采购计划

    D. 控制事故的进一步发展，最大限度地减少资产和环境损害

    E. 准备保险索赔依据，确定保险索赔的额度，起草保险索赔报告

7. 与其他的风险对策相比，非保险转移风险对策的优点主要体现在( )。

    A. 可以转移某些不可投保的潜在损失

    B. 双方当事人对合同条款的理解不会发生分歧

    C. 被转移者有能力更好地进行损失控制

    D. 可以中断风险源，使其不发生或不再发展

    E. 可以降低损失的发生概率或降低损失的严重程度

8. 导致非计划性风险自留的原因主要有( )。

    A. 缺乏风险意识   B. 风险识别失误

    C. 已建立非基金储备   D. 有母公司保险

    E. 期望损失不严重

三、简答题

1. 建设工程风险管理过程包括哪些环节？风险对策有哪些？

2. 建设工程风险识别方法有哪些？建设工程风险分析与评价方法有哪些？

3. 安全生产管理的监理工作内容有哪些？

第七章　建设工程合同管理

建设工程项目从招标、投标、设计、施工到竣工验收交付使用，涉及建设单位、设计单位、材料设备供应商、材料生产厂家、施工单位、工程监理企业等多个单位。怎样能把工程项目建设各有关单位有机地联系起来，使之相互协调，密切配合，共同实现工程建设项目进度目标、质量目标和投资目标，一个重要的措施就是利用合同手段，运用经济与法律相结合的方法，将建设工程项目所涉及的各个单位在平等、合理的基础上建立起相互的权利和义务关系，以保障工程建设项目目标的顺利实现。

合同管理贯穿于项目建设的全过程，是确保合同正常履行，维护合同双方的正当权益，全面实现建设工程项目建设目标的关键性工作。

第一节　建设工程合同管理概述

合同，又称契约，它是当事人之间设立、变更和终止民事权利和义务关系的协议。当事人可以是双方的，也可以是多方的。合同作为一种法律手段，是法律规范在具体问题中的应用，签订合同属于一种法律行为，依法签订的合同具有法律约束力。

建设工程合同是指在工程建设过程中发包人与承包人依法订立的、明确双方权利和义务关系的协议。建设工程合同是一种双务、有偿合同，当事人双方在合同中都有各自的权利和义务，在享有权利的同时必须履行义务。例如，建设工程施工合同，承包人的主要义务是进行工程建设，权利是得到工程价款；发包人的主要义务是支付工程价款，权利是得到完整、符合约定的建筑产品。

一、建设工程合同管理的目标

建设工程合同的顺利履行是建设工程质量、投资和工期的基本保障，不但对建设工程合同当事人有重要的意义，对社会公共利益、公众的生命健康也有重要的意义。

(一)发展和完善建筑市场

作为社会主义市场经济的重要组成部分，建筑市场需要不断发展和完善。市场经济与计划经济的最主要区别在于：市场经济主要是依靠合同来规范当事人的交易行为；而计划经济主要是依靠行政手段来规范财产流转关系。因此，发展和完善建筑市场，必须有规范的建设工程合同管理制度。

在市场经济条件下，由于主要是依靠合同来规范当事人的交易行为，合同的内容将成为实施建设工程行为的主要依据。依法加强建设工程合同管理，可以保障建筑市场的资金、材料、技术、信息、劳动力的管理，保障建筑市场有序运行。

(二)推进建设领域的改革

我国建设领域推行项目法人责任制、招标投标制、工程监理制和合同管理制。在这些制度中，核心是合同管理制度。因为项目法人责任制是要建立能够独立承担民事责任的主体的制度，而市场经济中的民事责任主要是基于合同义务的合同责任。招标投标制实际上是要确立一种公平、公正、公开的合同订立制度，是合同形成过程的程序要求。工程监理制也是依靠合同来规范业主、承包人、监理人相互之间关系的法律制度，因此，建设领域的各项制度实际上是以合同制度为中心相互推进的，建设工程合同管理的健全完善无疑有助于建筑领域其他各项制度的推进。

(三)提高工程建设的管理水平

工程建设管理水平的提高体现在工程质量、进度和投资的三大控制目标上，这三大控制目标的水平主要体现在合同中。在合同中规定三大控制目标后，要求合同当事人在工程管理中细化这些内容，在工程建设过程中严格执行这些规定。同时，如果能够严格按照合同的要求进行管理，那么工程的质量就能够有效地得到保障，进度和投资的控制目标也就能够实现。因此，建设工程合同管理能够有效地提高工程建设的管理水平。

(四)避免和克服建设领域的经济违法和犯罪

建设领域是我国经济犯罪的高发领域。出现这样的情况主要是由于工程建设中的公开、公正、公平做得不够好，加强建设工程合同管理能够有效地做到公开、公正、公平。特别是健全和完善建设工程合同的招标投标制度，将建筑市场的交易行为置于阳光之下，约束权力滥用行为，有效地避免和克服建设领域的违法犯罪行为。加强建设工程合同履行的管理也有助于政府行政管理部门对合同的监督，避免和克服建设领域的经济违法和犯罪。

二、建设工程合同的特征

1. 合同主体的严格性

建设工程合同主体一般是法人。发包人一般是经过批准进行建设工程项目的法人，必须有国家批准的建设项目，落实的投资计划，并且应当具备相应的协调能力。承包人则必须具备法人资格，而且应当具备相应的从事勘察、设计、施工、监理等资质。无营业执照或无承包资质的单位不能作为建设工程合同的主体，资质等级低的单位不能越级承包建设工程项目。

2. 合同标的的特殊性

建设工程合同的标的是各类建筑产品。建筑产品是不动产，其基础部分与大地相连，不能移动。这就决定了每个建设工程合同的标的都是特殊的，相互之间具有不可替代性。这还决定了承包人工作的流动性。建筑物所在地就是勘察、设计、施工生产的场地，施工队伍、施工机械必须围绕建筑产品不断移动。另外，建筑产品的类别庞杂，其外观、结构、使用目的、使用人都各不相同，这就要求每一个建筑产品都需单独设计和施工（即使可重复利用标准设计或重复使用图纸，也应采取必要的修改设计才能施工），即建筑产品是单体性生产，这也决定了建设工程合同标的的特殊性。

3. 合同履行期限的长期性

建设工程由于结构复杂、体积大、建筑材料类型多、工作量大，使得合同履行期限都较长（与一般工业产品的生产相比）。建设工程合同的订立和履行一般都需要较长的准备期。在合同的履行过程中，还可能因为不可抗力、工程变更、材料供应不及时等原因而导致合同期限顺延。所有这些情况，决定了建设工程合同的履行期限具有长期性。

4. 计划和程序的严格性

由于工程建设对国家的经济发展、公民的工作和生活都有重大的影响，因此，国家对建设工程的计划和程序都有严格的管理制度。订立建设工程合同必须以国家批准的投资计划为前提，即使是国家投资以外的、以其他方式筹集的投资也要受到当年的贷款规模和批准限额的限制，纳入当年投资规模的平衡，并经过严格的审批程序。建设工程合同的订立和履行还必须符合国家关于工程建设程序的规定。

5. 合同形式的特殊要求

《中华人民共和国合同法》对合同形式确立了以不要式为主的原则，即在一般情况下对合同形式采用书面形式还是口头形式没有限制。但是，考虑到建设工程的重要性和复杂性，在建设过程中经常会发生影响合同履行的纠纷，因此，《中华人民共和国合同法》要求建设工程合同应当采用书面形式，即采用要式合同。

三、建设工程合同管理的基本方法

1. 严格执行建设工程合同管理法律法规

随着《中华人民共和国民法通则》《合同法》《招标投标法》《建筑法》的颁布和实施，建设工程合同管理法律已基本健全。但是，在实践中，这些法律的执行还存在着很大的问题，其中既有勘察、设计或施工单位转包、违法分包和不认真执行工程建设强制性标准、偷工减料、忽视工程质量的问题，也有监理单位监理不到位的问题，还有建设单位不认真履行合同，特别是拖欠工程款的问题。市场经济条件下，要求我们在建设工程合同管理时要严格依法进行。这样，我们的管理行为才能有效，才能提高我们的建设工程合同管理的水平，才能解决建设领域存在的诸多问题。

2. 普及相关法律知识，培训合同管理人才

在市场经济条件下，工程建设领域的从业人员应当增强合同观念和合同意识，这就要求我们普及相关法律知识，培训合同管理人才。无论是监理工程师，还是建设工程合同的当事人，以及涉及有关合同的各类人员，都应当熟悉合同的相关法律知识，增强合同观念和合同意识，努力做好建设工程合同管理工作。

3. 设立合同管理机构，配备合同管理人员

加强建设工程合同管理，应当设立合同管理机构，配备合同管理人员。一方面，建设工程合同管理工作，应当作为建设行政管理部门的管理内容之一；另一方面，建设工程合同当事人内部也要建立合同管理机构。不但应当建立合同管理机构，还应当配备合同管理人员，建立合同台账、统计、检查和报告制度，提高建设工程合同管理的水平。

4. 建立合同管理目标制度

合同管理目标，是指合同管理活动应当达到的预期结果和最终目的。建设工程合同管理需要设立管理目标，并且管理目标可以分解为管理的各个阶段的目标。合同的管理目标应当落到实处。为此，还应当建立建设工程合同管理的评估制度。这样，才能有效地督促合同管理人员提高合同管理的水平。

5. 推行合同示范文本制度

推行合同示范文本制度，一方面有助于当事人了解、掌握有关法律、法规，使具体实施项目的建设工程合同符合法律法规的要求，避免缺款少项，防止出现显失公平的条款，也有助于当事人熟悉合同的运行；另一方面，有利于行政管理机关对合同的监督，有助于仲裁机构或者人民法院及时裁判纠纷，维护当事人的利益。使用标准化的范本签订合同，对完善建设工程合同管理制度起到了极大的推动作用。

第二节　建设工程施工合同管理

一、施工合同标准文本

(一)施工合同标准文本概述

国家发展和改革委员会、财政部、建设部、铁道部、交通部、信息产业部、水利部、民用航空总局、广播电影电视总局九部委联合颁发的适用于大型复杂工程项目的《标准施工招标文件》(2007 年版)中包括施工合同标准文本(以下简称"标准施工合同")。九部委在 2012 年又颁发了适用于工期在 12 个月之内的《简明标准施工招标文件》，其中，包括《合同条款及格式》(以下简称"简明施工合同")。

按照九部委联合颁布的《〈标准施工招标资格预审文件〉和〈标准施工招标文件〉试行规定》(发改委第 56 号令)要求，各行业编制的标准施工合同应不加修改地引用"通用合同条款"，即标准施工合同和简明施工合同的通用条款广泛适用于各类建设工程。各行业编制的标准施工招标文件中的"专用合同条款"可结合施工项目的具体特点，对标准的"通用合同条款"进行补充、细化。除"通用合同条款"明确"专用合同条款"可作出不同约定外，补充和细化的内容不得与"通用合同条款"的规定相抵触，否则抵触内容无效。

(二)标准施工合同的组成

标准施工合同提供了通用条款、专用条款和签订时同时采用的合同附件格式。

1. 通用条款

标准施工合同的通用条款包括 24 条，标题分别为：一般约定；发包人义务；监理人；承包人；材料和工程设备；施工设备和临时设施；交通运输；测量放线；施工安全、治安保卫和环境保护；进度计划；开工和竣工；暂停施工；工程质量；试验和检验；变更；价格调整；计量与支付；竣工验收；缺陷责任与保修责任；保险；不可抗力；违约；索赔；争议的解决。共计 131 款。

2. 专用条款

由于通用条款的内容涵盖各类工程项目施工共性的合同责任和履行管理程序，各行业可以结合工程项目施工的行业特点编制标准施工合同文本在专用条款内体现，具体招标工程在编制合同时，应针对项目的特点、招标人的要求，在专用条款内针对通用条款涉及的内容进行补充、细化。

工程实践应用时，通用条款中适用于招标项目的条或款不必在专用条款内重复，需要补充细化的内容应与通用条款的条或款的序号一致，使得通用条款与专用条款中相同序号的条款内容共同构成对履行合同某一方面的完备约定。

为了便于行业主管部门或招标人编制招标文件和拟定合同，标准施工合同文本根据通用条款的规定，在专用条款中针对 22 条 50 款作出了应用的参考说明。

3. 合同附件格式

标准施工合同中给出的合同附件格式，是订立合同时采用的规范化文件，包括合同协议书、履约保函和预付款保函三个文件。

(1)合同协议书。合同协议书是合同组成文件中唯一需要发包人和承包人同时签字盖章的法律文书，因此，标准施工合同中规定了应用格式。除明确规定对当事人双方有约束力的合同组成文件外，具体招标工程项目订立合同时需要明确填写的内容仅包括发包人和承包人的名称；施工的工程或标段；签约合同价；合同工期；质量标准和项目经理的人选。

(2)履约保函。标准施工合同要求履约担保采用保函的形式，给出的履约保函标准格式主要表现为以下两个方面的特点：

1)担保期限。担保期限自发包人和承包人签订合同之日起，至签发工程移交证书日止。没有采用国际招标工程或使用世界银行贷款建设工程的担保期限至缺陷责任期满止的规定，即担保人对承包人保修期内履行合同义务的行为不承担担保责任。

2)担保方式。采用无条件担保方式，即持有履约保函的发包人认为承包人有严重违约情况时，即可凭保函向担保人要求予以赔偿，不需承包人确认。无条件担保有利于当出现承包人严重违约情况，由于解决合同争议而影响后续工程的施工。标准履约担保格式中，担保人承诺"在本担保有效期内，因承包人违反合同约定的义务给你方造成经济损失时，我方在收到你方以书面形式提出的在担保金额内的赔偿要求后，在7天内无条件支付"。

(3)预付款担保。标准施工合同规定的预付款担保采用银行保函形式，主要特点为以下几个方面：

1)担保方式。担保方式也是采用无条件担保形式。

2)担保期限。担保期限自预付款支付给承包人起生效，至发包人签发的进度付款证书说明已完全扣清预付款止。

3)担保金额。担保金额尽管在预付款担保书内填写的数额与合同约定的预付款数额一致，但与履约担保不同，当发包人在工程进度款支付中已扣除部分预付款后，担保金额应相应递减。保函格式中明确说明："本保函的担保金额，在任何时候不应超过预付款金额减去发包人按合同约定在向承包人签发的进度付款证书中扣除的金额"。即保持担保金额与剩余预付款的金额相等原则。

(三)简明施工合同

由于简明施工合同适用于工期在12个月内的中小工程施工，是对标准施工合同简化的文本，通常由发包人负责材料和设备的供应，承包人仅承担施工义务，因此合同条款较少。

简明施工合同通用条款包括17条，标题分别为：一般约定；发包人义务；监理人；承包人；施工控制网；工期；工程质量；试验和检验；变更；计量与支付；竣工验收；缺陷责任与保修责任；保险；不可抗力；违约；索赔；争议的解决。共69款。各条中与标准施工合同对应条款规定的管理程序和合同责任相同。

二、施工合同管理有关各方的职责

(一)合同当事人

施工合同当事人是发包人和承包人，双方按照所签订合同约定的义务，履行相应的责任。

（二）监理人

标准施工合同通用条款中对监理人的定义是，"受发包人委托对合同履行实施管理的法人或其他组织"，即属于受发包人聘请的管理人，与承包人没有任何利益关系。由于监理人不是施工合同的当事人，在施工合同的履行管理中不是"独立的第三方"，属于发包人一方的人员，但又不同于发包人的雇员，即不是一切行为均遵照发包人的指示，而是在授权范围内独立工作，以保障工程按期、按质、按量完成发包人的最大利益为管理目标，依据合同条款的约定，公平合理地处理合同履行过程中的有关管理事项。

按照标准施工合同通用条款对监理人的相关规定，监理人的合同管理地位和职责主要表现在以下几个方面。

1. 受发包人委托对施工合同的履行进行管理

（1）在发包人授权范围内，负责发出指示、检查施工质量、控制进度等现场管理工作。

（2）在发包人授权范围内独立处理合同履行过程中的有关事项，行使通用条款规定的，以及具体施工合同专用条款中说明的权力。

（3）承包人收到监理人发出的任何指示，视为已得到发包人的批准，应遵照执行。

（4）在合同规定的权限范围内，独立处理或决定有关事项，如单价的合理调整、变更估价、索赔等。

2. 居于施工合同履行管理的核心地位

（1）监理人应按照合同条款的约定，公平合理地处理合同履行过程中涉及的有关事项。

（2）除合同另有约定外，承包人只从总监理工程师或被授权的监理人员处取得指示。为了使工程施工顺利开展，避免指令冲突及尽量减少合同争议，发包人对施工工程的任何想法均通过监理人的协调指令来实现；承包人的各种问题也首先提交监理人，尽量减少发包人和承包人分别站在各自立场解释合同导致争议。

（3）"商定或确定"条款规定，总监理工程师在协调处理合同履行过程中的有关事项时，应首先与合同当事人协商，尽量达成一致。不能达成一致时，总监理工程师应认真研究审慎"确定"后通知当事人双方并附详细依据。由于监理人不是合同当事人，因此对有关问题的处理不用决定，而用确定一词，即表示总监理工程师提出的方案或发出的指示并非最终不可改变，任何一方有不同意见均可按照争议的条款解决，同时，体现了监理人独立工作的性质。

3. 监理人的指示

监理人给承包人发出的指示，承包人应遵照执行。如果监理人的指示错误或失误给承包人造成损失，则由发包人负责赔偿。通用条款明确规定：

（1）监理人未能按合同约定发出指示、指示延误或指示错误而导致承包人施工成本增加和（或）工期延误，由发包人承担赔偿责任。

（2）监理人无权免除或变更合同约定的发包人和承包人权利、义务和责任。由于监理人不是合同当事人，因此，合同约定应由承包人承担的义务和责任。不因监理人对承包人提交文件的审查或批准，对工程、材料和设备的检查和检验，以及为实施监理作出的指示等职务行为而减轻或解除。

三、施工合同的订立

施工合同的通用条款和专用条款尽管在招标投标阶段已作为招标文件的组成部分，但在合同订立过程中有些问题还需要明确或细化，以保证合同的权利和义务界定清晰。

(一)合同文件

1. 合同文件的组成

标准施工合同的通用条款中规定，合同的组成文件包括以下几项：

(1)合同协议书；

(2)中标通知书；

(3)投标函及投标函附录；

(4)专用合同条款；

(5)通用合同条款；

(6)技术标准和要求；

(7)图纸；

(8)已标价的工程量清单；

(9)其他合同文件(经合同当事人双方确认构成合同的其他文件)。

2. 合同文件的优先解释次序

组成合同的各文件中出现含义或内容的矛盾时，如果专用条款没有另行约定，以上合同文件序号为优先解释的顺序。

标准施工合同条款中未明确由谁来解释文件之间的歧义，但可以结合监理工程师职责中的规定，总监理工程师应与发包人和承包人进行协商，尽量达成一致。不能达成一致时，总监理工程师应认真研究后审慎确定。

3. 几个文件的含义

(1)中标通知书。中标通知书是招标人接受中标人的书面承诺文件，具体写明承包的施工标段、中标价、工期、工程质量标准和中标人的项目经理名称。中标价应是在评标过程中对报价的计算或书写错误进行修正后，作为该投标人评标的基准价格。项目经理的名称是中标人在投标文件中说明并已在评标时作为量化评审要素的人选，要求履行合同时必须到位。

(2)投标函及投标函附录。标准施工合同文件组成中的投标函，不同于《建设工程施工合同(示范文本)》(GF—2013—0201)规定的投标书及其附件，仅是投标人置于投标文件首页的保证中标后与发包人签订合同、按照要求提供履约担保、按期完成施工任务的承诺文件。

投标函附录是投标函内承诺部分主要内容的细化，包括项目经理的人选、工期、缺陷责任期、分包的工程部位、公式法调价的基数和系数等的具体说明。因此，承包人的承诺文件作为合同组成部分，并非指整个投标文件。也就是说，投标文件中的部分内容在订立合同后允许进行修改或调整，如施工前应编制更为详尽的施工组织设计、进度计划等。

(3)其他合同文件。其他合同文件包括的范围较宽，主要针对具体施工项目的行业特点、工程的实际情况、合同管理需要而明确的文件。签订合同协议书时，需要在专用条款中对其他合同文件的具体组成予以明确。

(二)订立合同时需要明确的内容

针对具体施工项目或标段的合同需要明确约定的内容较多，有些招标时已在招标文件的专用条款中作出了规定，另外还需要在签订合同时具体细化相应内容。

1. 施工现场范围和施工临时占地

发包人应明确说明施工现场永久工程的占地范围并提供征地图纸，以及属于发包人施工前期配合义务的有关事项，如从现场外部接至现场的施工用水、用电、用气的位置等，以便承包人进行合理的施工组织。

项目施工如果需要临时用地（招标文件中已说明或承包人投标书内提出要求），也需要明确占地范围和临时用地移交给承包人的时间。

2. 发包人提供图纸的期限和数量

标准施工合同适用于发包人提供设计图纸，承包人负责施工的建设项目。由于初步设计完成后即可进行招标，因此，订立合同时必须明确约定发包人陆续提供施工图纸的期限和数量。

如果承包人有专利技术且有相应的设计资质，可能约定由承包人完成部分施工图设计。此时也应明确承包人的设计范围，提交设计文件的期限、数量，以及监理人签发图纸修改的期限等。

3. 发包人提供的材料和工程设备

对于包工部分包料的施工承包方式，往往设备和主要建筑材料由发包人负责提供，需明确约定发包人提供的材料和设备分批交货的种类、规格、数量、交货期限和地点等，以便明确合同责任。

4. 异常恶劣的气候条件范围

施工过程中遇到不利于施工的气候条件直接影响施工效率，甚至被迫停工。气候条件对施工的影响是合同管理中一个比较复杂的问题，"异常恶劣的气候条件"属于发包人的责任，"不利气候条件"对施工的影响则属于承包人应承担的风险，因此，应当根据项目所在地的气候特点，在专用条款中明确界定不利于施工的气候和异常恶劣的气候条件之间的界限。如多少毫米以上的降水；多少级以上的大风；多少温度以上的超高温或超低温天气等，以明确合同双方对气候变化影响施工的风险责任。

5. 物价浮动的合同价格调整

（1）基准日期。通用条款规定的基准日期指投标截止到日期前第28天。规定基准日期的作用是划分该日后由于政策法规的变化或市场物价浮动对合同价格影响的责任。承包人投标阶段在基准日后不再进行此方面的调研，进入编制投标文件阶段，因此，通用条款在以下两个方面作出了规定：

1）承包人以基准日期前的市场价格编制工程报价，长期合同中调价公式中的可调因素价格指数来源于基准日的价格；

2）基准日期后，因法律法规、规范标准等的变化，导致承包人在合同履行中所需要的工程成本发生约定以外的增减时，相应调整合同价款。

（2）调价条款。合同履行期间市场价格浮动对施工成本造成的影响是否允许调整合同价格，要视合同工期的长短来决定。

1）简明施工合同的规定。其适用于工期在12个月以内的简明施工合同的通用条款没有调价条款，承包人在投标报价中合理考虑市场价格变化对施工成本的影响，合同履行期间不考虑市场价格变化调整合同价款。

2）标准施工合同的规定。其适用于工期12个月以上的施工合同，由于承包人在投标阶段不可能合理预测一年以后的市场价格变化，因此应设有调价条款，由发包人和承包人共同承担市场价格变化的风险。标准施工合同通用条款规定用公式法调价，但调整价格的方法仅适用于工程量清单中按单价支付部分的工程款，总价支付部分不考虑物价浮动对合同价格的调整。

(三)明确保险责任

保险是指投保人根据合同约定，向保险人支付保险费，保险人对于合同约定的可能发生的事故因其发生所造成的财产损失承担赔偿保险金责任，或者当被保险人死亡、伤残、疾病或者达到合同约定的年龄、期限时承担给付保险金责任的商业保险行为。保险是一种受法律保护的分散危险、消化损失的法律制度。

工程建设由于涉及的法律关系较为复杂，风险也较为多样，因此，工程建设涉及的险种也较多，主要包括：建筑工程一切险(及第三者责任险)、安装工程一切险(及第三者责任险)、机器损坏险、机动车辆险、人身意外伤害险、货物运输险等。但狭义的工程险则是针对工程的保险，只有建筑工程一切险(及第三者责任险)和安装工程一切险(及第三者责任险)，其他险种则并非专门针对工程的保险。由于工程安全事关国计民生，许多国家对工程险有强制性投保的规定。我国目前施工单位职工的意外伤害险是强制险。

1. 工程保险和第三者责任保险

(1)办理保险的责任。

1)承包人办理保险。标准施工合同和简明施工合同的通用条款中考虑到承包人是工程施工的最直接责任人，因此，均规定由承包人负责投保"建筑工程一切险""安装工程一切险"和"第三者责任保险"，并承担办理保险的费用。具体的投保内容、保险金额、保险费率、保险期限等有关内容在专用条款中约定。

承包人应在专用合同条款约定的期限内向发包人提交各项保险生效的证据和保险单副本，保险单必须与专用合同条款约定的条件一致。承包人需要变动保险合同条款时，应事先征得发包人同意，并通知监理人。保险人作出保险责任变动的，承包人应在收到保险人通知后立即通知发包人和监理人。承包人应与保险人保持联系，使保险人能够随时了解工程实施中的变动，并确保按保险合同条款要求持续保险。

2)发包人办理保险。如果一个建设工程项目的施工采用平行发包的方式分别交由多个承包人施工，由几家承包人分别投保的话，有可能产生重复投保或漏保，此时由发包人投保为宜。双方可在专用条款中约定，由发包人办理工程保险和第三者责任保险。

无论是由承包人还是发包人办理工程保险和第三者责任保险，均必须以发包人和承包人的共同名义投保，以保障双方均有出现保险范围内的损失时，可从保险公司获得赔偿。

(2)保险金不足的补偿。如果投保工程一切险的保险金额少于工程实际价值，工程受到保险事件的损害时，不能从保险公司获得实际损失的全额赔偿，则损失赔偿的不足部分按合同相应条款的约定，由该事件的风险责任方负责补偿。某些大型工程项目经常因工程投资额巨大，为了减少保险费的支出，采用不足额投保方式，即以建筑安装工程费的60%～70%作为投保的保险金额，因此，受到保险范围内的损害后，保险公司按实际损失的相应百分比予以赔偿。

标准施工合同要求在专用条款具体约定保险金不足以赔偿损失时，承包人和发包人应承担的责任。如永久工程损失的差额由发包人补偿，临时工程、施工设备等损失由承包人负责。

(3)未按约定投保的补偿。

1)如果负有投保义务的一方当事人未按合同约定办理保险，或未能使保险持续有效，另一方当事人可代为办理，所需费用由对方当事人承担。

2)当负有投保义务的一方当事人未按合同约定办理某项保险，导致受益人未能得到保险人的赔偿，原应从该项保险得到的保险赔偿应由负有投保义务的一方当事人支付。

2. 人员工伤事故保险和人身意外伤害保险

发包人和承包人应按照相关法律规定为履行合同的本方人员缴纳工伤保险费，并分别为自己现场项目管理机构的所有人员投保人身意外伤害保险。

3. 其他保险

(1)承包人的施工设备保险。承包人应以自己的名义投保施工设备保险，作为工程一切险的附加保险，因为，此项保险内容发包人没有投保。

(2)进场材料和工程设备保险。由当事人双方具体约定，在专用条款内写明。通常情况下，应是谁采购的材料和工程设备，由谁办理相应的保险。

四、施工准备阶段的合同管理

(一)发包人的义务

为了保障承包人按约定的时间顺利开工，发包人应按合同约定的责任完成满足开工的准备工作。

1. 提供施工场地

(1)施工现场。发包人应及时完成施工场地的征用、移民、拆迁工作，按专用合同条款约定的时间和范围向承包人提供施工场地。施工场地包括永久工程用地和施工的临时占地。施工场地的移交可以一次完成，也可以分次移交，以不影响单位工程的开工为原则。

(2)地下管线和地下设施的相关资料。发包人应按专用条款约定及时向承包人提供施工场地范围内地下管线和地下设施等有关资料。地下管线包括供水、排水、供电、供气、供热、通信、广播电视等的埋设位置，以及地下水文、地质等资料。发包人应保证资料的真实、准确、完整，但不对承包人据此判断、推论错误导致编制施工方案的后果承担责任。

(3)现场外的道路通行权。发包人应根据合同工程的施工需要，负责办理取得出入施工场地的专用和临时道路的通行权，以及取得为工程建设所需修建场外设施的权利，并承担有关费用。

2. 组织设计交底

发包人应根据合同进度计划，组织设计单位向承包人和监理人对提供的施工图纸和设计文件进行交底，以便承包人制定施工方案和编制施工组织设计。

3. 约定开工时间

考虑到不同行业和项目的差异，标准施工合同的通用条款中没有将开工时间作为合同条款，具体工程项目可根据实际情况在合同协议书或专用条款中约定。

(二)承包人的义务

1. 现场查勘

承包人在投标阶段仅依据招标文件中提供的资料和较概略的图纸编制了供评标的施工组织设计或施工方案。签订合同协议书后，承包人应对施工场地和周围环境进行查勘，核对发包人提供的有关资料，并进一步收集相关的地质、水文、气象条件、交通条件、风俗习惯，以及其他为完成合同工作有关的当地资料，以便编制施工组织设计和专项施工方案。在全部合同施工过程中，应视为承包人已充分估计了应承担的责任和风险，不得再以不了解现场情况为理由而推脱合同责任。

对现场查勘中发现的实际情况与发包人所提供资料有重大差异之处，应及时通知监理人，由其作出相应的指示或说明，以便明确合同责任。

2. 编制施工实施计划

(1)施工组织设计。承包人应按合同约定的工作内容和施工进度要求，编制施工组织设计和施工进度计划，并对所有施工作业和施工方法的完备性、安全性、可靠性负责。按照《建设工程安全生产管理条例》规定，编制专项施工方案，超过一定规模的危险性较大的分部分项工程的专项方案需要组织专家论证。

施工组织设计完成后，按专用条款的约定，报送监理人审批。

施工组织设计是指导施工单位进行施工的实施性文件。项目监理机构对施工组织设计(方案)审查应包括的基本内容：①编审程序应符合相关规定；②工程质量保证措施应符合有关标准。

1)施工组织设计的审查必须是在施工单位编审手续齐全(即有编制人、施工单位技术负责人的签名和施工单位公章)的基础上，由施工单位填写施工组织设计报审表，并按合同约定时间报送项目监理机构。

2)总监理工程师应在约定的时间内，组织各专业监理工程师进行审查，专业监理工程师在报审核上签署审查意见后，总监理工程师审核批准。需要施工单位修改施工组织设计时，由总监理工程师在报审表上签署意见，发回施工单位修改。施工单位修改后重新报审，总监理工程师应组织审查。

施工组织设计应符合国家的技术政策，充分考虑施工合同约定的条件、施工现场条件及法律法规的要求；施工组织设计应针对工程的特点、难点及施工条件，具有可操作性，质量措施切实能保证工程质量目标，采用的技术方案和措施先进、适用、成熟。

3)项目监理机构宜将审查施工单位施工组织设计的情况，特别是要求发回修改的情况及时向建设单位通报，应将已审定的施工组织设计及时报送建设单位。涉及增加工程措施费的项目，必须与建设单位协商，并征得建设单位的同意。

4)经审查批准的施工组织设计，施工单位应认真贯彻实施，不得擅自任意改动。若需进行实质性的调整、补充或变动，应报项目监理机构审查同意。如果施工单位擅自改动，监理机构应及时发出监理通知单，要求按程序报审。

(2)质量管理体系。承包人应在施工场地设置专门的质量检查机构，配备专职质量检查人员，建立完善的质量检查制度。在合同约定的期限内，提交工程质量保证措施文件，包括质量检查机构的组织和岗位责任、质检人员的组成、质量检查程序和实施细则等，报送监理人审批。

(3)环境保护措施计划。承包人在施工过程中，应遵守有关环境保护的法律和法规，履行合同约定的环境保护义务，按合同约定的环保工作内容，编制施工环保措施计划，报送监理人审批。

3. 施工现场内的交通道路和临时工程

承包人应负责修建、维修、养护和管理施工所需的临时道路，以及为开始施工所需的临时工程和必要的设施，并应满足开工的要求。

4. 施工控制网

承包人依据监理人提供的测量基准点、基准线和水准点及其书面资料，根据国家测绘基准、测绘系统和工程测量技术规范以及合同中对工程精度的要求，测设施工控制网，并将施工控制网点的资料报送监理人审批。

承包人在施工过程中负责管理施工控制网点，丢失或损坏的施工控制网点应及时修复，并在工程竣工后将施工控制网点移交发包人。

5. 提出开工申请

承包人的施工前期准备工作满足开工条件后，向监理人提交工程开工报审表。开工报审表应详细说明按合同进度计划正常施工所需的施工道路、临时设施、材料设备、施工人员等施工组织措施的落实情况以及工程的进度安排。

(三)监理人的职责

1. 审查承包人的实施方案

(1)审查的内容。监理人对承包人报送的施工组织设计、质量管理体系、环境保护措施进行认真的审查，批准或要求承包人对不满足合同要求的部分进行修改。

(2)审查进度计划。监理人对承包人的施工组织设计中的进度计划审查，不仅要看施工阶段的时间安排是否满足合同要求，更应评审拟采用的施工组织、技术措施能否保证计划的实现。监理人审查后，应在专用条款约定的期限内，批复或提出修改意见，否则该进度计划视为已得到批准。经监理人批准的施工进度计划称为"合同进度计划"。

监理人为了便于工程进度管理，可以要求承包人在合同进度计划的基础上编制并提交分阶段和分项的进度计划，特别是合同进度计划关键线路上的单位工程或分部工程的详细施工计划。

(3)合同进度计划。合同进度计划是控制合同工程进度的依据，对承包人、发包人和监理人均有约束力，不仅要求承包人按计划施工，还要求发包人的材料供应、图纸发放等不应造成施工延误，以及监理人应按照计划进行协调管理。合同进度计划的另一重要作用是，施工进度受到非承包人责任原因的干扰后，判定是否应给承包人顺延合同工期的主要依据。

2. 开工通知

(1)发出开工通知的条件。当发包人的开工前期工作已完成且临近约定的开工日期时，应委托监理人按专用条款约定的时间向承包人发出开工通知。如果约定的开工已届至但发包人应完成的开工配合义务尚未完成(如现场移交延误)，由于监理人不能按时发出开工通知，则要顺延合同工期并赔偿承包人的相应损失。

如果发包人开工前的配合工作已完成且约定的开工日期已截止，但承包人的开工准备还不能满足开工条件，监理人仍应按时发出开工的指示，合同工期不予顺延。

(2)发出开工通知的时间。监理人征得发包人同意后，应在开工日期7天前向承包人发出开工通知，合同工期自开工通知中载明的开工日起计算。

五、施工阶段的合同管理

(一)合同履行涉及的几个时间期限

1. 合同工期

"合同工期"指承包人在投标函内承诺完成合同工程的时间期限，以及按照合同条款通过变更和索赔程序应给予顺延的时间之和。合同工期的作用是用于判定承包人是否按期竣工的标准。

2. 施工期

承包人施工期从监理人发出的开工通知中写明的开工日起算，至工程接收证书中写明的实际竣工日止。以此期限与合同工期比较，判定是提前竣工还是延误竣工。延误竣工承包人承担拖期赔偿责任，提前竣工是否应获得奖励需视专用条款中是否有约定。

3. 缺陷责任期

缺陷责任期从工程接收证书中写明的竣工日起算，期限视具体工程的性质和使用条件的不同在专用条款内约定(一般为 1 年)。对于合同内约定有分部移交的单位工程，按提前验收的该单位工程接收证书中确定的竣工日为准，起算时间相应提前。

由于承包人拥有施工技术、设备和施工经验，缺陷责任期内工程运行期间出现的工程缺陷，承包人应负责修复，直到检验合格为止。修复费用按缺陷原因的责任划分，经查验属于发包人原因造成的缺陷，承包人修复后可获得查验、修复的费用及合理利润。如果承包人不能在合理时间内修复缺陷，发包人可以自行修复或委托其他人修复，修复费用由缺陷原因的责任方承担。

承包人责任原因产生的较大缺陷或损坏，致使工程不能按原定目标使用，经修复后需要再行检验或试验时，发包人有权要求延长该部分工程或设备的缺陷责任期。影响工程正常运行的有缺陷工程或部位，在修复检验合格日前已经过的时间归于无效，重新计算缺陷责任期，但包括延长时间在内的缺陷责任期最长时间不得超过 2 年。

4. 保修期

保修期自实际竣工日起算，发包人和承包人按照有关法律、法规的规定，在专用条款内约定工程质量保修范围、期限和责任。对于提前验收的单位工程起算时间相应提前。承包人对保修期内出现的不属于其责任原因的工程缺陷，不承担修复义务。

(二)施工进度管理

1. 合同进度计划的动态管理

为了保证实际施工过程中承包人能够按计划施工，监理人通过协调保障承包人的施工不受到外部或其他承包人的干扰，对已确定的施工计划要进行动态管理。标准施工合同的通用条款规定，不论何种原因造成工程的实际进度与合同进度计划不符，包括实际进度超前或滞后于计划进度，均应修订合同进度计划，以使进度计划具有实际的管理和控制作用。

承包人可以主动向监理人提交修订合同进度计划的申请报告，并附有关措施和相关资料，报监理人审批；监理人也可以向承包人发出修订合同进度计划的指示，承包人应按该指示修订合同进度计划后报监理人审批。

监理人应在专用合同条款约定的期限内予以批复。如果修订的合同进度计划对竣工时间有较大影响或需要补偿额超过监理人独立确定的范围时，在批复前应取得发包人同意。

2. 可以顺延合同工期的情况

(1)发包人原因延长合同工期。通用条款中明确规定，由于发包人原因导致的延误，承包人有权获得工期顺延和(或)费用加利润补偿的情况包括：

1)增加合同工作内容；

2)改变合同中任何一项工作的质量要求或其他特性；

3）发包人迟延提供材料、工程设备或变更交货地点；

4）因发包人原因导致的暂停施工；

5）提供图纸延误；

6）发包人造成工期延误的其他原因。

（2）异常恶劣的气候条件。按照通用条款的规定，出现专用合同条款约定的异常恶劣气候条件导致工期延误，承包人有权要求发包人延长工期。监理人处理气候条件对施工进度造成不利影响的事件时，应注意以下两条基本原则：

1）正确区分气候条件对施工进度影响的责任。判明因气候条件对施工进度产生影响的持续期间内，属于异常恶劣气候条件有多少天。如土方填筑工程的施工中，因连续降雨导致停工15天，其中，7天的降雨强度超过专用条款约定的标准构成延长合同工期的条件，而其余8天的停工或施工效率降低的损失，属于承包人应承担的不利气候条件风险。

2）异常恶劣气候条件的停工是否影响总工期。异常恶劣气候条件导致的停工是进度计划中的关键工作，则承包人有权获得合同工期的顺延。如果被迫暂停施工的工作不在关键线路上且总时差多于停工天数，仍然不必顺延合同工期，但对施工成本的增加可以获得补偿。

3. 承包人原因的延误

未能按合同进度计划完成工作时，承包人应采取措施加快进度，并承担加快进度所增加的费用。由于承包人原因造成工期延误，承包人应支付逾期竣工违约金。

订立合同时，应在专用条款内约定逾期竣工违约金的计算方法和逾期违约金的最高限额。专用条款说明中建议，违约金计算方法约定的日拖期赔偿额，可采用每天为多少钱或每天为签约合同价的千分之几；最高赔偿限额为签约合同价的3%。

4. 暂停施工

（1）暂停施工的责任。施工过程中发生被迫暂停施工的原因，可能源于发包人的责任，也可能属于承包人的责任。通用条款规定，承包人责任引起的暂停施工，增加的费用和工期由承包人承担；发包人暂停施工的责任，承包人有权要求发包人延长工期和（或）增加费用，并支付合理利润。

1）承包人责任的暂停施工。

①承包人违约引起的暂停施工；

②由于承包人原因为工程合理施工和安全保障所必需的暂停施工；

③承包人擅自暂停施工；

④承包人其他原因引起的暂停施工；

⑤专用合同条款约定由承包人承担的其他暂停施工。

2）发包人责任的暂停施工。发包人承担合同履行的风险较大，造成暂停施工的原因可能来自于未能履行合同的行为责任，也可能源于自身无法控制但应承担风险的责任。大体可以分为以下几类原因致使施工暂停：

①发包人未履行合同规定的义务。此类原因较为复杂，包括自身未能尽到管理责任，如发包人采购的材料未能按时到货致使停工待料等；也可能源于第三者责任原因，如施工过程中出现设计缺陷导致停工等待变更的图纸等。

②不可抗力。不可抗力的停工损失属于发包人应承担的风险，如施工期间发生地震、泥石流等自然灾害导致暂停施工。

③协调管理原因。同时在现场的两个承包人发生施工干扰，监理人从整体协调考虑，

指示某一承包人暂停施工。

④行政管理部门的指令。某些特殊情况下可能执行政府行政管理部门的指示，暂停一段时间的施工。如奥运会和世博会期间，为了环境保护的需要，某些在建工程按照政府文件要求暂停施工。

(2)暂停施工的程序。

1)停工。监理人根据施工现场的实际情况，认为必要时可向承包人发出暂停施工的指示，承包人应按监理人指示暂停施工。

不论由于何种原因引起的暂停施工，监理人应与发包人和承包人协商，采取有效措施积极消除暂停施工的影响。暂停施工期间由承包人负责妥善保护工程并提供安全保障。

2)复工。当工程具备复工条件时，监理人应立即向承包人发出复工通知，承包人收到复工通知后，应在指示的期限内复工。承包人无故拖延和拒绝复工，由此增加的费用和工期延误由承包人承担。

因发包人原因无法按时复工时，承包人有权要求延长工期和(或)增加费用，以及合理利润。

(3)紧急情况下的暂停施工。由于发包人的原因发生暂停施工的紧急情况，且监理人未及时下达暂停施工指示，承包人可先暂停施工，并及时向监理人提出暂停施工的书面请求。监理人应在接到书面请求后的 24 小时内予以答复，逾期未答复视为同意承包人的暂停施工请求。

5. 发包人要求提前竣工

如果发包人根据实际情况向承包人提出提前竣工要求，由于涉及合同约定的变更，应与承包人通过协商达成提前竣工协议作为合同文件的组成部分。协议的内容应包括：承包人修订进度计划及为保证工程质量和安全采取的赶工措施；发包人应提供的条件；所需追加的合同价款；提前竣工给发包人带来效益应给承包人的奖励等。专用条款使用说明中建议，奖励金额可为发包人实际效益的 20%。

(三)施工质量管理

1. 质量责任

(1)因承包人原因造成工程质量达不到合同约定验收标准，监理人有权要求承包人返工直至符合合同要求为止，由此造成的费用增加和(或)工期延误由承包人承担。

(2)因发包人原因造成工程质量达不到合同约定验收标准，发包人应承担由于承包人返工造成的费用增加和(或)工期延误，并支付承包人合理利润。

2. 承包人的管理

(1)项目部的人员管理。

1)质量检查制度。承包人应在施工场地设置专门的质量检查机构，配备专职质量检查人员，建立完善的质量检查制度。

2)规范施工作业的操作程序。承包人应加强对施工人员的质量教育和技术培训，定期考核施工人员的劳动技能，严格执行规范和操作规程。

3)撤换不称职的人员。当监理人要求撤换不能胜任本职工作、行为不端或玩忽职守的承包人项目经理和其他人员时，承包人应予以撤换。

(2)质量检查。

1)材料和设备的检验。承包人应对使用的材料和设备进行进场检验和使用前的检验，不允许使用不合格的材料和有缺陷的设备。

承包人应按合同约定进行材料、工程设备和工程的试验和检验，并为监理人对材料、工程设备和工程的质量检查提供必要的试验资料和原始记录。按合同约定由监理人与承包人共同进行试验和检验的，承包人负责提供必要的试验资料和原始记录。

2）施工部位的检查。承包人应对施工工艺进行全过程的质量检查和检验，认真执行自检、互检和工序交叉检验制度，尤其要做好工程隐蔽前的质量检查。

承包人自检确认的工程隐蔽部位具备覆盖条件后，通知监理人在约定的期限内检查，承包人的通知应附有自检记录和必要的检查资料。经监理人检查确认质量符合隐蔽要求，并在检查记录上签字后，承包人才能进行覆盖。监理人检查确认质量不合格的，承包人应在监理人指示的时间内修整或返工后，由监理人重新检查。

承包人未通知监理人到场检查，私自将工程隐蔽部位覆盖，监理人有权指示承包人钻孔探测或揭开检查，由此增加的费用和(或)工期延误由承包人承担。

（3）现场工艺试验。承包人应按合同约定或监理人指示进行现场工艺试验。对大型的现场工艺试验，监理人认为必要时，应由承包人根据监理人提出的工艺试验要求，编制工艺试验措施计划，报送监理人审批。

3. 监理人的质量检查和试验

（1）与承包人的共同检验和试验。监理人应与承包人共同进行材料、设备的试验和工程隐蔽前的检验。收到承包人共同检验的通知后，监理人既未发出变更检验时间的通知，又未按时参加，承包人为了不延误施工可以单独进行检查和试验，将记录送交监理人后可继续施工。此次检查或试验视为监理人在场情况下进行，监理人应签字确认。

（2）监理人指示的检验和试验。

1）材料、设备和工程的重新检验和试验。监理人对承包人的试验和检验结果有疑问，或为查清承包人试验和检验成果的可靠性要求承包人重新试验和检验时，由监理人与承包人共同进行。重新试验和检验的结果证明该项材料、工程设备或工程的质量不符合合同要求，由此增加的费用和(或)工期延误由承包人承担；重新试验和检验结果证明符合合同要求，由发包人承担由此增加的费用和(或)工期延误，并支付承包人合理利润。

2）隐蔽工程的重新检验。监理人对已覆盖的隐蔽工程部位质量有疑问时，可要求承包人对已覆盖的部位进行钻孔探测或揭开重新检验，承包人应遵照执行，并在检验后重新覆盖恢复原状。经检验证明工程质量符合合同要求，由发包人承担由此增加的费用和(或)工期延误，并支付承包人合理利润；经检验证明工程质量不符合合同要求，由此增加的费用和(或)工期延误由承包人承担。

4. 对发包人提供的材料和工程设备管理

承包人应根据合同进度计划的安排，向监理人报送要求发包人交货的日期计划。发包人应按照监理人与合同双方当事人商定的交货日期，向承包人提交材料和工程设备，并在到货7天前通知承包人。承包人会同监理人在约定的时间内，在交货地点共同进行验收。发包人提供的材料和工程设备验收后，由承包人负责接收、保管和施工现场内的二次搬运所发生的费用。

发包人要求向承包人提前接货的物资，承包人不得拒绝，但发包人应承担承包人由此增加的保管费用。发包人提供的材料和工程设备的规格、数量或质量不符合合同要求，或由于发包人原因发生交货日期延误及交货地点变更等情况时，发包人应承担由此增加的费用和(或)工期延误，并向承包人支付合理利润。

5. 对承包人施工设备的控制

承包人使用的施工设备不能满足合同进度计划或质量要求时，监理人有权要求承包人增加或更换施工设备，增加的费用和工期延误由承包人承担。

承包人的施工设备和临时设施应专用于合同工程，未经监理人同意，不得将施工设备和临时设施中的任何部分运出施工场地或挪作他用。对目前闲置的施工设备或后期不再使用的施工设备，经监理人根据合同进度计划审核同意后，承包人方可将其撤离施工现场。

(四)工程款支付管理

1. 通用条款中涉及支付管理的几个概念

标准施工合同的通用条款对涉及支付管理的几个涉及价格的用词作出了明确的规定。

(1)合同价格。

1)签约合同价。签约合同价是指签订合同时合同协议书中写明的，包括暂列金额、暂估价的合同总金额，即中标价。

2)合同价格。合同价格指承包人按合同约定完成了包括缺陷责任期内的全部承包工作后，发包人应付给承包人的金额。合同价格即承包人完成施工、竣工、保修全部义务后的工程结算总价，包括履行合同过程中按合同约定进行的变更、价款调整、通过索赔应予补偿的金额。

二者的区别表现为，签约合同价是写在协议书和中标通知书内的固定数额，作为结算价款的基数；而合同价格是承包人最终完成全部施工和保修义务后应得的全部合同价款，包括施工过程中按照合同相关条款的约定，在签约合同价基础上应给承包人补偿或扣减的费用之和。因此只有在最终结算时，合同价格的具体金额才可以确定。

(2)签订合同时签约合同价内尚不确定的款项。

1)暂估价。暂估价指发包人在工程量清单中给出的，用于支付必然发生但暂时不能确定价格的材料、设备以及专业工程的金额。该笔款项属于签约合同价的组成部分，合同履行阶段一定发生，但招标阶段由于局部设计深度不够；质量标准尚未最终确定；投标时市场价格差异较大等原因，要求承包人按暂估价格报价部分，合同履行阶段再最终确定该部分的合同价格金额。

暂估价内的工程材料、设备或专业工程施工，属于依法必须招标的项目，施工过程中由发包人和承包人以招标的方式选择供应商或分包人，按招标的中标价确定。未达到必须招标的规模或标准时，材料和设备由承包人负责提供，经监理人确认相应的金额；专业工程施工的价格由监理人进行估价确定。与工程量清单中所列暂估价的金额差，以及相应的税金等其他费用列入合同价格。

2)暂列金额。暂列金额指已标价工程量清单中所列的一笔款项，用于在签订协议书时尚未确定或不可预见变更的施工及其所需材料、工程设备、服务等的金额，包括以计日工方式支付的款项。

上述两笔款项均属于签约合同价内的金额，二者的区别表现为：暂估价是在招标投标阶段暂时不能合理确定价格，但合同履行阶段必然发生，发包人一定予以支付的款项；暂列金额则指招标投标阶段已经确定价格，监理人在合同履行阶段根据工程实际情况指示承包人完成相关工作后给予支付的款项。签约合同价内约定的暂列金额可能全部使用或部分使用，因此，承包人不一定能够全部获得支付。

（3）费用和利润。通用条款内对费用的定义为，履行合同所发生的或将要发生的不计利润的所有合理开支，包括管理费和应分摊的其他费用。

合同条款中费用涉及两个方面：一是施工阶段处理变更或索赔时，确定应给承包人补偿的款额；二是按照合同责任应由承包人承担的开支。通用条款中很多涉及应给予承包人补偿的事件，分别明确调整价款的内容为"增加的费用"，或"增加的费用及合理利润"。导致承包人增加开支的事件如果属于发包人也无法合理预见和克服的情况，应补偿费用但不计利润；若属于发包人应予控制而未做好的情况，如因图纸资料错误导致的施工放线返工，则应补偿费用和合理利润。

利润可以通过工程量清单单价分析表中相关子项标明的利润或拆分报价单费用组成确定，也可以在专用条款内具体约定利润占费用的百分比。

2. 工程进度款的支付

（1）进度付款申请单。承包人应在每个付款周期末，按监理人批准的格式和专用条款约定的份数，向监理人提交进度付款申请单，并附相应的支持性证明文件。通用条款中要求进度付款申请单的内容包括以下几项：

1）截至本次付款周期末已实施工程的价款；

2）变更金额；

3）索赔金额；

4）本次应支付的预付款和扣减的返还预付款；

5）本次扣减的质量保证金；

6）根据合同应增加和扣减的其他金额。

（2）进度款支付证书。监理人在收到承包人进度付款申请单以及相应的支持性证明文件后的 14 天内完成核查，提出发包人到期应支付给承包人的金额以及相应的支持性材料。经发包人审查同意后，由监理人向承包人出具经发包人签认的进度付款证书。

监理人有权扣除发承包人未能按照合同要求履行任何工作或义务的相应金额，如扣除质量不合格部分的工程款等。

通用条款规定，监理人出具的进度付款证书，不应视为监理人已同意、批准或接受了承包人完成的该部分工作，在对以往历次已签发的进度付款证书进行汇总和复核中发现错、漏或重复的，监理人有权予以修正，承包人也有权提出修正申请。经双方复核同意的修正，应在本次进度付款中支付或扣除。

（3）进度款的支付。发包人应在监理人收到进度付款申请单后的 28 天内，将进度应付款支付给承包人。发包人不按期支付，按专用合同条款的约定支付逾期付款违约金。

（五）变更管理

施工过程中出现的变更包括监理人指示的变更和承包人申请的变更两类。监理人可按通用条款约定的变更程序向承包人作出变更指示，承包人应遵照执行。没有监理人的变更指示，承包人不得擅自变更。

1. 变更的范围和内容

标准施工合同通用条款规定的变更范围包括以下几项：

（1）取消合同中任何一项工作，但被取消的工作不能转由发包人或其他人实施；

（2）改变合同中任何一项工作的质量或其他特性；

（3）改变合同工程的基线、标高、位置或尺寸；

（4）改变合同中任何一项工作的施工时间或改变已批准的施工工艺或顺序；

（5）为完成工程需要追加的额外工作。

2. 监理人指示变更

监理人根据工程施工的实际需要或发包人要求实施的变更，可以进一步划分为直接指示的变更和通过与承包人协商后确定的变更两种情况。

（1）直接指示的变更。直接指示的变更属于必须实施的变更，如按照发包人的要求提高质量标准、设计错误需要进行的设计修改、协调施工中的交叉干扰等情况。此时不需征求承包人意见，监理人经过发包人同意后发出变更指示要求承包人完成变更工作。

（2）与承包人协商后确定的变更。此类情况属于可能发生的变更，与承包人协商后再确定是否实施变更，如增加承包范围外的某项新增工作或改变合同文件中的要求等。

1）监理人首先向承包人发出变更意向书，说明变更的具体内容、完成变更的时间要求等，并附必要的图纸和相关资料。

2）承包人收到监理人的变更意向书后，如果同意实施变更，则向监理人提出书面变更建议。建议书的内容包括提交拟实施变更工作的计划、措施、竣工时间等内容的实施方案以及费用和（或）工期要求。若承包人收到监理人的变更意向书后认为难以实施此项变更，也应立即通知监理人，说明原因并附详细依据。如不具备实施变更项目的施工资质、无相应的施工机具等原因或其他理由。

3）监理人审查承包人的建议书。监理人对变更建议进行审查，可行时发出变更指示，不可行时监理人与承包人和发包人协商后确定撤销、改变或不改变变更意向书；发包人不同意变更的，监理人无权擅自发出变更指示。

3. 承包人申请变更

承包人提出的变更可能涉及建议变更和要求变更两类。

（1）承包人建议的变更。承包人对发包人提供的图纸、技术要求以及其他方面，提出了可能降低合同价格、缩短工期或者提高工程经济效益的合理化建议，均应以书面形式提交监理人。合理化建议书的内容应包括建议工作的详细说明、进度计划和效益以及与其他工作的协调等，并附必要的设计文件。

监理人与发包人协商是否采纳承包人提出的建议。建议被采纳并构成变更的，监理人向承包人发出变更指示。

承包人提出的合理化建议使发包人获得了降低工程造价、缩短工期、提高工程运行效益等实际利益的，应按专用合同条款中的约定给予奖励。

（2）承包人要求的变更。承包人收到监理人按合同约定发出的图纸和文件，经检查认为其中存在属于变更范围的情形，如提高了工程质量标准、增加了工作内容、工程的位置或尺寸发生变化等，可向监理人提出书面变更建议。变更建议应阐明要求变更的依据，并附必要的图纸和说明。

监理人收到承包人的书面建议后，应与发包人共同研究，确认存在变更的，应在收到承包人书面建议后的 14 天内作出变更指示。经研究后不同意作为变更的，由监理人书面答复承包人。

4. 变更估价

(1)变更估价的程序。承包人应在收到变更指示或变更意向书后的 14 天内，向监理人提交变更报价书，详细开列变更工作的价格组成及其依据，并附必要的施工方法说明和有关图纸。变更工作如果影响工期，承包人应提出调整工期的具体细节。

监理人收到承包人变更报价书后的 14 天内，根据合同约定的估价原则，商定或确定变更价格。

(2)变更的估价原则。

1)已标价工程量清单中有适用于变更工作的子目，采用该子目的单价计算变更费用；

2)已标价工程量清单中无适用于变更工作的子目，但有类似子目，可在合理范围内参照类似子目的单价，由监理人商定或确定变更工作的单价；

3)已标价工程量清单中无适用或类似子目的单价，可按照成本加利润的原则，由监理人商定或确定变更工作的单价。

5. 不利物质条件的影响

不利物质条件属于发包人应承担的风险，指承包人在施工场地遇到的不可预见的自然物质条件、非自然的物质障碍和污染物，包括地下和水文条件，但不包括气候条件。

承包人遇到不利物质条件时，应采取适应不利物质条件的合理措施继续施工，并通知监理人。监理人应当及时发出指示，构成变更的，按变更对待。监理人没有发出指示，承包人因采取合理措施而增加的费用和工期延误，由发包人承担。

(六)不可抗力

1. 不可抗力事件

不可抗力是指承包人和发包人在订立合同时不可预见，在工程施工过程中，不可避免发生并不能克服的自然灾害和社会性突发事件，如地震、海啸、瘟疫、水灾、骚乱、暴动、战争和专用合同条款约定的其他情形。

2. 不可抗力发生后的管理

(1)通知并采取措施。合同一方当事人遇到不可抗力事件，使其履行合同义务受到阻碍时，应立即通知合同另一方当事人和监理人，书面说明不可抗力和受阻碍的详细情况，并提供必要的证明。不可抗力发生后，发包人和承包人均应采取措施尽量避免和减少损失的扩大，任何一方没有采取有效措施导致损失扩大的，应对扩大的损失承担责任。

如果不可抗力的影响持续时间较长，合同一方当事人应及时向合同另一方当事人和监理人提交中间报告，说明不可抗力和履行合同受阻的情况，并于不可抗力事件结束后 28 天内提交最终报告及有关资料。

(2)不可抗力造成的损失。通用条款规定，不可抗力造成的损失由发包人和承包人分别承担。

1)永久工程，包括已运至施工场地的材料和工程设备的损害，以及因工程损害造成的第三者人员伤亡和财产损失由发包人承担；

2)承包人设备的损坏由承包人承担；

3)发包人和承包人各自承担其人员伤亡和其他财产损失及其相关费用；

4)停工损失由承包人承担，但停工期间应监理人要求照管工程和清理、修复工程的金额由发包人承担；

5)不能按期竣工的，应合理延长工期，承包人不需支付逾期竣工违约金。发包人要求赶工的，承包人应采取赶工措施，赶工费用由发包人承担。

3. 因不可抗力解除合同

合同一方当事人因不可抗力导致不可能继续履行合同义务时，应当及时通知对方解除合同。合同解除后，承包人应撤离施工场地。

合同解除后，已经订货的材料、设备由订货方负责退货或解除订货合同，不能退还的货款和因退货、解除订货合同发生的费用，由发包人承担，因未及时退货造成的损失由责任方承担。合同解除后的付款，监理人与当事人双方协商后确定。

(七)索赔管理

1. 承包人的索赔

(1)承包人提出索赔要求。

1)承包人根据合同认为有权得到追加付款和(或)延长工期时，应按规定程序向发包人提出索赔。

2)承包人应在引起索赔事件发生的后28天内，向监理人递交索赔意向通知书，并说明发生索赔事件的事由。承包人未在前述28天内发出索赔意向通知书，丧失要求追加付款和(或)延长工期的权利。

3)承包人应在发出索赔意向通知书后28天内，向监理人递交正式的索赔通知书，详细说明索赔理由以及要求追加的付款金额和(或)延长的工期，并附必要的记录和证明材料。

4)对于具有持续影响的索赔事件，承包人应按合理时间间隔陆续递交延续的索赔通知，说明连续影响的实际情况和记录，列出累计的追加付款金额和(或)工期延长天数。在索赔事件影响结束后的28天内，承包人应向监理人递交最终索赔通知书，说明最终要求索赔的追加付款金额和延长的工期，并附必要的记录和证明材料。

(2)监理人处理索赔。

1)监理人收到承包人提交的索赔通知书后，应及时审查索赔通知书的内容、查验承包人的记录和证明材料，必要时监理人可要求承包人提交全部原始记录副本。

2)监理人首先应争取通过与发包人和承包人协商达成索赔处理的一致意见，如果分歧较大，再单独确定追加的付款和(或)延长的工期。监理人应在收到索赔通知书或有关索赔的进一步证明材料后的42天内，将索赔处理结果答复承包人。

3)承包人接受索赔处理结果，发包人应在作出索赔处理结果答复后28天内完成赔付。承包人不接受索赔处理结果的，按合同争议解决。

(3)承包人提出索赔的期限。

1)竣工阶段发包人接受了承包人提交并经监理人签认的竣工付款证书后，承包人不能再对施工阶段、竣工阶段的事项提出索赔要求。

2)缺陷责任期满承包人提交的最终结清申请单中，只限于提出工程接收证书颁发后发生的索赔。提出索赔的期限至发包人接受最终结清证书时止，即合同终止后承包人就失去索赔的权利。

(4)标准施工合同中涉及应给承包人补偿的条款。标准施工合同通用条款中，可以给承包人补偿的条款见表7-1。

表 7-1　标准施工合同中应给承包人补偿的条款

序号	款号	主要内容	可补偿内容		
			工期	费用	利润
1	1.10.1	文物、化石	√	√	
2	3.4.5	监理人的指示延误或错误指示	√	√	√
3	4.11.2	不利的物质条件	√	√	
4	5.2.4	发包人提供的材料和工程设备提前交付		√	
5	5.4.3	发包人提供的材料和工程设备不符合合同要求	√	√	√
6	8.3	基准资料的错误	√	√	√
7	11.3(1)	增加合同工作内容	√	√	√
8	(2)	改变合同中任何一项工作的质量要求或其他特性	√	√	√
9	(3)	发包人迟延提供材料、工程设备或变更交货地点的	√	√	√
10	(4)	因发包人原因导致的暂停施工	√	√	√
11	(5)	提供图纸延误	√	√	√
12	(6)	未按合同约定及时支付预付款、进度款	√	√	√
13	11.4	异常恶劣的气候条件	√		
14	12.2	发包人原因的暂停施工	√	√	√
15	12.4.2	发包人原因无法按时复工	√	√	√
16	13.1.3	发包人原因导致工程质量缺陷	√	√	√
17	13.5.3	隐蔽工程重新检验质量合格	√	√	√
18	13.6.2	发包人提供的材料和设备不合格承包人采取补救	√	√	√
19	14.1.3	对材料或设备的重新试验或检验证明质量合格	√	√	√
20	16.1	附加浮动引起的价格调整		√	
21	16.2	法规变化一起的价格调整		√	
22	18.4.2	发包人提前占用工程导致承包人费用增加		√	√
23	18.6.2	发包人原因试运行失败，承包人修复		√	√
24	22.2.2	因发包人违约承包人暂停施工	√	√	√
25	21.3(4)	不可抗力停工期间的照管和后续清理		√	
26	(5)	不可抗力不能按期竣工	√		

2. 发包人的索赔

（1）发包人提出索赔。发包人的索赔包括承包人应承担责任的赔偿扣款和缺陷责任期的延长。发生索赔事件后，监理人应及时书面通知承包人，详细说明发包人有权得到的索赔金额和(或)延长缺陷责任期的细节和依据。发包人提出索赔的期限和对承包人的要求相同，即颁发工程接收证书后，不能再对施工期间的事件索赔；最终结清证书生效后，不能再就缺陷责任期内的事件索赔，因此，延长缺陷责任期的通知应在缺陷责任期届满前提出。

（2）监理人处理索赔。监理人也应首先通过与当事人双方协商争取达成一致，分歧较大时在协商基础上确定索赔的金额和缺陷责任期延长的时间。承包人应付给发包人的赔偿款从应支付给承包人的合同价款或质量保证金内扣除，也可以由承包人以其他方式支付。

(八)违约责任

通用条款对发包人和承包人违约的情况及处理分别做了明确的规定。

1. 承包人的违约

(1)违约情况。

1)私自将合同的全部或部分权利转让给其他人,将合同的全部或部分义务转移给其他人;

2)未经监理人批准,私自将已按合同约定进入施工场地的施工设备、临时设施或材料撤离施工场地;

3)使用不合格材料或工程设备,工程质量达不到标准要求,又拒绝清除不合格工程;

4)未能按合同进度计划及时完成合同约定的工作,已造成或预期造成工期延误;

5)缺陷责任期内未对工程接收证书所列缺陷清单的内容或缺陷责任期内发生的缺陷进行修复,又拒绝按监理人指示再进行修补;

6)承包人无法继续履行或明确表示不履行或实质上已停止履行合同;

7)承包人不按合同约定履行义务的其他情况。

(2)承包人违约的处理。

1)发生承包人不履行或无力履行合同义务的情况时,发包人可通知承包人立即解除合同。

2)对于承包人违反合同规定的情况,监理人应向承包人发出整改通知,要求其在指定的期限内改正。承包人应承担其违约所引起的费用增加和(或)工期延误。

3)监理人发出整改通知 28 天后,承包人仍不纠正违约行为,发包人可向承包人发出解除合同通知。

(3)因承包人违约解除合同。

1)发包人进驻施工现场。合同解除后,发包人可派人员进驻施工场地,另行组织人员或委托其他承包人施工。发包人因继续完成该工程的需要,有权扣留使用承包人在现场的材料、设备和临时设施。这种扣留不是没收,只是为了后续工程能够尽快顺利开始。发包人的扣留行为不免除承包人应承担的违约责任,也不影响发包人根据合同约定享有的索赔权利。

2)合同解除后的结算。

①监理人与当事人双方协商承包人实际完成工作的价值,以及承包人已提供的材料、施工设备、工程设备和临时工程等的价值。达不成一致,由监理人单独确定。

②合同解除后,发包人应暂停对承包人的一切付款,查清各项付款和已扣款金额,包括承包人应支付的违约金。

③发包人应按合同的约定向承包人索赔由于解除合同给发包人造成的损失。

④合同双方确认上述往来款项后,发包人出具最终结清付款证书,结清全部合同款项。

⑤发包人和承包人未能就解除合同后的结清达成一致,按合同约定解决争议的方法处理。

3)承包人已签订其他合同的转让。因承包人违约解除合同,发包人有权要求承包人将其为实施合同而签订的材料和设备的订货合同或服务协议转让给发包人,并在解除合同后的 14 天内,依法办理转让手续。

2. 发包人的违约

(1)违约情况。

1)发包人未能按合同约定支付预付款或合同价款，或拖延、拒绝批准付款申请和支付凭证，导致付款延误；

2)发包人原因造成停工的持续时间超过 56 天以上；

3)监理人无正当理由没有在约定期限内发出复工指示，导致承包人无法复工；

4)发包人无法继续履行或明确表示不履行或实质上已停止履行合同；

5)发包人不履行合同约定的其他义务。

(2)发包人违约的处理。

1)承包人有权暂停施工。除发包人不履行合同义务或无力履行合同义务的情况外，承包人向发包人发出通知，要求发包人采取有效措施纠正违约行为。发包人收到承包人通知后的 28 天内仍不履行合同义务，承包人有权暂停施工，并通知监理人，发包人应承担由此增加的费用和(或)工期延误，并支付承包人合理利润。

承包人暂停施工 28 天后，发包人仍不纠正违约行为，承包人可向发包人发出解除合同通知。但承包人的这一行为不免除发包人承担的违约责任，也不影响承包人根据合同约定享有的索赔权利。

2)违约解除合同。属于发包人不履行或无力履行义务的情况，承包人可书面通知发包人解除合同。

(3)因发包人违约解除合同。

1)解除合同后的结算。发包人应在解除合同后 28 天内向承包人支付下列金额：

①合同解除日以前所完成工作的价款；

②承包人为该工程施工订购并已付款的材料、工程设备和其他物品的金额。发包人付款后，该材料、工程设备和其他物品归发包人所有；

③承包人为完成工程所发生的，而发包人未支付的金额；

④承包人撤离施工场地以及遣散承包人人员的赔偿金额；

⑤由于解除合同应赔偿的承包人损失；

⑥按合同约定在合同解除日前应支付给承包人的其他金额。

发包人应按本项约定支付上述金额并退还质量保证金和履约担保，但有权要求承包人支付应偿还给发包人的各项金额。

2)承包人撤离施工现场。因发包人违约而解除合同后，承包人尽快完成施工现场的清理工作，妥善做已竣工工程和已采购材料、设备的保护和移交工作，按发包人要求将承包人设备和人员撤出施工场地。

六、竣工和缺陷责任期阶段的合同管理

(一)竣工验收管理

1. 单位工程验收

(1)单位工程验收的情况。合同工程全部完工前进行单位工程验收和移交，可能涉及三种情况：一是专用条款内约定了某些单位工程分部移交；二是发包人在全部工程竣工前希望使用已经竣工的单位工程，提出单位工程提前移交的要求，以便获得部分工程的运行收

益；三是承包人从后续施工管理的角度出发而提出单位工程提前验收的建议，并经发包人同意。

（2）单位工程验收后的管理。验收合格后，由监理人向承包人出具经发包人签认的单位工程验收证书。单位工程的验收成果和结论作为全部工程竣工验收申请报告的附件。移交后的单位工程由发包人负责照管。

除合同约定的单位工程分部移交的情况外，如果发包人在全部工程竣工前，使用已接收的单位工程运行影响了承包人的后续施工，发包人应承担由此增加的费用和（或）工期延误，并支付承包人合理利润。

2. 施工期运行

施工期运行是指合同工程尚未全部竣工，其中某项或几项单位工程或工程设备安装已竣工，根据专用合同条款约定，需要投入施工期运行的，经发包人按合同约定验收合格，证明能确保安全后，才能在施工期投入运行。

除专用条款约定由发包人负责试运行的情况外，承包人应负责提供试运行所需的人员、器材和必要的条件，并承担全部试运行费用。施工期运行中发现工程或工程设备损坏或存在缺陷时，由承包人进行修复，并按照缺陷原因由责任方承担相应的费用。

3. 合同工程的竣工验收

（1）承包人提交竣工验收申请报告。当工程具备以下条件时，承包人可向监理人报送竣工验收申请报告：

1）除监理人同意列入缺陷责任期内完成的尾工（甩项）工程和缺陷修补工作外，承包人的施工已完成合同范围内的全部单位工程以及有关工作，包括合同要求的试验、试运行以及检验和验收均已完成，并符合合同要求；

2）已按合同约定的内容和份数备齐了符合要求的竣工资料；

3）已按监理人的要求编制了在缺陷责任期内完成的尾工（甩项）工程和缺陷修补工作清单以及相应施工计划；

4）监理人要求在竣工验收前应完成的其他工作；

5）监理人要求提交的竣工验收资料清单。

（2）监理人审查竣工验收报告。监理人审查申请报告的各项内容，认为工程尚不具备竣工验收条件时，应在收到竣工验收申请报告后的 28 天内通知承包人，指出在颁发接收证书前承包人还需进行的工作内容。承包人完成监理人通知的全部工作内容后，应再次提交竣工验收申请报告，直至监理人同意为止。

监理人审查后认为已具备竣工验收条件，应在收到竣工验收申请报告后的 28 天内提请发包人进行工程验收。

（3）竣工验收。

1）竣工验收合格，监理人应在收到竣工验收申请报告后的 56 天内，向承包人出具经发包人签认的工程接收证书。以承包人提交竣工验收申请报告的日期为实际竣工日期，并在工程接收证书中写明。实际竣工日用以计算施工期限，与合同工期对照判定承包人是提前竣工还是延误竣工。

2）竣工验收基本合格但提出了需要整修和完善要求时，监理人应指示承包人限期修好，并缓发工程接收证书。经监理人复查整修和完善工作达到了要求，再签发工程接收证书，竣工日仍为承包人提交竣工验收申请报告的日期。

3)竣工验收不合格，监理人应按照验收意见发出指示，要求承包人对不合格工程认真返工重作或进行补救处理，并承担由此产生的费用。承包人在完成不合格工程的返工重作或补救工作后，应重新提交竣工验收申请报告。重新验收如果合格，则工程接收证书中注明的实际竣工日，应为承包人重新提交竣工验收报告的日期。

（4）延误进行竣工验收。发包人在收到承包人竣工验收申请报告 56 天后未进行验收，视为验收合格。实际竣工日期以提交竣工验收申请报告的日期为准，但发包人由于不可抗力不能进行验收的情况除外。

4. 竣工清场

（1）承包人的清场义务。工程接收证书颁发后，承包人应对施工场地进行清理，直至监理人检验合格为止。

1)施工场地内残留的垃圾已全部清除出场；

2)临时工程已拆除，场地已按合同要求进行清理、平整或复原；

3)按合同约定应撤离的承包人设备和剩余的材料，包括废弃的施工设备和材料，已按计划撤离施工场地；

4)工程建筑物周边及其附近道路、河道的施工堆积物，已按监理人指示全部清理；

5)监理人指示的其他场地清理工作已全部完成。

（2）承包人未按规定完成的责任。承包人未按监理人的要求恢复临时占地，或者场地清理未达到合同约定，发包人有权委托其他人恢复或清理，所发生的金额从拟支付给承包人的款项中扣除。

（二）缺陷责任期管理

1. 缺陷责任期

缺陷责任期自实际竣工日期起计算。在全部工程竣工验收前，已经发包人提前验收的单位工程，其缺陷责任期的起算日期相应提前。

工程移交发包人运行后，缺陷责任期内出现的工程质量缺陷可能是承包人的施工质量原因，也可能属于非承包人应负责的原因导致。应由监理人与发包人和承包人共同查明原因，分清责任。对于工程主要部位属承包人责任的缺陷工程修复后，缺陷责任期相应延长。

任何一项缺陷或损坏修复后，经检查证明其影响了工程或工程设备的使用性能，承包人应重新进行合同约定的试验和试运行，试验和试运行的全部费用应由责任方承担。

2. 监理人颁发缺陷责任终止证书

缺陷责任期满，包括延长的期限终止后 14 天内，由监理人向承包人出具经发包人签认的缺陷责任期终止证书，并退还剩余的质量保证金。颁发缺陷责任期终止证书，意味着承包人已按合同约定完成了施工、竣工和缺陷修复责任的义务。

七、施工分包合同管理

（一）施工分包合同概述

工程项目建设过程中，承包人会将承包范围内的部分工作采用分包形式交由其他企业完成，如设计分包、施工分包、材料设备供应的供货分包等。分包工程的施工，既是承包范围内必须完成的工作，又是分包合同约定的工作内容，涉及两个同时实施的合同，履行的管理更为复杂。

1. 施工的专业分包与劳务分包

（1）施工分包合同示范文本。承包人与发包人订立承包合同后，基于某些专业性强的工程因自己的施工能力受到限制进行施工专业分包，或考虑减少本项目投入的人力资源以节省施工成本而进行施工劳务分包。原建设部和国家工商行政管理局联合颁布了《建设工程施工专业分包合同（示范文本）》（GF－2003—0213）和《建设工程施工劳务分包合同（示范文本）》（GF－2003—0214）。

施工专业分包合同由协议书、通用条款和专用条款三部分组成。由于施工劳务分包合同相对简单，仅为一个标准化的合同文件，对具体工程的分包约定采用填空的方式明确即可。

（2）施工专业分包与劳务分包的主要区别。施工专业分包由分包人独立承担分包工程的实施风险，用自己的技术、设备、人力资源完成承包的工作；施工劳务分包的分包人主要提供劳动力资源，使用常用（或简单）的自有施工机具完成承包人委托的简单施工任务。主要差异表现为以下几个方面条款的规定：

1）分包人的收入。施工专业分包规定为分包合同价格，即分包人独立完成约定的施工任务后，有权获得包括施工成本、管理成本、利润等全部收入；而施工劳务分包规定为劳务报酬，即配合承包人完成全部施工任务后应获得的劳务酬金。劳务报酬的约定可以采用以下三种方式之一：

①固定劳务报酬（含管理费）；

②不同工种劳务的计时单价（含管理费），按确认的工时计算；

③约定不同工作成果的计件单价（含管理费），按确认的工程量计算。

通常情况下，不管约定为何种形式的劳务报酬，均为固定价格，施工过程中不再调整。

2）保险责任。施工专业分包合同规定，分包人必须为从事危险作业的职工办理意外伤害保险，并为施工场地内自有人员生命财产和施工机械设备办理保险，支付保险费用；而劳务施工分包合同则规定，劳务分包人不需单独办理保险，其保险应获得的权益包括在发包人或承包人投保的工程险和第三者责任险中，分包人也不需支付保险费用。

3）施工组织。施工专业分包合同规定，分包人应编制专业工程的施工组织设计和进度计划，报承包人批准后执行。承包人负责整个施工场地的管理工作，协调分包人与施工现场承包人的人员和其他分包人施工的交叉配合，确保分包人按照经批准的施工组织设计进行施工。

施工劳务分包合同规定，分包人不需编制单独的施工组织设计，而是根据承包人制定的施工组织设计和总进度计划的要求施工。劳务分包人在每月底提交下月施工计划和劳动力安排计划，经承包人批准后严格实施。

4）分包人对施工质量承担责任的期限。施工专业分包工程通过竣工验收后，分包人对分包工程仍需承担质量缺陷的修复责任，缺陷责任期和保修期的期限按照施工总承包合同的约定执行。

劳务分包合同规定，全部工程竣工验收合格后，劳务分包人对其施工的工程质量不再承担责任，承包人承担缺陷责任期和保修期内的修复缺陷责任。

由于施工劳务分包的分包人不独立承担风险，施工纳入承包人的组织管理之中，合同履行管理相对简单，因此，以下仅针对施工专业分包加以讨论。

2. 分包工程施工的管理职责

（1）发包人对施工专业分包的管理。发包人不是分包合同的当事人，对分包合同权利和义务如何约定也不参与意见，与分包人没有任何合同关系。但作为工程项目的投资方和施工合同的当事人，他对分包合同的管理主要表现为对分包工程的批准。若接受承包人投标书内说明的某工程准备分包，即同意此部分工程由分包人完成。如果承包人在施工过程中欲将某部分的施工任务分包，仍需经过发包人的同意。

(2)监理人对施工专业分包的管理。监理人接受发包人委托，仅对发包人与第三者订立合同的履行负责监督、协调和管理，因此对分包人在现场的施工不承担协调管理义务。然而分包工程仍属于施工总承包合同的一部分，仍需履行监督义务，包括对分包人的资质进行审查；对分包人用的材料、施工工艺、工程质量进行监督；确认完成的工程量等。

(3)承包人对施工专业分包的管理。承包人作为两个合同的当事人，不仅对发包人承担整个合同工程按预期目标实现的义务，而且对分包工程的实施负有全面管理责任。承包人派驻施工现场的项目经理对分包人的施工进行监督、管理和协调，承担如同主合同履行过程中监理人的职责，包括审查分包工程进度计划、分包人的质量保证体系、对分包人的施工工艺和工程质量进行监督等。

(二)监理人对专业施工分包合同履行的管理

鉴于分包工程的施工涉及两个合同，监理人只需依据总承包合同的约定进行监督和管理。

1. 对分包工程施工的确认

监理人在复核分包工程已取得发包人同意的基础上，负责对分包人承担相应工程施工要求的资质、经验和能力进行审查，确认是否批准承包人选择的分包人。为了整体工程的施工协调，指示分包人进场开始分包工程施工的时间。

2. 施工工艺和质量

由于专业工程施工往往对施工技术有专门的要求，监理人审查承包人的施工组织设计时，应特别关注分包人拟采用的施工工艺和保障措施是否切实可行。涉及危险性较大工程部位的施工方法更应进行严格审查，以保证专业工程的施工达到合同规定的质量要求。

监理人在对分包工程进行旁站、巡视过程中，发现分包人忽视质量的行为和存在安全隐患的情况，应及时书面通知承包人，要求其监督分包人纠正。

总承包合同规定分部移交的专业工程施工完毕，监理人应会同承包人和分包人进行工程预验收，并参加发包人组织的工程验收。

3. 进度管理

虽然由承包人负责分包工程施工的协调管理，对分包工程施工进度进行监督，但如果分包工程的施工影响到发包人订立的其他合同的履行时，监理人需对承包人发出相关指令进行相应的协调。

4. 支付管理

监理人按照总承包合同的规定对分包工程计量时，应要求承包人通知分包人进行共同计量。审查承包人的工程进度款时，要核对分包工程的合格工程量与计量结果是否一致。

5. 变更管理

监理人对分包工程的变更指示应发给承包人，由其协调和监督分包人执行。分包工程施工的变更完成后，按照总承包合同的规定对变更进行估价。

6. 索赔管理

监理人不应受理分包人直接提交的索赔报告，分包人的索赔应通过承包人的索赔来完成。

监理人审查承包人提交的分包工程索赔报告时，按照总承包合同的约定区分合同责任。有些情况下，分包人受到的损失既有发包人应承担的风险或责任，同时有承包人协调管理不利的影响，监理人应合理区分责任的比例，以便确定工期顺延的天数和补偿金额。

对于分包人因非自身原因受到损失时，可能对承包人的施工也产生了不利影响情况，监理人同样应在合理判定责任归属的基础上，按照实际情况作出索赔处理决定。

➤ 实训案例

背景：

某建筑公司于 2016 年 3 月 8 日与某建设单位签订了修建建筑面积为 3 000 m² 工业厂房（带地下室）的施工合同。该建筑公司编制的施工方案和进度计划已获批准。施工进度计划已经达成一致意见。合同规定由于建设单位责任造成施工窝工时，窝工费用按原人工费、机械台班费的 60% 计算。在专用条款中明确 6 级以上大风、大雨、大雪、地震等自然灾害按不可抗力因素处理。监理工程师应在收到索赔报告之日起 28 天内予以确认，监理工程师无正当理由不确认时，自索赔报告送达之日起 28 天后视为索赔已经被确认。根据双方商定，人工费定额为 30 元/工日，机械台班费为 1 000 元/台班。建筑公司在履行施工合同的过程中发生以下事件：

事件 1：基坑开挖后发现地下情况和发包商提供的地质资料不符，有古河道，须将河道中的淤泥清除并对地基进行二次处理。为此，业主以书面形式通知施工单位停工 10 天，损失费用合计为 3 000 元。

事件 2：2013 年 5 月 18 日由于下大雨，一直到 5 月 21 日开始施工，造成 20 名工人窝工。

事件 3：5 月 21 日用 30 个工日修复因大雨冲坏的永久道路，5 月 22 日恢复正常挖掘工作。

事件 4：5 月 27 日因租赁的挖掘机大修，挖掘工作停工 2 天，造成人员窝工 10 个工日。

事件 5：在施工过程中，发现因业主提供的图纸存在问题，故停工 3 天进行设计变更，造成 5 天窝工 60 个工日，机械窝工 9 个台班。

问题：

1. 分别说明事件 1 至事件 6 工期延误和费用增加应由谁承担，并说明理由。如是建设单位的责任应向承包单位补偿工期和费用分别为多少？

2. 建设单位应给予承包单位补偿工期多少天？补偿费用多少元？

案例解析：

1. 工期延误和费用增加的承担责任划分：

事件 1：应由建设单位承担延误的工期和增加的费用。

理由：是因建设单位造成的施工临时中断，从而导致承包商的工期延误和费用的增加。

建设单位应补偿承包单位工期 10 天，费用 3 000 元。

事件 2：工期延误 3 天应由建设单位承担，造成 20 人窝工的费用应由承包单位承担。

理由：因大风大雨，按合同约定属不可抗力。建设单位应补偿承包单位的工期 3 天。

事件 3：应由建设单位承担修复冲坏的永久道路所延误的工期和增加的费用。

理由：冲坏的永久道路是由于不可抗力（合同中约定的大雨）引起的道路损坏，应由建设单位承担其责任。建设单位应补偿承包单位工期 1 天。建设单位应补偿承包单位的费用为 30 工日×30 元/工日＝900(元)

事件 4：应由承包单位承担由此造成的工期延误和增加费用。

理由：该事件的发生原因属承包商自身的责任。

事件 5：应由建设单位承担工期的延误和费用增加的责任。

理由：施工图纸是由建设单位提供的，停工待图属于建设单位应承担的责任。建设单位应补偿承包单位工期 3 天。建设单位应补偿承包单位费用为：
$$60×30×60\%＋1\,000×9×60\%＝6\,480(元)$$

2. 建设单位应给予承包单位补偿工期为：10＋3＋1＋2＋3＝19(天)；

建设单位应给予承包单位补偿费用为：3 000＋900＋6 480＝10 380(元)

▶ 基础练习

一、单项选择题

1. 根据《标准施工合同》的规定，工程一切险的被保险人应是(　　)。
   A. 发包人和监理人
   B. 承包人和监理人
   C. 发包人和承包人
   D. 承包人和分包人

2. 根据《标准施工合同》的规定，投保工程一切险的保险金额不足以赔偿实际损失时，差额部分应由(　　)进行补偿。
   A. 发包人
   B. 承包人
   C. 合同条款确定的该风险责任人
   D. 造价咨询机构

3. 根据《标准施工合同》的规定，关于暂估价的说法，下列选项错误的是(　　)。
   A. 暂估价是签约合同价的组成部分
   B. 暂估价内的专业工程不一定实施
   C. 暂估价的内容在投标时难以确定准确价格
   D. 暂估价的内容不包括计日工

4. 根据《标准施工合同》的规定，下列事件中，属于不可抗力的是(　　)。
   A. 政策汇率调整
   B. 世界金融危机
   C. 政府投资政策变化
   D. 局部武装暴动

5. 根据《标准施工合同》的规定，下列不属于施工合同履行中"不利物质条件"的是(　　)。
   A. 不利地质条件
   B. 不利水文条件
   C. 有毒作业环境
   D. 不利气候条件

6. 施工合同工期在(　　)中明确。
   A. 协议书
   B. 专用条款
   C. 通用条款
   D. 附加条款

7. 在施工合同履行过程中，承包人完成隐蔽工程施工自检后，未经工程师认可即进行了工程隐蔽，工程师指示承包人将隐蔽工程剥露后进行了检查和实验，结果表名工程质量符合合同约定的质量标准，该事件的合同责任应为（　　）。

A. 承包人应获得工程顺延和费用补偿　　　　B. 工期不予顺延，费用也不予补偿

C. 工期不予顺延，费用应适当补偿　　　　　D. 工期应予顺延，费用不予补偿

8. 某施工合同约定的开工日期为 2013 年 9 月 10 日。9 月 2 日监理人发出开工指示，由于承包人因运输问题使主要机械未到达现场，申请延期至 9 月 17 日。承包人的主要施工机械迟至 9 月 25 日运抵施工现场，实际开工日期为 9 月 30 日。根据《建设工程施工合同(示范文本)》的规定，该工程的开工日期应为（　　）。

A. 9 月 10 日　　　　　B. 9 月 17 日　　　　　C. 9 月 25 日　　　　　D. 9 月 30 日

二、多项选择题

1. 根据《标准施工合同》的规定，关于监理人的地位和职责的说法，下列选项正确的有（　　）。

A. 监理人是受发包人聘请的合同履行管理人

B. 监理人是施工合同履行中独立的第三方

C. 监理人在授权范围内独立开展工作

D. 监理人具有施工合同管理所有事项的决定权

E. 监理人有对承包人进行施工管理的指示权

2. 根据《标准施工合同》的规定，合同进度计划的主要作用有（　　）。

A. 监理人控制合同进度的依据

B. 监理人签认进度付款证书的依据

C. 施工进度受到干扰后，监理人判定是否应顺延合同工期的依据

D. 承包人编制分阶段和分项进度计划的基础

E. 监理人确认承包人逾期违约的依据

3. 根据《标准施工合同》的规定，暂列金额的主要特点有（　　）。

A. 用于支付签订协议书时尚未确定的工程设备款

B. 用于支付签订协议书时不可预见的变更费用

C. 不能用于计日工支付

D. 属于签约合同价的一部分

E. 承包人不一定能全部获得约定的暂列金额

4. 建设工程合同管理的基本方法有（　　）。

A. 严格执行建设工程合同管理法律法规

B. 普及相关法律知识，培训合同管理人才

C. 设立合同管理机构，配备合同管理人员

D. 建设合同管理责任制度

E. 推行合同示范文本制度

5. 工程竣工应满足的条件有（　　）。

A. 除监理人同意列入缺陷责任期内完成的尾工(甩项)工程和缺陷修补工作外，合同范围内的全部区段工程以及有关工作，包括合同要求的试验和竣工试验均已完成，并符合合同要求

B. 合同范围内的全部区段工程以及有关工作，包括合同要求的试验和竣工试验均已完成，并符合合同要求

C. 已按合同约定的内容和份数备齐了符合要求的竣工文件

D. 已按监理人的要求编制了在缺陷责任期内完成的尾工(甩项)工程和缺陷修补工作清单以及相应施工计划

E. 监理人要求提交的竣工验收资料清单

6. 下列选项中，属于建设工程合同的特征的是(　　)。

A. 合同主体的严格性
B. 合同标的的特殊性
C. 合同履行期限的长期性
D. 计划和程序的严格性
E. 合同格式的一致性

7. 关于索赔的表述，下列选项正确的是(　　)。

A. 索赔要求的提出不需经对方同意

B. 索赔依据应在合同中有明确根据

C. 应在索赔事件发生后的 28 天内递交索赔意向通知书

D. 监理人的索赔处理决定超过权限时应报发包人批准

E. 承包人必须执行监理人的索赔处理决定

8. 根据《建设工程施工合同(示范文本)》(GF—2013—0201)的规定，导致现场发生暂停施工的下列情形，承包商在执行监理工程师暂停施工的指示后，可以要求发包人追加合同价款并顺延工期的包括(　　)。

A. 施工作业方法可能危及邻近建筑物的安全

B. 施工中遇到了与地质报告不一致的软弱层

C. 发包人订购的设备不能按时到货

D. 施工机械设备进行维修

E. 发包人未能按时移交后续施工的现场

9. 下列施工过程中发生的事件中，属于不可抗力的有(　　)。

A. 地震
B. 洪水
C. 社会动乱
D. 发包人责任造成的火灾
E. 承包人责任造成的爆炸

三、简答题

1. 项目监理机构在处理工程暂停及复工、工程变更、索赔及施工合同争议、解除等方面的合同管理职责有哪些？

2. 监理人在合同履行管理中的作用表现在哪些方面？

3. 订立合同时应明确哪些内容？

4. 施工过程中发生哪些情况可以给承包人顺延合同工期？

5. 监理人如何处理变更的有关问题？

6. 缺陷责任期和保修期有何区别？

第八章　建设工程监理的组织协调

建设工程监理目标的实现，需要监理工程师扎实的专业知识和对建设工程监理程序的有效执行。另外，还需要监理工程师有较强的组织协调能力。通过组织协调，能够使影响建设工程监理目标实现的各方主体有机配合、协同一致，促进建设工程监理目标的实现。

协调就是联结、联合、调和所有的活动及力量，使各方配合适当，其目的是促使各方协同一致，以实现预定目标。协调工作应贯穿于整个建设工程实施及其管理过程中。

第一节　组织协调的内容

从系统工程角度看，项目监理机构组织协调内容可分为系统内部（项目监理机构）协调和系统外部协调两大类。系统外部协调又分为系统近外层协调和系统远外层协调。近外层和远外层的主要区别是，建设单位与近外层关联单位之间有合同关系，与远外层关联单位之间没有合同关系。

一、系统内部（项目监理机构）协调的内容

1. 项目监理机构内部人际关系的协调

项目监理机构是由工程监理人员组成的工作体系，工作效率在很大程度上取决于人际关系的协调程度。总监理工程师应首先协调好人际关系，激励项目监理机构人员。

（1）在人员安排上要量才录用。要根据项目监理机构中每个人的专长进行安排，做到人尽其才。工程监理人员的搭配要注意能力互补和性格互补，人员配置尽可能少而精，避免力不胜任和忙闲不均。

（2）在工作委任上要职责分明。对项目监理机构中的每一个岗位，都要明确岗位目标和责任，应通过职位分析，使管理职能不重不漏，做到事事有人管，人人有专责，同时明确岗位职权。

（3）在绩效评价上要实事求是。要发扬民主作风，实事求是地评价工程监理人员工作绩效，以免人员无功自傲或有功受屈，使每个人热爱自己的工作，并对工作充满信心和希望。

（4）在矛盾调解上要恰到好处。人员之间的矛盾总是存在的，一旦出现矛盾，就要进行调解，要多听取项目监理机构成员的意见和建议，及时沟通，使工程监理人员始终处于团结、和谐、热情高涨的工作氛围之中。

2. 项目监理机构内部组织关系的协调

项目监理机构是由若干部门（专业组）组成的工作体系，每个专业组都有自己的目标和任务。如果每个专业组都从建设工程整体利益出发，理解和履行自己的职责，则整个建设工程就会处于有序的良性状态，否则，整个系统便处于无序的紊乱状态，导致功能失调，

效率下降。为此，应从以下几个方面协调项目监理机构内部组织关系：

（1）在目标分解的基础上设置组织机构，根据工程特点及建设工程监理合同约定的工作内容，设置相应的管理部门。

（2）明确规定各部门的目标、职责和权限，最好以规章制度形式作出明确规定。

（3）事先约定各个部门在工作中的相互关系。工程建设中的许多工作是由多个部门共同完成的，其中有主办、牵头和协作、配合之分，事先约定，可避免误事、脱节等贻误工作现象的发生。

（4）建立信息沟通制度。如采用工作例会、业务碰头会，发送会议纪要、工作流程图、信息卡传递等来沟通信息，这样有利于从局部了解全局，服从并适应全局需要。

（5）及时消除工作中的矛盾或冲突。坚持民主作风，注意从心理学、行为科学角度激励各个成员的工作积极性；实行公开信息政策，让大家了解建设工程实施情况、遇到的问题或危机；经常性地指导工作，与项目监理机构成员一起商讨遇到的问题，多倾听他们的意见、建议，鼓励大家同舟共济。

3. 项目监理机构内部需求关系的协调

建设工程监理实施中有人员需求、检测试验、设备需求等，而资源是有限的，因此，内部需求平衡至关重要。协调平衡需求关系需要从以下环节考虑：

（1）对建设工程监理检测试验设备的平衡。建设工程监理开始实施时，要做好监理规划和监理实施细则的编写工作，合理配置建设工程监理资源，要注意期限的合理性、规格的明确性、数量的准确性、质量的规定性。

（2）对工程监理人员的平衡。要抓住调度环节，注意各专业监理工程师的配合。工程监理人员的安排必须考虑到工程进展情况，根据工程实际进展安排工程监理人员进退场计划，以保证建设工程监理目标的实现。

二、系统近外层组织协调的内容

1. 项目监理机构与建设单位的协调

建设工程监理实践证明，项目监理机构与建设单位组织协调关系的好坏，在很大程度上决定了建设工程监理目标能否顺利实现。

我国长期计划经济体制的惯性思维，使得多数建设单位合同意识差、工作随意性大，主要体现在：一是沿袭计划经济时期的基建管理模式，搞"大业主、小监理"，建设单位的工程建设管理人员有时比工程监理人员多，或者由于建设单位的管理层次多，对建设工程监理工作干涉多，并插手工程监理人员的具体工作；二是不能将合同中约定的权力交给工程监理单位，致使监理工程师有职无权，不能充分发挥作用；三是科学管理意识差，随意压缩工期、压低造价，工程实施过程中变更多或不能按时履行职责，给建设工程监理工作带来困难。因此，与建设单位的协调是建设工程监理工作的重点和难点。监理工程师应从以下几个方面加强与建设单位的协调。

（1）监理工程师首先要理解建设工程总目标和建设单位的意图。对于未能参加工程项目决策过程的监理工程师，必须了解项目构思的基础、起因、出发点；否则，可能会对建设工程监理目标及任务有不完整、不准确的理解，从而给监理工作造成困难。

（2）利用工作之便做好建设工程监理宣传工作，增进建设单位对建设工程监理的了解，特别是对建设工程管理各方职责及监理程序的理解；主动帮助建设单位处理工程建设中的事务性工作，以自己规范化、标准化、制度化的工作去影响和促进双方工作的协调一致。

（3）尊重建设单位，让建设单位一起投入工程建设全过程。尽管有预定目标，但建设工程实施必须执行建设单位指令，使建设单位满意。对建设单位提出的某些不适当要求，只要不属于原则问题，都可先执行，然后在适当时机，采取适当方式加以说明或解释；对于原则性问题，可采用书面报告等方式说明原委，尽量避免发生误解，以使建设工程顺利实施。

2. 项目监理机构与施工单位的协调

监理工程师对工程质量、造价、进度目标的控制，以及履行建设工程安全生产管理的法定职责，都是通过施工单位的工作来实现的，因此，做好与施工单位的协调工作是监理工程师组织协调工作的重要内容。

（1）与施工单位的协调应注意以下问题：

1）坚持原则，实事求是，严格按照规范、规程办事，讲究科学态度。监理工程师应强调各方面利益的一致性和建设工程总目标；应鼓励施工单位向其汇报建设工程实施状况、实施结果和遇到的困难，以寻求目标控制的有效办法。双方了解得越多越深刻，建设工程监理工作中的对抗和争执就越少。

2）协调不仅是方法、技术问题，更多的是语言艺术、感情交流和用权适度问题。有时尽管协调意见是正确的，但由于方式或表达不妥，反而会激化矛盾。高超的协调能力则往往能起到事半功倍的效果，令各方面都满意。

（2）与施工单位的协调工作内容主要有以下几个方面：

1）与施工项目经理关系的协调。施工项目经理及工地工程师最希望监理工程师能够公平、通情达理，指令明确而不含糊，并且能及时答复所询问的问题。监理工程师既要懂得坚持原则，又要善于理解施工项目经理的意见，工作方法灵活，能够随时提出或愿意接受变通办法解决问题。

2）施工进度和质量问题的协调。由于工程施工进度和质量的影响因素错综复杂，因此，施工进度和质量问题的协调工作也十分复杂。监理工程师应采用科学的进度和质量控制方法，设计合理的奖罚机制及组织现场协调会议等协调工程施工进度和质量问题。

3）对施工单位违约行为的处理。在工程施工过程中，监理工程师对施工单位的某些违约行为进行处理是一件需要慎重而又难免的事情。当发现施工单位采用不适当的方法进行施工，或采用不符合质量要求的材料时，监理工程师除立即制止外，还需要采取相应的处理措施。遇到这种情况，监理工程师需要在其权限范围内采用恰当的方式及时作出协调处理。

4）施工合同争议的协调。对于工程施工合同争议，监理工程师应首先采用协商解决方式，协调建设单位与施工单位的关系。协商不成时，才由合同当事人申请调解，甚至申请仲裁或诉讼。遇到非常棘手的合同争议时，可以暂时搁置等待时机，另谋良策。

5）对分包单位的管理。监理工程师虽然不直接与分包合同发生关系，但可对分包合同中的工程质量、进度进行直接跟踪监控，然后通过总承包单位进行调控、纠偏。分包单位在施工中发生的问题，由总承包单位负责协调处理。分包合同履行中发生的索赔问题，一般应由总承包单位负责，涉及总包合同中建设单位的义务和责任时，由总承包单位通过项目监理机构向建设单位提出索赔，由项目监理机构进行协调。

3. 项目监理机构与设计单位的协调

工程监理单位与设计单位都是受建设单位委托进行工作的，两者之间没有合同关系，因此，项目监理机构要与设计单位做好交流工作，需要建设单位的支持。

(1)真诚尊重设计单位的意见，在设计交底和图纸会审时，要理解和掌握设计意图、技术要求、施工难点等，将标准过高、设计遗漏、图纸差错等问题解决在施工之前。进行结构工程验收、专业工程验收、竣工验收等工作，要邀请设计代表参加。发生质量事故时，要认真听取设计单位的处理意见等。

(2)施工中发现设计问题，应及时按工作程序通过建设单位向设计单位提出，以免造成更大的直接损失。

(3)注意信息传递的及时性和程序性。监理工作联系单、工程变更单等要按规定的程序进行传递。

三、系统远外层组织协调的内容

建设工程实施过程中，政府部门、金融组织、社会团体、新闻媒介等也会起到一定的控制、监督、支持、帮助作用，如果这些关系协调不好，建设工程实施也可能严重受阻。

1. 与政府部门的协调

(1)监理单位在进行工程质量控制和质量缺陷处理时，要做好与工程质量监督部门(如工程质量监督站)的交流和协调。工程质量监督部门是由政府授权的工程质量监督的实施机构，对委托监理的工程，质量监督部门主要是核查勘察、设计单位、施工单位和监理单位的资质，监督这些单位的质量行为和工程实体质量。

(2)当发生重大质量、安全事故时，在承包商采取急救、补救措施的同时，项目监理机构应敦促承包商立即向政府有关部门报告情况，接受检查和处理。

(3)建设工程合同应送公证机关公证，并报政府建设管理部门备案；业主的征地、拆迁、移民等工作要争取政府有关部门支持和协作；现场消防设施的配置，宜请消防部门检查认可；监理单位要督促承包商在施工中注意防止环境污染，坚持做到文明施工。

2. 与社会团体、新闻媒介等的协调

建设单位和项目监理机构应把握机会，争取社会各界对建设工程的关心和支持。这是一种争取良好社会环境的远外层系的协调，建设单位应起主导作用。如果建设单位确需将部分或全部远外层关系协调工作委托工程监理单位承担，则应在建设工程监理合同中明确委托的工作和相应报酬。

第二节　项目监理机构组织协调方法

组织协调工作千头万绪，涉及面广，受主观和客观因素影响较大。为保证监理工作顺利进行，要求监理工程师熟练掌握和运用各种组织协调方法，能够因地制宜、因时制宜地处理问题。监理工程师组织协调可采用如下方法。

一、会议协调法

会议协调法是建设工程监理中最常用的一种协调方法，实践中常用的会议协调法包括

第一次工地会议、监理例会、专题会议等。

（1）第一次工地会议。第一次工地会议是建设工程尚未全面展开、总监理工程师下达开工令前，建设单位、工程监理和施工单位对各自人员及分工、开工准备、监理例会的要求进行沟通和协调的会议，也是检查开工前各项准备工作是否就绪并明确监理程序的会议。第一次工地会议应由建设单位主持，监理单位、总承包单位授权代表参加，也可邀请分包单位代表参加，必要时可邀请有关设计单位人员参加。第一次工地会议上，总监理工程师应介绍监理工作的目标、范围和内容、项目监理机构及人员职责分工，监理工作程序、方法和措施等。第一次工地会议上，应研究确定各方在施工过程中参加监理例会的主要人员，召开监理例会的周期、地点及主要议题。会议纪要应由项目监理机构负责整理，与会各方代表应会签。

（2）监理例会。监理例会是项目监理机构定期组织有关单位研究解决与监理相关问题的会议。监理例会应由总监理工程师或其授权的专业监理工程师主持召开，宜每周召开一次。参加人员包括项目总监理工程师或总监理工程师代表、其他有关监理人员、施工项目经理、施工单位其他有关人员。需要时，也可邀请其他有关单位代表参加。

监理例会主要内容应包括以下几项：

1）检查上次例会议定事项的落实情况，分析未完事项原因；

2）检查分析工程项目进度计划完成情况，提出下一阶段进度目标及其落实措施；

3）检查分析工程项目质量、施工安全管理状况，针对存在的问题提出改进措施；

4）检查工程量核定及工程款支付情况；

5）解决需要协调的有关事项；

6）其他有关事宜。

（3）专题会议。专题会议是由总监理工程师或其授权的专业监理工程师主持或参加的，为解决建设工程监理过程中的工程专项问题而不定期召开的会议。

监理例会以及由项目监理机构主持召开的专题会议的会议纪要，应由项目监理机构负责整理，与会各方代表应会签。

二、交谈协调法

在建设工程监理实践中，并不是所有问题都需要开会来解决，有时可采用"交谈"的方法进行协调。交谈包括面对面的交谈和电话、电子邮件等形式交谈。

无论是内部协调还是外部协调，交谈协调法的使用频率是相当高的。由于交谈本身没有合同效力，而且具有方便、及时等特性。采用交谈方式请求协作和帮助比采用书面方法实现的可能性要大。

三、书面协调法

当会议或者交谈不方便或不需要时，或者需要精确地表达自己的意见时，就会采用书面协调的方法。

书面协调方法的特点是具有合同效力，一般常用于以下几个方面：

（1）不需双方直接交流的书面报告、报表、指令和通知等；

（2）需以书面形式向各方提供详细信息和情况通报的报告、信函和备忘录等；

（3）事后对会议记录、交谈内容或口头指令的书面确认。

四、访问协调法

访问协调法主要用于外部协调中，有走访和邀访两种形式。走访是指监理工程师在建设工程施工前或施工过程中，对与工程施工有关的各政府部门、公共事业机构、新闻媒体或工程毗邻单位等进行访问，向他们解释工程的情况，了解他们的意见；邀访是指监理工程师邀请上述各单位（包括业主）代表到施工现场对工程进行指导性巡视，了解现场工作。

五、情况介绍法

情况介绍法通常是与其他协调方法紧密结合在一起的，它可能是在一次会议前，或是一次交谈前，或是一次走访或邀访前向对方进行的情况介绍。形式主要是口头的，有时也伴有书面的。介绍往往作为其他协调的引导，目的是使别人首先了解情况。因此，监理工程应重视任何场合下的每一次介绍，要使别人能够理解自己介绍的内容、问题和困难、自己想得到的帮助等。

总之，组织协调是一种管理艺术和技巧，监理工程师尤其是总监理工程师需要掌握领导科学、心理学、行为科学方面的知识和技能，如激励、交际、表扬和批评的艺术，开会艺术、谈话艺术、谈判技巧等。只有这样，监理工程师才能进行有效的组织协调。

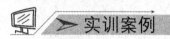 实训案例

背景：

某监理单位与建设单位签订了某钢筋混凝土结构工程施工阶段的工程监理合同，监理部设总监理工程师1人和专业监理工程师若干人，专业监理工程师例行在现场检查，实施监理工作。

在监理过程中，发现以下问题：

(1)某层钢筋混凝土墙体，由于绑扎钢筋困难，无法施工，施工单位未通报项目监理机构就把墙体钢筋门洞移动了位置。

(2)某层钢筋混凝土柱，钢筋和模板均经过监理检查验收，浇筑混凝土过程中发现模板胀模。

(3)某层钢筋混凝土墙体，钢筋绑扎后未经检查验收，即擅自合模封闭，正准备浇筑混凝土。

(4)某层楼板钢筋经监理工程师检查验收后，即进行浇筑楼板混凝土，混凝土浇筑完成后，发现楼板中预埋电线暗管未通知电气专业监理工程师检查验收。

(5)施工单位把地下室内防水工程给一专业分包单位承包施工，该分包单位未经资质审查认可，即进场施工，并已进行了200 m² 的防水工程施工。

(6)某层钢筋骨架焊接正在进行中，监理工程师检查发现有2人未经技术资格审查认可。

(7)某楼层一户住房房间钢门框经检查符合设计要求，日后检查发现门销已经焊接，门扇已经按设计图纸要求安装，但门扇反向，影响正常使用。

问题：

1. 项目监理机构组织协调方法有哪几种？

2. 第一次工地会议的内容是什么？应在什么时间举行？应由谁主持召开？

3. 建设工程监理中最常用的一种协调方法是什么？此种方法在具体实践中包括哪些具体方法？

4. 发布指令属于哪一类组织协调方法？

5. 针对以上在监理过程中发现的问题，监理工程师应分别如何处理？

案例解析：

1. 组织协调的方法有会议协调法、交谈协调法、书面协调法、访问协调法、情况介绍法。

2. 第一次工地会议是建设工程尚未全面展开、总监理工程师下达开工令前，建设单位、工程监理和施工单位对各自人员及分工、开工准备、监理例会的要求进行沟通和协调的会议，也是检查开工前各项准备工作是否就绪并明确监理程序的会议。第一次工地会议应由建设单位主持。

3. 建设工程监理最常用的方法是会议协调法，该方法的具体会议形式有第一次工地会议、监理例会、专题会议等。

4. 发布指令属于书面协调法的具体方法。

5. 监理过程中发现的问题的处理：

(1)指令停工，组织设计和施工单位共同研究处理方案，如需变更设计，指令施工单位按变更后的设计图施工，否则指令施工单位按原图施工。

(2)指令停工，检查胀模原因，指示施工单位加固处理，经检查认可，通知继续施工。

(3)指令停工，下令拆除封闭模板，使满足检查要求，经检查认可，通知复工。

(4)指令停工，进行隐蔽工程检查，若隐检合格，通知复工；若隐检不合格，下令返工。

(5)指令停工，检查分包单位资质。若审查合格，允许分包单位继续施工；若审查不合格，指令施工单位令分包单位立即退场。无论分包单位资质是否合格，均应对其已施工完的 200 m² 防水工程进行质量检查。

(6)通知该电焊工立即停止操作，检查其技术资格证明。若审查认可，可继续进行操作；若无技术资质证明，不得再进行电焊操作。对其完成的焊接部分进行质量检查。

(7)报告建设单位，由建设单位与设计单位联系，要求变更设计，指示施工单位按变更后的图纸返工，所造成的损失，应给予施工单位补偿。

▶ 基础练习

一、单项选择题

1. 下列协调工作中，属于项目监理机构内部人际关系协调工作的是（   ）。

　　A. 事先约定各个部门在工作中的相互关系　　B. 遵守信息沟通制度

　　C. 平衡监理人员使用计划　　　　　　　　　　D. 委任工作职责分明

2. 下列建设工程监理组织协调方法中，具有合同效力的是(　　)。

A. 会议协调法　　　B. 交谈协调法　　　C. 书面协调法　　　D. 访问协调法

3. 下列单位中，属于项目监理机构远外层协调范围的单位是(　　)。

A. 材料供应商和设备供应商　　　　B. 设备供应商和政府部门

C. 政府部门和社会团体　　　　　　D. 社会团体和材料供应商

二、多项选择题

1. 项目监理机构内部组织关系的协调包括(　　)。

A. 在目标分解的基础上设置组织机构

B. 明确规定每个部门的目标、职责和权限

C. 事先约定各个部门在工作中的相互关系

D. 实事求是地进行成绩评价

E. 建立信息沟通制度

2. 在施工阶段，项目管理机构与施工单位的协调工作内容包括(　　)。

A. 对施工单位违约的行为的处理　　　B. 合同争议的协调

C. 督促施工单位及时报告安全事故　　　D. 对分包单位的管理

E. 与施工单位项目经理关系的协调

三、简答题

1. 项目监理机构组织协调的内容有哪些?

2. 项目监理机构组织协调的方法有哪些?

第九章　建设工程勘察、设计、保修阶段的服务

建设工程勘察、设计、保修阶段的项目管理服务是工程监理企业需要拓展的业务领域。工程监理企业既可接受建设单位委托，将建设工程勘察、设计、保修阶段项目管理服务与建设工程监理一并纳入建设工程监理合同，使建设工程勘察、设计、保修阶段项目管理服务成为建设工程监理相关服务；也可单独与建设单位签订项目管理服务合同，为建设单位提供建设工程勘察、设计、保修阶段项目管理服务，双方则不必签订监理合同，只需要签订咨询服务合同。

根据《建设工程监理合同(示范文本)》(GF－2012—0202)的规定，建设单位需要工程监理单位提供的相关服务(如勘察阶段、设计阶段、保修阶段服务及其他专业技术咨询、外部协调工作等)的范围和内容应在附录 A 中约定。

第一节　勘察设计阶段的服务内容

一、协助委托工程勘察设计任务

工程监理单位应协助建设单位编制工程勘察设计任务书和选择工程勘察设计单位，并协助建设单位签订工程勘察设计合同。

1. 工程勘察设计任务书的编制

工程勘察设计任务书应包括以下主要内容：

(1)工程勘察设计范围，包括：工程名称、工程性质、拟建地点、相关政府部门对工程的限制条件等。

(2)建设工程目标和建设标准。

(3)对工程勘察设计成果的要求，包括：提交内容、提交质量和深度要求、提交时间、提交方式等。

2. 工程勘察设计单位的选择

(1)选择方式。根据相关法律法规要求，采用招标或直接委托方式。如果是采用招标方式，需要选择公开招标或邀请招标方式。有的工程可能需要采用设计方案竞赛方式选定工程勘察设计单位。

(2)工程勘察设计单位的审查。应审查工程勘察设计单位的资质等级、勘察设计人员资格、勘察设计业绩以及工程勘察设计质量保证体系等。

3. 工程勘察设计合同谈判与订立

(1)合同谈判。根据工程勘察设计招标文件及任务书要求，在合同谈判过程中，进一步

对工程勘察设计工作的范围、深度、质量、进度要求予以细化。

(2)合同订立。应注意以下事项：

1)应界定由于地质情况、工程变化造成的工程勘察设计范围变更，工程勘察设计单位的相应义务。

2)应明确工程勘察设计费用涵盖的工作范围，并根据工程特点确定付款方式。

3)应明确工程勘察设计单位配合其他工程参建单位的义务。

4)应强调限额设计，将施工图预算控制在工程概算范围内。鼓励设计单位应用价值工程优化设计方案，并以此制定奖励措施。

二、工程勘察过程中的服务

1. 工程勘察方案的审查

工程监理单位应审查工程勘察单位提交的勘察方案，提出审查意见，并报建设单位。工程勘察单位变更勘察方案时，应按原程序重新审查。

工程监理单位应重点审查以下内容：

(1)勘察技术方案中工作内容与勘察合同及设计要求是否相符，是否有漏项或冗余。

(2)勘察点的布置是否合理，其数量、深度是否满足规范和设计要求。

(3)各类相应的工程地质勘察手段、方法和程序是否合理，是否符合有关规范的要求。

(4)勘察重点是否符合勘察项目特点，技术与质量保证措施是否还需要细化，以确保勘察成果的有效性。

(5)勘察方案中配备的勘察设备是否满足本工程勘察技术要求。

(6)勘察单位现场勘察组织及人员安排是否合理，是否与勘察进度计划相匹配。

(7)勘察进度计划是否满足工程总进度计划。

2. 工程勘察现场及室内试验人员、设备及仪器的检查

工程监理单位应检查工程勘察现场及室内试验主要岗位操作人员的资格，所使用设备、仪器计量的检定情况。

(1)主要岗位操作人员。现场及室内试验主要岗位操作人员是指钻探设备操作人员、记录人员和室内试验的数据签字和审核人员，这些人员应具有相应的上岗资格。

(2)工程勘察设备、仪器。对于工程现场勘察所使用的设备、仪器，要求工程勘察单位做好设备、仪器计量使用及检定台账。工程监理单位不定期检查相应的检定证书。发现问题时，应要求工程勘察单位停止使用不符合要求的勘察设备、仪器，直至提供相关检定证书后方可继续使用。

3. 工程勘察过程控制

(1)工程监理单位应检查工程勘察进度计划执行情况，督促工程勘察单位完成勘察合同约定的工作内容，审核工程勘察单位提交的勘察费用支付申请。对于满足条件的，签发工程勘察费用支付证书，并报建设单位。

(2)工程监理单位应检查工程勘察单位执行勘察方案的情况，对重要点位的勘探与测试应进行现场检查。发现问题时，应及时通知工程勘察单位一起到现场进行核查。当工程监理单位与勘察单位对重大工程地质问题的认识不一致时，工程监理单位应提出书面意见供工程勘察单位参考，必要时可建议邀请有关专家进行专题论证，并及时报建设单位。

工程监理单位在检查勘察单位执行勘察方案的情况时，需重点检查以下内容：

1)工程地质勘察范围、内容是否准确、齐全；

2)钻探及原位测试等勘探点的数量、深度及勘探操作工艺、现场记录和勘探测试成果是否符合规范要求；

3)水、土、石试样的数量和质量是否符合要求；

4)取样、运输和保管方法是否得当；

5)试验项目、试验方法和成果资料是否全面；

6)物探方法的选择、操作过程和解释成果资料是否准确、完整；

7)水文地质试验方法、试验过程及成果资料是否准确、完整；

8)勘察单位操作是否符合有关安全操作规章制度；

9)勘察单位内业是否规范。

4. 工程勘察成果审查

工程监理单位应审查工程勘察单位提交的勘察成果报告，并向建设单位提交工程勘察成果评估报告，同时，应参与工程勘察成果验收。

(1)工程勘察成果报告。工程勘察报告的深度应符合国家、地方及有关文件要求，同时，需满足工程设计和勘察合同相关约定的要求。

1)岩土工程勘察应正确反映场地工程地质条件，查明不良地质作用和地质灾害，并通过对原始资料的整理、检查和分析，提出资料完整、评价正确、建议合理的勘察报告。

2)工程勘察报告应有明确的针对性。详勘阶段报告应满足施工图设计的要求。

3)勘察文件的文字、标点、术语、代号、符号、数字均应符合有关标准要求。

4)勘察报告应有完成单位的公章(法人公章或资料专用章)，应有法人代表(或其委托代理人)和项目主要负责人签章。图表均应有完成人、检查人或审核人签字。各种室内试验和原位测试，其成果应有试验人、检查人或审核人签字。测试、试验项目委托其他单位完成时，受托单位提交的成果还应有该单位公章、单位负责人签章。

(2)工程勘察成果评估报告。勘察评估报告由总监理工程师组织各专业监理工程师编制，必要时可邀请相关专家参加。工程勘察成果评估报告应包括的内容：①勘察工作概况；②勘察报告编制深度，与勘察标准的符合情况；③勘察任务书的完成情况；④存在问题及建议；⑤评估结论。

三、工程设计过程中的服务

1. 工程设计进度计划的审查

工程监理单位应依据设计合同及项目总体计划要求审查各专业、各阶段设计进度计划。审查内容包括以下几项：

(1)计划中各个节点是否存在漏项；

(2)出图节点是否符合建设工程总体计划进度节点要求；

(3)分析各阶段、各专业工种设计工作量和工作难度，并审查相应设计人员的配置安排是否合理；

(4)各专业计划的衔接是否合理，是否满足工程需要。

2. 工程设计过程控制

工程监理单位应检查设计进度计划执行情况，督促设计单位完成设计合同约定的工作内容，审核设计单位提交的设计费用支付申请。对于符合要求的，签认设计费用支付证书，并报建设单位。

3. 工程设计成果审查

工程监理单位应审查设计单位提交的设计成果，并提出评估报告。评估报告应包括下列主要内容：

(1)设计工作概况；

(2)设计深度、与设计标准的符合情况；

(3)设计任务书的完成情况；

(4)有关部门审查意见的落实情况；

(5)存在的问题及建议。

4. 工程设计"四新"的审查

工程监理单位应审查设计单位提出的新材料、新工艺、新技术、新设备在相关部门的备案情况，必要时应协助建设单位组织专家评审。

5. 工程设计概算、施工图预算的审查

工程监理单位应审查设计单位提出的设计概算、施工图预算，提出审查意见，并报建设单位。设计概算和施工图预算的审查内容包括以下几项：

(1)工程设计概算和工程施工图预算的编制依据是否准确；

(2)工程设计概算和工程施工图预算内容是否充分反映自然条件、技术条件、经济条件，是否合理运用各种原始资料提供的数据，编制说明是否齐全等；

(3)各类取费项目是否符合规定，是否符合工程实际，有无遗漏或在规定之外的取费；

(4)工程量计算是否正确，有无漏算、重算和计算错误，对计算工程量中各种系数的选用是否有合理的依据；

(5)各分部分项套用定额单价是否正确，定额中参考价是否恰当。编制的补充定额，取值是否合理；

(6)若建设单位有限额设计要求，则审查设计概算和施工图预算是否控制在规定的范围以内。

四、工程勘察设计阶段其他相关服务

1. 工程索赔事件防范

工程勘察设计合同履行中，一旦发生约定的工作、责任范围变化或工程内容、环境、法规等变化，势必导致相关方索赔事件的发生。为此，工程监理单位应对工程参建各方可能提出的索赔事件进行分析，在合同签订和履行过程中采取防范措施，尽可能减少索赔事件的发生，避免对后续工作造成影响。

工程监理单位对工程勘察设计阶段索赔事件进行防范的对策包括以下几项：

(1)协助建设单位编制符合工程特点及建设单位实际需求的勘察设计任务书、勘察设计合同等；

(2)加强对工程设计勘察方案和勘察设计进度计划的审查；

(3)协助建设单位及时提供勘察设计工作必需的基础性文件；

(4)保持与工程勘察设计单位沟通，定期组织勘察设计会议，及时解决工程勘察设计单位提出的合理要求；

(5)检查工程勘察设计工作情况，发现问题及时提出，减少错误；

(6)及时检查工程勘察设计文件及勘察设计成果，并报送建设单位；

(7)严格按照变更流程，谨慎对待变更事宜，减少不必要的工程变更。

2. 协助建设单位组织工程设计成果评审

工程监理单位应协助建设单位组织专家对工程设计成果进行评审。工程设计成果评审程序如下：

(1)事先建立评审制度和程序，并编制设计成果评审计划，列出预评审的设计成果清单；

(2)根据设计成果特点，确定相应的专家人选；

(3)邀请专家参与评审，并提供专家所需评审的设计成果资料、建设单位的需求及相关部门的规定等；

(4)组织相关专家参加设计成果评审会议，收集各专家的评审意见；

(5)整理、分析专家评审意见，提出相关建议或解决方案，形成会议纪要或报告，作为设计优化或下一阶段设计的依据，并报建设单位或相关部门。

3. 协助建设单位报审有关工程设计文件

工程监理单位可协助建设单位向政府有关部门报审有关工程设计文件，并根据审批意见，督促设计单位予以完善。

工程监理单位协助建设单位报审工程设计文件时，第一，需要了解政府设计文件审批程序、报审条件及所需提供的资料等信息，以做好充分准备；第二，提前向相关部门进行咨询，获得相关部门咨询意见，以提高设计文件质量；第三，应事先检查设计文件及附件的完整性、合规性；第四，及时与相关政府部门联系，根据审批意见进行反馈和督促设计单位予以完善。

4. 处理工程勘察设计延期、费用索赔

工程监理单位应根据勘察设计合同，协调处理勘察设计延期、费用索赔等事宜。

第二节　保修阶段的服务内容

一、定期回访

工程监理单位承担工程保修阶段服务工作时，应进行定期回访。为此，应制定工程保修期回访计划及检查内容，并报建设单位批准。保修期期间，应按保修期回访计划及检查内容开展工作，做好记录，定期向建设单位汇报。遇突发事件时，应及时到场，分析原因和责任，并应妥善处理，将处理结果报建设单位。保修期相关服务结束前，应组织建设单位、使用单位、勘察设计单位、施工单位等相关单位对工程进行全面检查，编制检查报告，作为保修期相关服务工作总结的内容一起报建设单位。

二、工程质量缺陷处理

对建设单位或使用单位提出的工程质量缺陷，工程监理单位应安排监理人员进行现场检查和调查分析，并与建设单位、施工单位协商确定责任归属。同时，要求施工单位予以修复，还应监督实施过程，合格后予以签认。对于非施工单位原因造成的工程质量缺陷，应核实施工单位申报的修复工程费用，并应签认工程款支付证书，同时报建设单位。

工程监理单位核实施工单位申报的修复工程费用应注意以下内容：

(1)修复工程费用核实应以各方确定的修复方案作为依据；

(2)修复质量合格验收后，方可计取全部修复费用；

(3)修复工程的建筑人工费、材料费、机械费等价格应按正常的市场价格计取，所发生的人工、材料、机械台班数量一般按实结算，也可按相关定额或事先约定的方式结算。

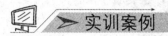 **实训案例**

背景：

某工程，建设单位与甲施工单位按照《建设工程施工合同(示范文本)》(GF－2013—0201)的规定签订了施工合同。经建设单位同意，施工单位选择了乙施工单位作为分包单位。在合同履行中，发生了如下事件：甲施工单位向建设单位提交了工程竣工验收报告后，建设单位于2012年9月20日组织勘察、设计、施工、监理等单位竣工验收，工程竣工验收通过，各单位分别签署了质量合格文件。因使用需要，建设单位于2012年10月初要求乙施工单位按其示意图在已验收合格的承重墙上开车库门洞，并于2012年10月底正式将该工程投入使用。2013年2月该工程给水排水管道大量漏水，经监理单位组织检查，确认是因开车库门洞施工时破坏了承重结构所致。建设单位认为工程还在保修期，要求甲施工单位无偿修理。建设行政主管部门对责任单位进行了处罚。

问题：

1. 根据《建设工程质量管理条例》，指出事件中建设单位做法的不妥之处，说明理由。

2. 根据《建设工程质量管理条例》，事件中建设行政主管部门是否应对建设单位、监理单位、甲施工单位、乙施工单位进行处罚？说明理由。

案例解析：

1. 根据《建设工程质量管理条例》，事件中：

(1)不妥之处：未按条例要求时限备案。理由：按条例规定于验收合格后15日备案。

(2)不妥之处：要求乙施工单位在承重墙上按示意图开洞。理由：应通过设计单位同意。

(3)不妥之处：要求甲施工单位无偿修理。理由：不属于保修范围，在已验收合格的承重墙开门洞而造成的管道破坏，由乙施工单位修理。

2. 根据《建设工程质量管理条例》，事件中：

(1)对建设单位应予处罚。理由：未按时备案、未通过设计开门洞。

(2)对监理单位不应处罚。理由：工程已验收合格。

(3)对甲施工单位不应处罚。理由：工程已验收完成，分包合同已解除。

(4)对乙施工单位应予处罚。理由：对涉及承重墙的改造，无设计图纸施工。

一、单项选择题

1. 在工程设计过程中，工程监理单位应依据（　　）要求审查各专业、各阶段设计进度计划。

　　A. 设计合同及建设单位要求　　　　　B. 设计任务书及项目总体计划

　　C. 设计合同及项目总体计划　　　　　D. 建设单位要求及项目总体计划

2. 工程监理单位在工程设计阶段为建设单位提供相关服务时，主要服务内容（　　）。

　　A. 编制工程设计任务书　　　　　　　B. 编制工程设计方案

　　C. 报审有关工程设计文件　　　　　　D. 组织评审工程设计成果

二、多项选择题

1. 在工程勘察过程中，工程监理单位应提供的服务包括（　　）。

　　A. 协助建设单位编制工程勘察设计任务书

　　B. 检查勘察单位内业是否规范

　　C. 审查工程勘察单位提交的勘察方案

　　D. 对重要点位的勘探与测试应进行现场检查

　　E. 由总监理工程师组织编制勘察评估报告

2. 在工程设计过程中，工程监理单位应提供的服务包括（　　）。

　　A. 工程设计"四新"的审查

　　B. 协助建设单位签订工程勘察设计合同

　　C. 工程设计进度计划的审查

　　D. 对重要点位的勘探与测试应进行现场检查

　　E. 审查设计单位提交的设计成果

3. 关于保修阶段服务内容中，工程监理单位处理工程质量缺陷的说法中，下列选项正确的有（　　）。

　　A. 修复工程费用核实应以各方确定的修复方案为依据

　　B. 质量缺陷修复完成后，即可计取全部修复费用

　　C. 应与建设单位、施工单位协商确定责任归属

　　D. 要求施工单位予以修复，监督实施过程，合格后予以签认

　　E. 核实施工单位申报的修复工程费用，并应签认工程款支付证书

三、简答题

1. 建设工程勘察、设计、保修阶段服务内容有哪些？

2. 工程监理单位核实施工单位申报的修复工程费用时应注意哪些问题？

第十章 建设工程监理信息与监理
文件资料管理

建设工程信息管理是指对建设工程信息的收集、加工、整理、存储、传递、应用等一系列工作的总称。信息管理是建设工程监理的重要手段之一，及时掌握准确、完整的信息，可以使监理工程师耳聪目明，更加卓有成效的完成建设工程监理与相关服务工作，信息管理工作的好坏，将直接影响建设工程监理与相关服务工作的成效。

建设工程监理实施过程中会涉及大量文件资料，这些文件资料有的是实施建设工程监理的重要依据，更多的是建设工程监理的成果资料。《建设工程监理规范》(GB/T 50319—2013)明确了建设工程监理基本表式，也列明了建设工程监理的主要文件资料。项目监理机构应明确监理文件资料管理人员职责，按照相关要求规范化地管理建设工程监理文件资料。

第一节 建设工程信息管理

一、信息的基本概念及特征

信息是内涵和外延不断变化、发展着的一个概念，信息是以数据形式表达的客观事实，它是对数据的解释，反映着事物的客观状况和规律。一般认为，信息与数据和资料等，既相互联系，又有一定的区别。数据是反映客观事物特征的描述，如文字、数值、语言、图表等，是人们用统计方法收集而获得的信息。人们所收集的数据、资料经加工处理后，具有确定价值而对决策产生支持时，数据才有可能成为信息。

信息具有以下基本特征：

(1)真实性。事实是信息的基本性质，也是信息价值的所在。如果信息失真，不仅无用而且有害，真实、准确地把握信息是我们处理数据的最终目的。

(2)时效性。由于信息在工程实际中是动态、不断变化、不断产生的，要求我们采用技术手段处理数据，及时处理信息，及时得到数据，才能做好决策和管理工作，避免事故的发生，真正做到事前管理。同时随着时间的推移，有些信息的价值将逐渐降低和完全抵消。

(3)系统性。信息本身需要全面地掌握各方面的数据后才能得到。因此在工程实际中，不能片面地处理数据，片面地产生和使用信息。信息也是系统中的组成部分之一，要求我们从系统的观点来对待各种信息，才能避免工作的片面性。

(4)不完全性。由于使用数据的人对客观事物认识的局限性，因此必须针对不同的信息需求分类提供相应的信息。通常，可以将信息分为决策级、管理级、作业级三个层次。

建筑工程信息是对参与建设各方主体(如建设单位、设计单位、施工单位、供货厂商和监理企业等)从事工程项目管理(或监理)提供决策支持的一种载体，如项目建议书、可行性研究报告、设计图纸及其说明、各种法规及建设标准等。在现代建筑工程中，能及时、准确、完善地掌握与建筑工程项目有关的大量信息，处理好各类建设信息，是建设工程项目管理(或监理)的重要内容。

二、建设工程信息管理的基本环节

建设工程信息管理贯穿工程建设全过程。其具体环节包括信息的收集、传递、加工、整理、分发、检索和存储。

1. 建设工程信息的收集

在建设工程的不同进展阶段，会产生大量的信息。工程监理单位的介入阶段不同，决定了信息收集的内容不同。如果工程监理单位接受委托在建设工程决策阶段提供咨询服务，则需要收集与建设工程相关的市场、资源、自然环境、社会环境等方面的信息。如果是在建设工程设计阶段提供项目管理服务，则需要收集的信息有：工程可行性研究报告及前期相关文件资料；同类工程相关资料；拟建工程所在地信息；勘察、设计、测量单位相关信息；拟建工程所在地政府部门相关规定；拟建工程设计质量保证体系及进度计划等。如果是在建设工程施工招投标阶段提供相关服务，则需要收集的信息有：工程立项审批文件；工程地质、水文地质勘察报告；工程设计及概算文件；施工图设计审批文件；工程所在地工程材料、构配件、设备、劳动力市场价格及变化规律；工程所在地工程建设标准及招投标相关规定等。

在建设工程施工阶段，项目监理机构应从下列方面收集信息：

(1)建设工程施工现场的地质、水文、测量、气象等数据；地下、地上管线，地下洞室，地上既有建筑物、构筑物及树木，道路，建筑红线，水、电、气管道的引入标志；地质勘察报告、地形测量图及标桩等环境信息。

(2)施工机构组成及进场人员资格，施工现场质量及安全生产保证体系；施工组织设计及(专项)施工方案，施工进度计划；分包单位资格等信息。

(3)进场设备的规格型号、保修记录、工程材料、构配件、设备的进场、保管、使用等信息。

(4)施工项目管理机构管理程序；施工单位内部工程质量、成本、进度控制及安全生产管理的措施及实施效果；工序交接制度；事故处理程序；应急预案等信息。

(5)施工中需要执行的国家、行业或地方工程建设标准，施工合同履行情况。

(6)施工过程中发生的工程数据，如地基验槽及处理记录；工序交接检查记录、隐蔽工程检查验收记录；分部分项工程检查验收记录。

(7)工程材料、构配件、设备质量证明资料及现场测试报告。

(8)设备安装试运行及测试信息，如电气接地电阻、绝缘电阻测试、管道漏水、通气、通风试验，电梯施工试验，消防报警、自动喷淋系统联动试验等信息。

(9)工程索赔相关信息，如索赔处理程序、索赔处理依据、索赔证据等。

2. 建设工程信息的加工、整理、分发、检索和存储

(1)信息的加工和整理。信息的加工和整理主要是指将所获得的数据和信息通过鉴别、选择、核对、合并、排序、更新、计算、汇总等，生成不同形式的数据和信息，目的是给各类管理人员使用，加工、整理数据和信息，往往需要按照不同的需求来分层进行。

工程监理人员对于数据和信息的加工要从鉴别开始。一般而言，工程监理人员自己收集的数据和信息的可靠度较高；而对于施工单位报送的数据，就需要进行鉴别、选择、核对，对于动态数据需要及时更新。为了便于应用，还需要对收集来的数据和信息按照工程项目组成（单位工程、分部工程、分项工程等）工程项目目标（质量、造价、成本）等进行汇总和组织。

(2)信息的分发和检索。加工整理后的信息要及时提供给需要使用信息的部门和人员，信息的分发要根据需要来进行，信息的检索需要建立在一定的分级管理制度上。信息分发和检索的基本原则是：需要信息的部门和人员，有权在需要的第一时间，方便地得到所需要的信息。

(3)信息的存储。存储信息需要建立统一数据库。需要根据建设工程实际、规范地组织数据文件。

1)按照工程进行组织，同一工程按照质量、造价、进度、合同等类别组织，各类信息再进一步根据具体情况进行细化；

2)工程参建各方要协调统一数据存储方式，数据文件名要规范化，要建立统一的编码体系；

3)尽可能以网络数据库形式存储数据，减少数据冗余，保证数据的唯一性，并实现数据共享。

三、建设工程信息管理系统

随着工程建设规模的不断扩大，信息量的增加是非常惊人的。依靠传统的手工处理方式已难以适应工程建设管理需求。建设工程信息管理系统已成为建设工程管理的基本手段。

1. 信息管理系统的主要作用

建设工程信息管理系统作为处理工程项目信息的人—机系统。其主要作用体现在以下几个方面：

(1)利用计算机数据存储技术，存储和管理与工程项目有关的信息，并随时进行查询和更新。

(2)利用计算机数据处理功能，快速、准确地处理工程项目管理所需要的信息，如工程造价的估算与控制；工程进度计划的编制和优化等。

(3)利用计算机分析运算功能，快速提供高质量的决策支持信息和备选方案。

(4)利用计算机网络技术，实现工程参建各方、各部门之间的信息共享和协同工作。

(5)利用计算机虚拟现实技术，直观展示工程项目大量数据和信息。

2. 信息管理系统的基本功能

建设工程信息管理系统的目标是实现信息的系统管理和提供必要的决策支持。建设工程信息管理系统可以为监理工程师提供标准化、结构化的数据；提供预测、决策所需要的信息及分析模型；提供建设工程目标动态控制的分析报告；提供解决建设工程监理问题的多个备选方案。建设工程信息管理系统的基本功能应至少包括工程质量控制、工程造价控制、工程进度控制、工程合同管理四个子系统。

第二节 建设工程监理基本表式

一、建设工程监理基本表式

根据《建设工程监理规范》(GB/T 50319—2013)的规定，建设工程监理基本表式分为三大类，即 A 类表——工程监理单位用表(共 8 个表)；B 类表——施工单位报审、报验用表(共 14 个表)；C 类表——通用表(3 个表)

1. 工程监理单位用表(A 类表)

(1)总监理工程师任命书(表 A.0.1)。建设工程监理合同签订后，工程监理单位法定代表人要通过《总监理工程师任命书》委派有类似建设工程监理经验的注册监理工程师担任总监理工程师。《总监理工程师任命书》需要由工程监理单位法定代表人签字，并加盖单位公章。

(2)工程开工令(表 A.0.2)。建设单位代表在施工单位报送的《工程开工报审表》(表B.0.2)上签字同意开工后，总监理工程师可签发《工程开工令》，指令施工单位开工。《工程开工令》需要由总监理工程师签字，并加盖执业印章。

《工程开工令》中应明确具体开工日期，并作为施工单位计算工期的起始日期。

(3)监理通知单(表 A.0.3)。《监理通知单》是项目监理机构在日常监理工作中常用的指令性文件。项目监理机构在建设工程监理合同约定的权限范围内，针对施工单位出现的各种问题所发出的指令、提出的要求等，除另有规定外，均应采用《监理通知单》。监理工程师现场发出的口头指令及要求，也应采用《监理通知单》予以确认。

施工单位发生下列情况时，项目监理机构应发出监理通知：

1)在施工过程中出现不符合设计要求、工程建设标准、合同约定；

2)使用不合格的工程材料、构配件和设备；

3)在工程质量、造价、进度等方面存在违规等行为。

《监理通知单》可由总监理工程师或专业监理工程师签发，对于一般问题可由专业监理工程师签发，对于重大问题应由总监理工程师或经其同意后签发。

(4)监理报告(表 A.0.4)。当项目监理机构对工程存在安全事故隐患发出《监理通知单》或《工程暂停令》而施工单位拒不整改或不停止施工时，项目监理机构应及时向有关主管部门报送《监理报告》。项目监理机构报送《监理报告》时，应附相应《监理通知单》或《工程暂停令》等证明监理人员履行安全生产管理职责的相关文件资料。

(5)工程暂停令(表 A.0.5)。建设工程施工过程中出现《建设工程监理规范》(GB/T 50319—2013)规定的下列情形时，总监理工程师应签发《工程暂停令》：

1)建设单位要求暂停施工且工程需要暂停施工的；

2)施工单位未经批准擅自施工或拒绝项目监理机构管理的；

3)施工单位未按审查通过的工程设计文件施工的；

4)施工单位未按批准的施工组织设计、(专项)施工方案施工或违反工程建设强制性标准的；

5)施工存在重大质量、安全事故隐患或发生质量、安全事故的。

总监理工程师签发工程暂停令应征得建设单位同意，在紧急情况下未能事先报告的，应在事后及时向建设单位作出书面报告。

《工程暂停令》中应注明工程暂停的原因、部位和范围、停工期间应进行的工作等。《工程暂停令》需要由总监理工程师签字，并加盖执业印章。

（6）旁站记录（表 A.0.6）。项目监理机构监理人员对关键部位、关键工序的施工质量进行现场跟踪监督时，需要填写《旁站记录》。"关键部位、关键工序的施工情况"应记录所旁站部位（工序）的施工作业内容、主要施工机械、材料、人员和完成的工程数量等内容及监理人员检查旁站部位施工质量的情况；"发现的问题及处理情况"应说明旁站所发现的问题及其采取的处置措施。

（7）工程复工令（表 A.0.7）。当导致工程暂停施工的原因消失、具备复工条件时，建设单位代表在《工程复工报审表》（表 B.0.3）上签字同意复工后，总监理工程师应签发《工程复工令》指令施工单位复工；或者工程具备复工条件而施工单位未提出复工申请的，总监理工程师应根据工程实际情况直接签发《工程复工令》指令施工单位复工。《工程复工令》需要由总监理工程师签字，并加盖执业印章。

（8）工程款支付证书（表 A.0.8）。项目监理机构收到经建设单位签署审批意见的《工程款支付报审表》（表 B.0.11）后，总监理工程师应向施工单位签发《工程款支付证书》，同时抄报建设单位。《工程款支付证书》需要由总监理工程师签字，并加盖执业印章。

2. 施工单位报审、报验用表（B 类表）

（1）施工组织设计或（专项）施工方案报审表（表 B.0.1）。施工单位编制的施工组织设计、施工方案、专项施工方案经其技术负责人审查后，需要连同《施工组织设计或（专项）施工方案报审表》一起报送项目监理机构。先由专业监理工程师审查后，再由总监理工程师审核签署意见。《施工组织设计或（专项）施工方案报审表》需要由总监理工程师签字，并加盖执业印章。对于超过一定规模的危险性较大的分部分项工程专项施工方案，还需要报送建设单位审批。

（2）工程开工报审表（表 B.0.2）。单位工程具备开工条件时，施工单位需要向项目监理机构报送《工程开工报审表》。满足条件时，由总监理工程师签署审查意见，并报建设单位批准后，总监理工程师方可签发《工程开工令》。

《工程开工报审表》需要由总监理工程师签字，并加盖执业印章。

（3）工程复工报审表（表 B.0.3）。当导致工程暂停施工的原因消失具备复工条件时，施工单位需要向项目监理机构报送《工程复工报审表》。总监理工程师签署审查意见，并报建设单位批准后，总监理工程师方可签发《工程复工令》。

（4）分包单位资格报审表（表 B.0.4）。施工单位按施工合同约定选择分包单位时，需要向项目监理机构报送《分包单位资格报审表》及相关证明材料。《分包单位资格报审表》由专业监理工程师提出审查意见后，由总监理工程师审核签认。

（5）施工控制测量成果报验表（表 B.0.5）。施工单位完成施工控制测量并自检合格后，需要向项目监理机构报送《施工控制测量成果报验表》及施工控制测量依据和成果表。专业监理工程师审查合格后予以签认。

（6）工程材料、构配件、设备报审表（表 B.0.6）。施工单位在对工程材料、构配件、设备自检合格后，应向项目监理机构报送《工程材料、构配件、设备报审表》及相关质量证明材料和自检报告。专业监理工程师审查合格后予以签认。

（7）_____报验、报审表（表 B.0.7）。该表主要用于隐蔽工程、检验批、分项工程的报验，也可用于为施工单位提供服务的试验室的报审。专业监理工程师审查合格后予以签认。

（8）分部工程报验表（表 B.0.8）。分部工程所包含的分项工程全部自检合格后，施工单位应向项目监理机构报送《分部工程报验表》及分部工程质量控制资料。在专业监理工程师验收的基础上，由总监理工程师签署验收意见。

(9)监理通知回复单(表 B.0.9)。施工单位在收到《监理通知单》，按要求进行整改、自查合格后，应向项目监理机构报送《监理通知回复单》。项目监理机构收到施工单位报送的《监理通知回复单》后，一般可由原发出《监理通知单》的专业监理工程师进行核查，认可整改结果后予以签认。重大问题可由总监理工程师进行核查签认。

(10)单位工程竣工验收报审表(表 B.0.10)。单位(子单位)工程完成后，施工单位自检符合竣工验收条件后，应向项目监理机构报送《单位工程竣工验收报审表》及相关附件，申请竣工验收。总监理工程师在收到《单位工程竣工验收报审表》及相关附件后，应组织专业监理工程师进行审查并进行预验收，合格后签署预验收意见。《单位工程竣工验收报审表》需要由总监理工程师签字，并加盖执业印章。

(11)工程款支付报审表(表 B.0.11)。该表适用于施工单位工程预付款、工程进度款、竣工结算款等的支付申请。项目监理机构对施工单位的申请事项进行审核并签署意见，经建设单位批准后方可作为总监理工程师签发《工程款支付证书》(表 A.0.8)的依据。

(12)施工进度计划报审表(表 B.0.12)。该表适用于施工总进度计划、阶段性施工进度计划的报审。施工进度计划在专业监理工程师审查的基础上，由总监理工程师审核签认。

(13)费用索赔报审表(表 B.0.13)。施工单位索赔工程费用时，需要向项目监理机构报送《费用索赔报审表》。项目监理机构对施工单位的申请事项进行审核并签署意见，经建设单位批准后方可作为支付索赔费用的依据。《费用索赔报审表》需要由总监理工程师签字，并加盖执业印章。

(14)工程临时或最终延期报审表(表 B.0.14)。施工单位申请工程延期时，需要向项目监理机构报送《工程临时或最终延期报审表》。项目监理机构对施工单位的申请事项进行审核并签署意见，经建设单位批准后方可延长合同工期。《工程临时或最终延期报审表》需要由总监理工程师签字，并加盖执业印章。

3. 通用表(C 类表)

(1)工作联系单(表 C.0.1)。该表用于项目监理机构与工程建设有关方(包括建设、施工、监理、勘察、设计等单位和上级主管部门)之间的日常工作联系。有权签发《工作联系单》的负责人有：建设单位现场代表、施工单位项目经理、工程监理单位项目总监理工程师、设计单位本工程设计负责人及工程项目其他参建单位的相关负责人等。

(2)工程变更单(表 C.0.2)。施工单位、建设单位、工程监理单位提出工程变更时，应填写《工程变更单》，由建设单位、设计单位、监理单位和施工单位共同签认。

(3)索赔意向通知书(表 C.0.3)。施工过程中发生索赔事件后，受影响的单位依据法律法规和合同约定，向对方单位声明或告知索赔意向时，需要在合同约定的时间内报送《索赔意向通知书》。

二、基本表式应用说明

1. 基本要求

(1)应依照合同文件、法律法规及标准等规定的程序和时限签发、报送、回复各类表。

(2)应按有关规定，采用碳素墨水、蓝黑墨水书写或黑色碳素印墨打印各类表，不得使用易褪色的书写材料。

（3）应使用规范语言，法定计量单位，公历年、月、日填写各类表。各类表中相关人员的签字栏均须由本人签署。由施工单位提供附件的，应在附件上加盖骑缝章。

（4）各类表在实际使用中，应分类建立统一编码体系。各类表式应连续编号，不得重号、跳号。

（5）各类表中施工项目经理部用章的样章应在项目监理机构和建设单位备案，项目监理机构用章的样章应在建设单位和施工单位备案。

2. 由总监理工程师签字并加盖执业印章的表式

下列表式应由总监理工程师签字并加盖执业印章：

（1）A.0.2 工程开工令；

（2）A.0.5 工程暂停令；

（3）A.0.7 工程复工令；

（4）A.0.8 工程款支付证书；

（5）B.0.1 施工组织设计或（专项）施工方案报审表；

（6）B.0.2 工程开工报审表；

（7）B.0.10 单位工程竣工验收报审表；

（8）B.0.11 工程款支付报审表；

（9）B.0.13 费用索赔报审表；

（10）B.0.14 工程临时或最终延期报审表。

3. 需要建设单位审批同意的表式

下列表式需要建设单位审批同意：

（1）B.0.1 施工组织设计或（专项）施工方案报审表（仅对超过一定规模的危险性较大的分部分项工程专项施工方案）；

（2）B.0.2 工程开工报审表；

（3）B.0.3 工程复工报审表；

（4）B.0.12 施工进度计划报审表；

（5）B.0.13 费用索赔报审表；

（6）B.0.14 工程临时或最终延期报审表。

4. 需要工程监理单位法定代表人签字并加盖工程监理单位公章的表式

只有"A.0.1 总监理工程师任命书"需要由工程监理单位法定代表人签字，并加盖工程监理单位公章。

5. 需要由施工项目经理签字并加盖施工单位公章的表式

"B.0.2 工程开工报审表""B.0.10 单位工程竣工验收报审表"必须由项目经理签字并加盖施工单位公章。

6. 其他说明

对于涉及工程质量方面的基本表式，由于各行业、各部门的专业要求不同，各类工程的质量验收应按相关专业验收规范及相关表式要求办理。如没有相应表式，工程开工前，项目监理机构应根据工程特点、质量要求、竣工及归档组卷要求，与建设单位、施工单位进行协商，定制工程质量验收相应表式。项目监理机构应事前使施工单位、建设单位明确定制各类表式的使用要求。

第三节　建设工程监理主要文件资料的分类及编制要求

监理文件资料是工程监理单位在履行建设工程监理合同过程中形成或获取的，以一定形式记录、保存的文件资料。

一、建设工程监理主要文件资料的内容

建设工程监理主要文件资料包括以下几项：

(1)勘察设计文件、建设工程监理合同及其他合同文件；

(2)监理规划、监理实施细则；

(3)设计交底和图纸会审会议纪要；

(4)施工组织设计、(专项)施工方案、施工进度计划报审文件资料；

(5)分包单位资格报审文件资料；

(6)施工控制测量成果报验文件资料；

(7)总监理工程师任命书，工程开工令、暂停令、复工令，开工或复工报审文件资料；

(8)工程材料、构配件、设备报验文件资料；

(9)见证取样和平行检验文件资料；

(10)工程质量检验报验资料及工程有关验收资料；

(11)工程变更、费用索赔及工程延期文件资料；

(12)工程计量、工程款支付文件资料；

(13)监理通知单、工作联系单与监理报告；

(14)第一次工地会议、监理例会、专题会议等会议纪要；

(15)监理月报、监理日志、旁站记录；

(16)工程质量或安全生产事故处理文件资料；

(17)工程质量评估报告及竣工验收监理文件资料；

(18)监理工作总结。

除上述监理文件资料外，在设备采购和设备监造中还会形成监理文件资料，内容详见《建设工程监理规范》(GB/T 50319—2013)第8.2.3条和8.3.14条规定。

二、建设工程监理主要文件资料的编制要求

《建设工程监理规范》(GB/T 50319—2013)明确规定了监理规划、监理实施细则、监理月报、监理日志和监理工作总结及工程质量评估报告等的编制内容和要求(监理规划与监理实施细则的编制见第本章第四节)。

1. 监理日志

监理日志是项目监理机构在实施建设工程监理过程中，每日对建设工程监理工作及施工进展情况所做的记录，由总监理工程师根据工程实际情况指定专业监理工程师负责记录。每天填写的监理日志内容必须真实、力求详细，主要反映监理工作情况。如涉及具体文件资料，应注明相应文件资料的出处和编号。

监理日志的主要内容包括：天气和施工环境情况；当日施工进展情况，包括工程进度情况、工程质量情况、安全生产情况等；当日监理工作情况，包括旁站、巡视、见证取样、平行检验等情况；当日存在的问题及协调解决情况；其他有关事项。

2. 监理例会会议纪要

监理例会是履约各方沟通情况、交流信息、研究解决合同履行中存在的各方面问题的主要协调方式。会议纪要由项目监理机构根据会议记录整理，主要内容包括以下几项：

(1)会议地点及时间；

(2)会议主持人；

(3)与会人员姓名、单位、职务；

(4)会议主要内容、决议事项及其负责落实单位、负责人和时限要求；

(5)其他事项。

对于监理例会上意见不一致的重大问题，应将各方的主要观点，特别是相互对立的意见记入"其他事项"中。会议纪要的内容应真实准确，简明扼要，经总监理工程师审阅，与会各方代表会签，发至有关各方并应有签收手续。

3. 监理月报

监理月报是项目监理机构每月向建设单位和本监理单位提交的建设工程监理工作及建设工程实施情况等分析总结报告。监理月报既要反映建设工程监理工作及建设工程实施情况，也要确保建设工程监理工作可追溯。监理月报由总监理工程师组织编写，签认后报送建设单位和本监理单位。报送时间由监理单位与建设单位协商确定，一般在收到施工单位报送的工程进度，汇总本月已完工程量和本月计划完成工程量的工程量表、工程款支付申请表等相关资料后，在协商确定的时间内提交。

监理月报应包括以下主要内容：

(1)本月工程实施情况。

1)工程进展情况。实际进度与计划进度的比较，施工单位人、机、料进场及使用情况，本期在施部位的工程照片等。

2)工程质量情况。分部分项工程验收情况，工程材料、设备、构配件进场检验情况，主要施工、试验情况，本月工程质量分析。

3)施工单位安全生产管理工作评述。

4)已完工程量与已付工程款的统计及说明。

(2)本月监理工作情况。

1)工程进度控制方面的工作情况；

2)工程质量控制方面的工作情况；

3)安全生产管理方面的工作情况；

4)工程计量与工程款支付方面的工作情况；

5)合同及其他事项管理工作情况；

6)监理工作统计及工作照片。

(3)本月工程实施的主要问题分析及处理情况。

1)工程进度控制方面的主要问题分析及处理情况；

2)工程质量控制方面的主要问题分析及处理情况；

3)施工单位安全生产管理方面的主要问题分析及处理情况；

4) 工程计量与工程款支付方面的主要问题分析及处理情况；

5) 合同及其他事项管理方面的主要问题分析及处理情况。

（4）下月监理工作重点。

1) 工程管理方面的监理工作重点；

2) 项目监理机构内部管理方面的工作重点。

4. 工程质量评估报告

（1）工程质量评估报告编制的基本要求。

1) 工程质量评估报告的编制应文字简练、准确、重点突出、内容完整。

2) 工程竣工预验收合格后，由总监理工程师组织专业监理工程师编制工程质量评估报告，编制完成后，由项目总监理工程师及监理单位技术负责人审核签认并加盖监理单位公章后报建设单位。工程质量评估报告应在正式竣工验收前提交给建设单位。

（2）工程质量评估报告的主要内容。

1) 工程概况；

2) 工程参建单位；

3) 工程质量验收情况；

4) 工程质量事故及其处理情况；

5) 竣工资料审查情况；

6) 工程质量评估结论。

5. 监理工作总结

当监理工作结束时，项目监理机构应向建设单位和工程监理单位提交监理工作总结。监理工作总结由总监理工程师组织项目监理机构监理人员编写，由总监理工程师审核签字，并加盖工程监理单位公章后报建设单位。

监理工作总结应包括以下内容：

（1）工程概况。

（2）项目监理机构。监理过程中如有变动情况，应予以说明。

（3）建设工程监理合同履行情况。包括监理合同目标控制情况，监理合同履行情况，监理合同纠纷的处理情况等。

（4）监理工作成效。项目监理机构提出的合理化建议并被建设、设计、施工等单位采纳；发现施工中的差错，通过监理工作避免了工程质量事故、生产安全事故、累计核减工程款及为建设单位节约工程建设投资等事项的数据（可举典型事例和相关资料）。

（5）监理工作中发现的问题及其处理情况。监理过程中产生的监理通知单、监理报告、工作联系单及会议纪要等所提出问题的简要统计。

（6）说明与建议。由工程质量、安全生产等问题所引起的今后工程合理、有效使用的建议等。

第四节 监理规划与监理实施细则

监理规划是项目监理机构全面开展建设工程监理工作的指导性文件，监理实施细则是在监理规划的基础上，针对工程项目中某一专业或某一方面监理工作编制的操作性文件。

监理规划和监理实施细则的内容全面具体，而且需要按程序报批后才能实施。

一、监理规划

（一）监理规划编写依据

1. 工程建设法律法规和标准

（1）国家层面工程建设有关法律、法规及政策。无论在任何地区或任何部门进行工程建设，都必须遵守国家层面工程建设相关法律法规及政策。

（2）工程所在地或所属部门颁布的工程建设相关法规、规章及政策。建设工程必然是在某一地区实施的，有时也由某一部门归口管理，这就要求工程建设必须遵守工程所在地或所属部门颁布的工程建设相关法规、规章及政策。

（3）工程建设标准。工程建设必须遵守相关标准、规范及规程等工程建设技术标准和管理标准。

2. 建设工程外部环境调查研究资料

（1）自然条件方面的资料。

（2）社会和经济条件方面的资料。

3. 政府批准的工程建设文件

（1）政府发展改革部门批准的可行性研究报告、立项批文。

（2）政府规划、土地、环保等部门确定的规划条件、土地使用条件、环境保护要求、市政管理规定。

4. 建设工程监理合同文件

建设工程监理合同的相关条款和内容是编写监理规划的重要依据，主要包括：监理工作范围和内容，监理与相关服务依据，工程监理单位的义务和责任，建设单位的义务和责任等。

5. 建设工程合同

在编写监理规划时，也要考虑建设工程合同（特别是施工合同）中关于建设单位和施工单位义务和责任的内容，以及建设单位对于工程监理单位的授权。

6. 建设单位的合理要求

工程监理单位应竭诚为客户服务，在不超出合同职责范围的前提下，工程监理单位应最大限度地满足建设单位的合理要求。

7. 工程实施过程中输出的有关工程信息

工程实施过程中输出的有关工程信息主要包括：方案设计、初步设计、施工图设计、工程实施状况、工程招标投标情况、重大工程变更、外部环境变化等。

（二）监理规划编写要求

1. 监理规划的基本构成内容应当力求统一

监理规划在总体内容组成上应力求做到统一，这是监理工作规范化、制度化、科学化的要求。

监理规划的基本构成内容主要取决于工程监理制度对于工程监理单位的基本要求。根据建设工程监理的基本内涵，工程监理单位受建设单位委托，需要控制建设工程质量、造价、进度三大目标，需要进行合同管理和信息管理，协调有关单位间的关系，还需要履行安全生产管理的法定职责。工程监理单位的上述基本工作内容决定监理规划的基本构成内容，而且由于监理规划对于项目监理机构全面开展监理工作的指导性作用，对整个监理工作的组织、控制及相应的方法和措施的规划等也成为监理规划必不可少的内容。

就某一特定建设工程而言，监理规划应根据建设工程监理合同所确定的监理范围和深度编制，但其主要内容应力求体现上述内容。

2. 监理规划的内容应具有针对性、指导性和可操作性

监理规划作为指导项目监理机构全面开展监理工作的纲领性文件，其内容应具有很强的针对性、指导性和可操作性。每个项目的监理规划既要考虑项目自身特点，也要根据项目监理机构的实际状况，在监理规划中，应明确规定项目监理机构在工程实施过程中各个阶段的工作内容、工作人员、工作时间和地点、工作的具体方式方法等。只有这样，监理规划才能起到有效的指导作用，真正成为项目监理机构进行各项工作的依据。监理规划只要能够对有效实施建设工程监理做好指导工作，使项目监理机构能圆满完成所承担的建设工程监理任务，就是一个合格的监理规划。

3. 监理规划应由总监理工程师组织编制

《建设工程监理规范》（GB/T 50319—2013）规定，总监理工程师应组织编制监理规划。当然，真正要编制一份合格的监理规划，还要充分调动整个项目监理机构中专业监理工程师的积极性，广泛征求各专业监理工程师和其他监理人员的意见，并吸收水平较高的专业监理工程师共同参与编写。

监理规划的编写还应听取建设单位的意见，以便能最大限度满足其合理要求，使监理工作得到有关各方的理解和支持，为进一步做好监理服务奠定基础。

4. 监理规划应把握工程项目运行脉搏

监理规划是针对具体工程项目编写的，而工程项目的动态性决定了监理规划的具体可变性。监理规划要把握工程项目运行脉搏，是指其可能随着工程进展进行不断的补充、修改和完善。在工程项目运行过程中，内外因素和条件不可避免地要发生变化，造成工程实际情况偏离计划，往往需要调整计划乃至目标，这就可能造成监理规划在内容上也要进行相应调整。

5. 监理规划应有利于建设工程监理合同的履行

监理规划是针对特定的一个工程的监理范围和内容来编写的，而建设工程监理范围和内容是由工程监理合同来明确的。项目监理机构应充分了解工程监理合同中建设单位、工程监理单位的义务和责任，对工程监理合同目标控制任务的主要影响因素进行分析，制定具体的措施和方法，确保工程监理合同的履行。

6. 监理规划的表达方式应当标准化、格式化

监理规划的内容需要选择最有效的方式和方法来表示，图、表和简单的文字说明应当是采用的基本方法。规范化、标准化是科学管理的标志之一。所以，编写监理规划应当采用什么表格、图示以及哪些内容需要采用简单的文字说明应当作出统一规定。

7. 监理规划的编制应充分考虑时效性

应当对监理规划的编写时间事先作出明确规定，以免编写时间过长，从而耽误监理规划对监理工作的指导，使监理工作陷于被动和无序。

8. 监理规划经审核批准后方可实施

监理规划在编写完成后需进行审核并经批准。监理单位的技术管理部门是内部审核单位，技术负责人应当签认，同时，还应当按工程监理合同约定提交给建设单位，由建设单位确认。

(三)监理规划主要内容

《建设工程监理规范》(GB/T 50319—2013)明确规定，监理规划的内容包括：工程概况；监理工作的范围、内容、目标；监理工作依据；监理组织形式、人员配备及进退场计划、监理人员岗位职责；监理工作制度；工程质量控制；工程造价控制；工程进度控制；安全生产管理的监理工作；合同与信息管理；组织协调；监理工作设施共 12 项。

(四)监理规划报审

1. 监理规划报审程序

监理规划报审程序的时间节点安排、各节点工作内容及负责人见表 10-1。

表 10-1　监理规划报审程序的时间节点安排、各节点工作内容及负责人

序号	时间节点安排	工作内容	负责人
1	签订监理合同及收到工程设计文件后	编制监理规划	总监理工程师组织专业监理工程师参与
2	编制完成、总监签字后	监理规划审批	监理单位技术负责人审批
3	第一次工地会议前	报送建设单位	总监理工程师报送
4	设计文件、施工组织计划和施工方案等发生重大变化时	调整监理规划	总监理工程师组织专业监理工程师参与
		重新审批监理规划	监理单位技术负责人重新审批

2. 监理规划的审核内容

监理规划审核的内容主要包括以下几个方面：

(1)监理范围、工作内容及监理目标的审核。依据监理招标文件和建设工程监理合同，审核是否理解建设单位的工程建设意图，监理范围、监理工作内容是否已包括全部委托的工作任务，监理目标是否与建设工程监理合同要求和建设意图相一致。

(2)项目监理机构的审核。

1)组织机构方面。组织形式、管理模式等是否合理，是否已结合工程实施特点，是否能够与建设单位的组织关系和施工单位的组织关系相协调等。

2)人员配备方面。人员配备方案应从以下几个方面审查：

①派驻监理人员的专业满足程度。应根据工程特点和建设工程监理任务的工作范围，不仅考虑专业监理工程师如土建监理工程师、安装监理工程师等能够满足开展监理工作的需要，而且还要看其专业监理人员是否覆盖了工程实施过程中的各种专业要求，以及高、中级职称和年龄结构的组成。

②人员数量的满足程度。主要审核从事监理工作人员在数量和结构上的合理性。按照我国已完成监理工作的工程资料统计测算，在施工阶段，大中型建设工程每年完成 100 万元的工程量所需监理人员为 $0.6\sim1$ 人，专业监理工程师、一般监理人员和行政文秘人员的结构比例为 $0.2：0.6：0.2$。专业类别较多的工程的监理人员数量应适当增加。

③专业人员不足时采取的措施是否恰当。大中型建设工程由于技术复杂、涉及的专业面宽，当工程监理单位的技术人员不足以满足全部监理工作要求时，对拟临时聘用的监理人员的综合素质应认真审核。

④派驻现场人员计划表。对于大中型建设工程，不同阶段对所需要的监理人员在人数和专业等方面的要求不同，应对各阶段所派驻现场监理人员的专业、数量计划是否与建设工程进度计划相适应进行审核。还应平衡正在其他工程上执行监理业务的人员，是否能按照预定计划进入本工程参加监理工作。

（3）工作计划的审核。在工程进展中各个阶段的工作实施计划是否合理、可行，审查其在每个阶段中如何控制建设工程目标以及组织协调方法。

（4）工程质量、造价、进度控制方法的审核。对三大目标控制方法和措施应重点审查，看其如何应用组织、技术、经济、合同措施保证目标的实现，方法是否科学、合理、有效。

（5）对安全生产管理监理工作内容的审核。主要是审核安全生产管理的监理工作内容是否明确；是否制定了相应的安全生产管理实施细则；是否建立了对施工组织设计、专项施工方案的审查制度；是否建立了对现场安全隐患的巡视检查制度；是否建立了安全生产管理状况的监理报告制度；是否制定了安全生产事故的应急预案等。

（6）监理工作制度的审核。主要审查项目监理机构内、外工作制度是否健全、有效。

二、监理实施细则

（一）监理实施细则编写依据

《建设工程监理规范》(GB/T 50319—2013)规定了监理实施细则编写的依据：

（1）已批准的建设工程监理规划；

（2）与专业工程相关的标准、设计文件和技术资料；

（3）施工组织设计、（专项）施工方案。

除《建设工程监理规范》(GB/T 50319—2013)中规定的相关依据外，监理实施细则在编制过程中，还可以融入工程监理单位的规章制度和经认证发布的质量体系，以达到监理内容的全面、完整，有效提高建设工程监理自身的工作质量。

（二）监理实施细则编写要求

《建设工程监理规范》(GB/T 50319—2013)规定，采用新材料、新工艺、新技术、新设备的工程，以及专业性较强、危险性较大的分部分项工程，应编制监理实施细则。对于工程规模较小、技术较为简单且有成熟监理经验和施工技术措施的情况下，可以不必编制监理实施细则。

监理实施细则应符合监理规划的要求，并应结合工程专业特点，做到详细具体，具有可操作性。监理实施细则可随工程进展编制，但应在相应工程开始前由专业监理工程师编制完成，并经总监理工程师审批后实施。可根据建设工程实际情况及项目监理机构工作需要增加其他内容。当工程发生变化导致监理实施细则所确定的工作流程、方法和措施需要调整时，专业监理工程师应对监理实施细则进行补充、修改。

从监理实施细则目的角度，监理实施细则应满足以下三个方面的要求。

1. 内容全面

监理工作包括"三控两管一协调"与安全生产管理的监理工作，监理实施细则作为指导监理工作的操作性文件应涵盖这些内容。在编制监理实施细则前，专业监理工程师应依据建设工程监理合同和监理规划确定的监理范围和内容，结合需要编制监理实施细则的专业工程特点，对工程质量、造价、进度主要影响因素，以及安全生产管理的监理工作的要求，制定内容细致、翔实的监理实施细则，确保监理目标的实现。

2. 针对性强

独特性是工程项目的本质特征之一，没有两个完全一样的项目。因此，监理实施细则应在相关依据的基础上，结合工程项目实际建设条件、环境、技术、设计、功能等进行编制，确保监理实施细则的针对性。为此，在编制监理实施细则前，各专业监理工程师应组织本专业监理人员熟悉本专业的设计文件、施工图纸和施工方案，应结合工程特点，分析本专业监理工作的难点、重点及其主要影响因素，制定有针对性的组织、技术、经济和合同措施。同时，在监理工作实施过程中，监理实施细则要根据实际情况进行补充、修改和完善。

3. 可操作性强

监理实施细则应有可行的操作方法、措施，详细、明确的控制目标值和全面的监理工作计划。

(三)监理实施细则主要内容

《建设工程监理规范》(GB/T 50319—2013)明确规定了监理实施细则应包含的内容，即专业工程特点、监理工作流程、监理工作控制要点，以及监理工作方法与措施。

1. 专业工程特点

专业工程特点是指需要编制监理实施细则的工程专业特点，而不是简单的工程概述。专业工程特点应从专业工程施工的重点和难点、施工范围和施工顺序、施工工艺、施工工序等内容进行有针对性的阐述，体现为工程施工的特殊性、技术的复杂性，与其他专业的交叉和衔接以及各种环境约束条件。

除专业工程外，新材料、新工艺、新技术以及对工程质量、造价、进度应加以重点控制等特殊要求也需要在监理实施细则中体现。

2. 监理工作流程

监理工作流程是结合工程相应专业制定的具有可操作性和可实施性的流程图。不仅涉及最终产品的检查验收，更多地涉及施工中各个环节及中间产品的监督检查与验收。

监理工作涉及的流程包括：开工审核工作流程、施工质量控制流程、进度控制流程、造价(工程量计量)控制流程、安全生产和文明施工监理流程、测量监理流程、施工组织设计审核工作流程、分包单位资格审核流程、建筑材料审核流程、技术审核流程、工程质量问题处理审核流程、旁站检查工作流程、隐蔽工程验收流程、工程变更处理流程、信息资料管理流程等。

某建筑工程预制混凝土空心管桩分项工程监理工作流程如图 10-1 所示。

3. 监理工作控制要点

监理工作控制要点及目标值是对监理工作流程中工作内容的增加和补充，应将流程图设置的相关监理控制点和判断点进行详细而全面的描述。将监理工作目标与检查点的控制指标、数据和频率等阐明清楚。

4. 监理工作方法与措施

监理规划中的方法是针对工程总体概括要求的方法和措施，监理实施细则中的监理工

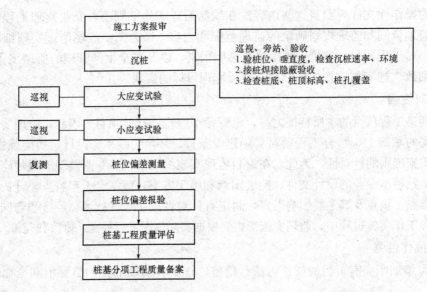

图 10-1　某建筑工程预制混凝土空心管桩分项工程监理工作流程

作方法和措施是针对专业工程而言，应更具体、更具有可操作性和可实施性。

（1）监理工作方法。监理工程师通过旁站、巡视、见证取样、平行检测等监理方法，对专业工程作全面监控，对每一个专业工程的监理实施细则而言，其工作方法必须加以详尽阐明。

除上述四种常规方法外，监理工程师还可以采用指令文件、监理通知、支付控制手段等方法实施监理。

（2）监理工作措施。各专业工程的控制目标要有相应的监理措施以保证控制目标的实现。制定监理工作措施通常有以下两种方式：

1）根据措施实施内容不同，可将监理工作措施分为技术措施、经济措施、组织措施和合同措施。

2）根据措施实施时间不同，可将监理工作措施分为事前控制措施、事中控制措施及事后控制措施。

（四）监理实施细则报审

1. 监理实施细则报审程序

监理实施细则报审程序见表 10-2。

表 10-2　监理实施细则报审程序

序号	节点	工作内容	负责人
1	相应工程施工前	编制监理实施细则	专业监理工程师编制
2	相应工程施工前	监理实施细则审批、批准	专业监理工程师送审，总监理工程师批准
3	工程施工过程中	若发生变化，监理实施细则中工作流程与方法措施调整	专业监理工程师调整，总监理工程师批准

2. 监理实施细则的审核内容

监理实施细则审核的内容主要包括以下几个方面：

（1）编制依据、内容的审核。监理实施细则的编制是否符合监理规划的要求，是否符合专业工程相关的标准，是否符合设计文件的内容，与提供的技术资料是否相符合，是否与施工组织设计、（专项）施工方案使用的规范、标准、技术要求相一致。监理的目标、范围、内容是否与监理合同和监理规划相一致，编制的内容是否涵盖专业工程的特点、重点和难点，内容是否全面、翔实、可行，是否能确保监理工作质量等。

（2）项目监理人员的审核。

1）组织方面。组织方式、管理模式是否合理，是否结合了专业工程的具体特点，是否便于监理工作的实施，制度、流程上是否能保证监理工作，是否与建设单位和施工单位相协调等。

2）人员配备方面。人员配备的专业满足程度、数量等是否满足监理工作的需要、专业人员不足时采取的措施是否恰当、是否有操作性较强的现场人员计划安排表等。

（3）监理工作流程、监理工作要点的审核。监理工作流程是否完整、翔实，节点检查验收的内容和要求是否明确，监理工作流程是否与施工流程相衔接，监理工作要点是否明确、清晰，目标值控制点设置是否合理、可控等。

（4）监理工作方法和措施的审核。监理工作方法是否科学、合理、有效，监理工作措施是否具有针对性、可操作性、安全可靠，是否能确保监理目标的实现等。

（5）监理工作制度的审核。针对专业建设工程监理，其内、外监理工作制度是否能有效保证监理工作的实施，监理记录、检查表格是否完备等。

第五节　建设工程监理文件资料的管理职责和要求

一、管理职责

建设工程监理文件资料应以施工及验收规范、工程合同、设计文件、工程施工质量验收标准、建设工程监理规范等为依据填写，并随工程进度及时收集、整理，认真书写，项目齐全、准确、真实，无未了事项。表格应采用统一格式，特殊要求需增加的表格应统一归类，按要求归档。

根据《建设工程监理规范》（GB/T 50319—2013），项目监理机构文件资料管理的基本职责如下：

（1）应建立和完善监理文件资料管理制度，宜设专人管理监理文件资料。

（2）应及时、准确、完整地收集、整理、编制、传递监理文件资料，宜采用信息技术进行监理文件资料管理。

（3）应及时整理、分类汇总监理文件资料，并按规定组卷，形成监理档案。

（4）应根据工程特点和有关规定，保存监理档案，并应向有关单位、部门移交需要存档的监理文件资料。

二、管理要求

建设工程监理文件资料的管理要求体现在建设工程监理文件资料管理全过程，包括：监理文件资料收发文与登记、传阅、分类存放、组卷归档、验收与移交等。

(一)建设工程监理文件资料收文与登记

项目监理机构所有收文应在收文登记表上按监理信息分类分别进行登记，应记录文件名称、文件摘要信息、文件发放单位(部门)、文件编号以及收文日期，必要时，应注明接收文件的具体时间，最后由项目监理机构负责收文人员签字。

在监理文件资料有追溯性要求的情况下，应注意核查所填内容是否可追溯。如工程材料报审表中是否明确注明使用该工程材料的具体工程部位，以及该工程材料质量证明原件的保存处等。

当不同类型的监理文件资料之间存在相互对照或追溯关系(如监理通知与监理通知回复单)时，在分类存放的情况下，应在文件和记录上注明相关文件资料的编号和存放处。

项目监理机构文件资料管理人员应检查监理文件资料的各项内容填写和记录是否真实完整，签字认可人员应为符合相关规定的责任人员，并且不得以盖章和打印代替手写签认。建设工程监理文件资料以及存储介质的质量应符合要求，所有文件资料必须符合文件资料归档要求，如用碳素墨水填写或打印生成，以满足长期保存的要求。

对于工程照片及声像资料等，应注明拍摄日期及所反映的工程部位等摘要信息。收文登记后应交给项目总监理工程师或由其授权的监理工程师进行处理，重要文件内容应记录在监理日志中。

涉及建设单位的指令、设计单位的技术核定单及其他重要文件等，应将其复印件公布在项目监理机构专栏中。

(二)建设工程监理文件资料传阅与登记

建设工程监理文件资料需要由总监理工程师或其授权的监理工程师确定是否需要传阅。对于需要传阅的，应确定传阅人员名单和范围，并在文件传阅纸上注明，将文件传阅纸随同文件资料一起进行传阅。也可按文件传阅纸样式刻制方形图章，盖在文件资料空白处，代替文件传阅纸。

每一位传阅人员阅后应在文件传阅纸上签名，并注明日期。文件资料传阅期限不应超过该文件资料的处理期限。传阅完毕后，文件资料原件应交还信息管理人员存档。

(三)建设工程监理文件资料发文与登记

建设工程监理文件资料发文应由总监理工程师或其授权的监理工程师签名，并加盖项目监理机构图章。若为紧急处理的文件，应在文件资料首页标注"急件"字样。

所有建设工程监理文件资料应要求进行分类编码，并在发文登记表上进行登记。登记内容包括：文件资料的分类编码、文件名称、摘要信息、接收文件的单位(部门)名称、发文日期(强调时效性的文件应注明发文的具体日期)。收件人收到文件后应签名。

发文应留有底稿，并附一份文件传阅纸，信息管理人员根据文件签发人指示确定文件责任人和相关传阅人员。文件传阅过程中，每位传阅人员阅后应签名并注明日期。发文的传阅期限不应超过其处理期限。重要文件的发文内容应记录在监理日志中。

项目监理机构的信息管理人员应及时将发文原件归入相应的资料柜(夹)中，并在文件资料目录中予以记录。

(四)建设工程监理文件资料分类存放

建设工程监理文件资料经收/发文、登记和传阅工作程序后，必须进行科学的分类后进行存放。这样既可以满足工程项目实施过程中查阅、求证的需要，又便于工程竣工后文件资料的归档和移交。

项目监理机构应备有存放监理文件资料的专用柜和用于监理文件资料分类存放的专用资料夹。大、中型工程项目监理信息应采用计算机进行辅助管理。

建设工程监理文件资料的分类原则应根据工程特点及监理与相关服务内容确定，工程监理单位的技术管理部门应明确本单位文件档案资料管理的基本原则，以便统一管理并体现建设工程监理企业的特色。建设工程监理文件资料应保持清晰，不得随意涂改记录，保存过程中应保持记录介质的清洁和不破损。

建设工程监理文件资料的分类应根据工程项目的施工顺序、施工承包体系、单位工程的划分以及工程质量验收程序等，并结合项目监理机构自身的业务工作开展情况进行，原则上可按施工单位、专业施工部位、单位工程等进行分类，以保证建设工程监理文件资料检索和归档工作的顺利进行。

项目监理机构信息管理部门应注意建立适宜的文件资料存放地点，防止文件资料受潮霉变或虫害侵蚀。

资料夹装满或工程项目某一分部工程或单位工程结束时，相应的文件资料应转存至档案袋，袋面应以相同编号予以标识。

(五)建设工程监理文件资料组卷归档

监理文件应随工程建设同步形成，不得事后补编，每项建设工程应编制一套电子档案，随纸质档案一并移交城建档案管理机构。

建设工程监理文件资料归档内容、组卷方式及建设工程监理档案验收、移交和管理工作，应根据《建设工程监理规范》(GB/T 50319—2013)、《建设工程文件归档整理规范》(GB/T 50328—2014)以及工程所在地有关部门的规定执行。

1. 建设工程监理文件资料编制要求

(1)归档的纸质文件资料应为原件；

(2)文件资料的内容及其深度须符合国家有关工程勘察、设计、施工、监理等标准的规定；

(3)文件资料的内容必须真实、准确，应与工程实际相符合；

(4)文件资料应采用耐久性强的书写材料，如碳素墨水、蓝黑墨水等，不得使用易褪色的书写材料，如：红色墨水、纯蓝墨水、圆珠笔、复写纸、铅笔等；计算机输出文字和图件应使用激光打印机，不应使用色带打印机、水性墨打印机和热敏打印机；

(5)文件资料应字迹清楚，图样清晰，图表整洁，签字盖章手续完备；

(6)文件资料中文字材料幅面尺寸规格宜为 A4 幅面(297 mm×210 mm)；纸张应采用能够长时间保存的韧力大、耐久性强的纸张；

(7)归档的电子文件应采用规范规定的开放式文件格式或通用格式进行存储，专用软件产生的非通用格式的电子文件应转换成通用格式；

(8)归档的电子文件应采用电子签名等手段，所载内容应真实和可靠；

(9)归档的电子文件的内容必须与其纸质档案一致；

(10)存储移交电子档案的载体应经过检测，应无病毒、无数据读写故障，并应确保接收方能通过适当设备读出数据。

2. 建设工程监理文件资料组卷方法及要求

（1）组卷原则及方法。

1）组卷应遵循监理文件资料的自然形成规律和工程专业的特点，保持卷内文件的有机联系，便于档案的保管和利用；

2）一项建设工程由多个单位工程组成时，应按单位工程组卷；

3）监理文件应按单位工程、分部工程或专业、阶段等进行组卷。

（2）组卷要求。

1）案卷不宜过厚，文字材料卷厚度不宜超过 20 mm，图纸卷厚度不宜超过 50 mm；

2）案卷内不应有重份文件，不同载体的文件应分别组卷。

（3）卷内文件排列。

1）文字材料按事项、专业顺序排列。同一事项的请示与批复、同一文件的印本与定稿、主件与附件不能分开，并按批复在前、请示在后，印本在前、定稿在后，主件在前、附件在后的顺序排列。

2）图纸按专业排列，同专业图纸按图号顺序排列。

3）既有文字材料又有图纸的案卷，文字材料排前、图纸排后。

3. 建设工程监理文件资料归档

归档，是指文件形成部门或形成单位完成其工作任务后，将形成的文件整理组卷后，按规定向本单位档案室或向城建档案管理机构移交的过程。建设工程监理文件资料的编制不得少于两套，一套由建设单位保管，一套（原件）应移交当地城建档案管理机构保存。

监理单位应在工程竣工验收前，将形成的监理文件档案向建设单位归档。勘察、设计、施工单位在收齐工程文件并整理组卷后，建设单位、监理单位应根据城建档案管理机构的要求，对归档文件完整、准确、系统情况和案卷质量进行审查。审查合格后方可向建设单位移交。

监理单位需要向本单位归档的文件，应按国家规定和《建设工程文件归档整理规范》（GB/T 50328—2014）的要求组卷归档。

（六）建设工程监理文件资料验收与移交

1. 验收

列入城建档案管理机构档案接收范围的工程，竣工验收前，城建档案管理机构应对工程档案进行预验收。

城建档案管理部门对需要归档的建设工程监理文件资料预验收要求包括：

（1）监理文件资料齐全、系统、完整，全面反映建设工程监理活动和工程实际状况；

（2）监理文件资料已整理组卷，组卷符合《建设工程文件归档整理规范》（GB/T 50328—2014）的规定；

（3）监理文件资料的形成，来源符合实际，要求单位或个人签章的文件，签章手续完备；

（4）文件材质、幅面、书写、绘图、用墨、托裱等符合要求；

（5）电子档案格式、载体等符合要求，声像档案内容、质量、格式符合要求。

为确保监理文件资料的质量，编制单位、地方城建档案管理部门、建设行政管理部门等要对归档的监理文件资料进行严格检查、验收。对不符合要求的，一律退回编制单位进行改正、补齐。

2. 移交

（1）列入城建档案管理部门接收范围的工程，建设单位在工程竣工验收后 3 个月内向城建档案管理部门移交一套符合规定的工程档案。

（2）停建、缓建工程的监理文件资料暂由建设单位保管。

（3）对改建、扩建和维修工程，建设单位应组织工程监理单位据实修改、补充和完善监理文件资料。对改变的部位，应当重新编写，并在工程竣工验收后 3 个月内向城建档案管理部门移交。

（4）建设单位向城建档案管理部门移交工程档案，应办理移交手续，填写移交目录，双方签字、盖章后交接。

实训案例

背景：

某工程，建设单位通过招标方式选择施工阶段监理单位。工程实施过程中发生下列事件：

事件 1：监理合同签订后，总监理工程师委托总监理工程师代表负责如下工作：①组织编制项目监理规划；②审批项目监理实施细则；③审查和处理工程变更；④调解合同争议；⑤调换不称职监理人员。

事件 2：该项目监理规划内容包括：①工程项目概况；②监理工作范围；③监理单位的经营目标；④监理工作依据；⑤项目监理机构人员岗位职责；⑥监理单位的权利和义务；⑦监理工作方法及措施；⑧监理工作制度；⑨监理工作程序；⑩工程项目实施的组织；⑪监理设施；⑫施工单位需配合监理工作的事宜。

事件 3：在第一次工地会议前，项目监理机构将项目监理规划报送建设单位，会后，结合工程开工条件和建设单位的准备情况，又将项目监理规划修改后直接报送建设单位。

事件 4：专业监理工程师在巡视时发现，施工人员正在处理地下障碍物。经认定，该障碍物确属地下文物，项目监理机构及时采取措施并按有关程序进行了处理。

事件 5：项目监理机构在整理归档监理文件资料时，总监理工程师要求将需要归档监理文件直接移交本监理单位和城建档案管理机构保存。

问题：

1. 指出事件 1 中的不妥之处，说明理由。

2. 指出事件 2 中项目监理规划内容中的不妥之处。根据《建设工程监理规范》（GB/T 50319—2013），写出该项目监理规划还应包括哪些内容。

3. 指出事件 3 中的不妥之处，说明理由。

4. 写出项目监理机构处理事件 4 的程序。

5. 事件 5 中，指出总监理工程师对监理文件归档要求的不妥之处，写出正确做法。

案例解析：

1. 事件 1 中，总监理工程师不应将下列工作委托给总监理工程师代表：

(1)组织编制项目监理规划；

(2)审批项目监理实施细则；

(3)调解合同争议；

(4)调换不称职监理人员。

2. 事件 2 中，项目监理规划内容中的不妥之处如下：

(1)监理单位的经营目标；

(2)监理单位的权利和义务；

(3)工程项目实施的组织；

(4)施工单位需配合监理工作的事宜。

该项目监理规划还应包括的内容：

(1)监理工作内容；

(2)监理工作目标；

(3)项目监理机构的组织形式；

(4)项目监理机构的人员配备计划。

3. 事件 3 中，项目监理规划修改后直接报送建设单位不妥。理由：监理规划编写完成后必须进行审核并经监理单位技术负责人签字认可。

4. 项目监理机构处理事件 4 的程序如下：

(1)报告建设单位；

(2)签发工程暂停令；

(3)就工期、费用补偿问题使建设单位和施工单位达成一致意见；

(4)督促文物保护措施方案的落实；

(5)文物保护措施落实后，签发复工令。

5. 事件 5 中，总监理工程师对监理文件归档要求的不妥之处：总监理工程师要求将需要归档的监理文件直接移交城建档案管理机构；正确做法：项目监理机构向监理单位移交归档，监理单位向建设单位移交归档，建设单位向城建档案管理机构移交归档。

基础练习

一、单项选择题

1. 根据《建设工程监理规范》(GB/T 50319—2013)的规定，下列施工单位报审用表中，需要由专业监理工程师审查，再由总监理工程师签署意见的是( )。

　　A. 单位工程竣工验收报审表　　　　　　B. 费用索赔报审表

　　C. 分部工程报验表　　　　　　　　　　D. 工程材料、构配件、设备报审表

2. 根据《建设工程监理规范》(GB/T 50319—2013)的规定，下列监理文件资料中，需要由总监理工程师签字并加盖执业印章的是( )。

　　A. 工程款支付证书　B. 监理通知单　　　C. 旁站记录　　　　　D. 监理报告

3. 下列监理文件中，需要由总监理工程师组织编制，并由监理单位技术负责人审核签字的是( )。

　　A. 监理规划　　　B. 监理细则　　　　C. 监理日志　　　　　D. 监理月报

4. 根据《建设工程监理规范》(GB/T 50319—2013)的规定，监理规划应在（　　）编制。

    A. 接到监理中标通知书及签订建设工程监理合同后

    B. 签订建设工程监理合同及递交监理投标文件前

    C. 接到监理投标邀请书及递交监理投标文件前

    D. 签订建设工程监理合同及收到工程设计文件后

5. 根据《建设工程监理规范》(GB/T 50319—2013)的规定，下列文件资料中，可作为监理实施细则编制依据的是（　　）。

    A. 工程质量评估报告   B. 专项施工方案

    C. 已批准的可行性研究报告   D. 监理月报

6. 监理实施细则需经（　　）审批后实施。

    A. 总监理工程师代表   B. 工程监理单位技术负责人

    C. 总监理工程师   D. 相应专业监理工程师

7. 下列文件中，由总监理工程师负责组织编制的是（　　）。

    A. 监理细则   B. 监理规划   C. 监理大纲   D. 监理投标书

8. 根据《建设工程监理规范》(GB/T 50319—2013)的规定，监理规划应在（　　）后开始编制。

    A. 收到设计文件和施工组织设计

    B. 签订委托监理合同及收到设计文件和施工组织设计

    C. 签订委托监理合同及收到施工组织设计

    D. 签订委托监理合同及收到设计文件

9. 监理规划编制完成后，应经（　　）审核批准后实施。

    A. 监理单位负责人   B. 监理单位技术负责人

    C. 总监理工程师   D. 项目监理机构技术负责人

10. 须经过总监理工程师审核签认后报送建设单位的用表是（　　）。

    A. 费用索赔审批表   B. 工程款支付报审表

    C. 工程临时延期审批表   D. 工程暂停令

11. 施工单位在申请索赔费用支付时，应填写的表格是（　　）。

    A. 费用索赔报审表   B. 工程款支付报审表

    C. 费用索赔意向表   D. 工程款支付证书

12. 下列资料管理职责中，属于监理单位管理职责的是（　　）。

    A. 收集和整理工程准备阶段形成的工程文件

    B. 设立专人负责监理资料的收集、整理和归档工作

    C. 请当地城建档案管理部门对工程档案进行验收

    D. 收集整理工程竣工验收阶段形成的工程文件

13. 关于对监理例会上各方意见不一致的重大问题在会议纪要中处理方式的说法，下列选项正确的是（　　）。

    A. 不应记入会议纪要，以免影响各方意见一致问题的解决

    B. 应将各方的主要观点记入会议纪要，但与会各方代表不签字

    C. 应将各方的主要观点记入会议纪要的"其他事项"中

    D. 应就意见一致和不一致的问题分别形成会议纪要

14. 关于建设工程档案质量需求和组卷方法的说法，下列选项正确的是( )。

    A. 所有竣工图均应加盖设计单位和施工单位的图章

    B. 建设工程有多个单位工程组成时，工程文件应按形成单位组卷

    C. 工程准备阶段的文件应包含施工文件、监理文件和竣工验收文件

    D. 既有文字资料又有图纸的案卷，应将文字资料排前，图纸排后

二、多项选择题

1. 下列施工单位报验的项目中，不使用"_____报验申请表"报验的有( )。

    A. 工程竣工
                B. 隐蔽工程

    C. 分项工程
               D. 工程材料

    E. 工程设备

2. 下列工作表格中，可由建设单位使用的有( )。

    A. 工程变更单
               B. 工程暂停令

    C. 工程款支付证书
          D. 费用索赔审批表

    E. 监理工作联系单

3. 实施建设工程监理和编制监理规划共同的依据有( )。

    A. 施工组织设计
             B. 工程建设法律法规

    C. 工程建设标准
            D. 建设工程合同

    E. 监理合同

4. 审核监理规划时，重点审核的内容有( )。

    A. 监理组织形式和管理模式是否合理

    B. 监理工作计划是否符合工程建设强制性标准

    C. 监理工作制度是否健全完善

    D. 监理工作内容是否已包括监理合同委托的全部工作任务

    E. 监理设施是否满足监理工作需要

5. 根据《建设工程监理规范》(GB/T 50319—2013)的规定，监理实施细则包含的内容有( )。

    A. 监理实施依据   B. 监理组织形式   C. 监理工作流程   D. 监理工作要点

    E. 监理工作方法

6. 根据《建设工程监理规范》(GB/T50319—2013)的规定，项目监理机构签发《监理通知单》的情形有( )。

    A. 施工单位未按审查通过的工程设计文件施工的

    B. 施工单位违反工程建设强制性标准的

    C. 工程存在安全事故隐患

    D. 施工单位未按审查通过的专项施工方案施工的

    E. 因施工不当造成工程质量不合格

7. 根据《建设工程监理规范》(GB/T 50319—2013)的规定，需要由建设单位代表签字并加盖建设单位公章的报审表有( )。

    A. 分包单位资格报审表
       B. 工程复工报审表

    C. 费用索赔报审表
          D. 工程最终延期报审表

    E. 单位工程竣工验收报审表

8. 根据《建设工程监理规范》(GB/T 50319—2013)的规定，属于各方主体通用表的有（　　）。

    A. 工作联系单　　　B. 工程变更单　　　　　C. 索赔意向通知书　　D. 报验、报审表

    E. 工程开工报审表

9. 关于工程质量评估报告的说法，下列选项正确的有（　　）。

    A. 工程竣工预验收合格后，由总监理工程师组织编制

    B. 工程竣工验收合格后，由总监理工程师组织专业监理工程师编制

    C. 由项目总监理工程师审核签认后报建设单位

    D. 由项目总监理工程师及监理单位技术负责人审核签认并加盖监理单位公章后报建设单位

    E. 工程质量评估报告应在正式竣工验收前提交给建设单位

10. 下列对建设工程归档文件的要求中，属于编制要求的有（　　）。

    A. 符合国家有关的技术规范、标准　　　　B. 案卷不宜过厚，一般不超过 40 mm

    C. 不同载体的文件一般应分别组卷　　　　D. 内容真实、准确，与工程实际相符

    E. 应采用耐久性强的书写材料

11. 归档工程文件的组卷要求有（　　）。

    A. 归档的工程文件一般应为原件

    B. 案卷不宜过厚，一般不超过 40 mm

    C. 案卷内不应有重份文件

    D. 既有文字材料又有图纸的案卷，文字材料排前，图纸排后

    E. 建设工程由多个单位工程组成时，工程文件按单位工程组卷

12. 根据有关建设工程档案管理的规定，暂由建设单位保管监理文件资料的工程有（　　）。

    A. 维修工程　　　　B. 缓建工程　　　　　C. 改建工程　　　　　D. 扩建工程

    E. 停建工程

三、简答题

1. 建设工程监理基本表式有哪几类？应用时应注意什么？

2. 主要的监理文件资料有哪些？编制时应注意什么？

3. 项目监理机构对监理文件资料的管理职责有哪些？

4. 监理规划、监理实施细则两者之间的关系是什么？

5. 监理规划、监理实施细则的报审程序和审核内容分别是什么？

参 考 文 献

[1] 中国建设监理协会. 建设工程监理概论[M]. 北京：知识产权出版社，2015.

[2] 中国建设监理协会. 建设工程信息管理[M]. 北京：中国建筑工业出版社，2012.

[3] 中华人民共和国住房和城乡建设部. GB/T 50319—2013 建设工程监理规范[S]. 北京：中国建筑工业出版社，2013.

[4] 中国建设监理协会. 建设工程监理规范 GB/T 50319—2013 应用指南[M]. 北京：中国建筑工业出版社，2013.

[5] 中国建设监理协会. 建设工程监理相关法规文件汇编[M]. 北京：知识产权出版社，2015.

[6] 中国建设监理协会. 建设工程投资控制[M]. 北京：知识产权出版社，2015.

[7] 中国建设监理协会. 建设工程进度控制[M]. 北京：知识产权出版社，2015.

[8] 中国建设监理协会. 建设工程质量控制[M]. 北京：知识产权出版社，2015.

[9] 中国建设监理协会. 建设工程合同管理[M]. 北京：知识产权出版社，2015.

[10] 王军，董世成. 建设工程监理概论[M]. 北京：机械工业出版社，2016.